跨学科视野下的术语学研究

主　编　刘　青　刘和平
副主编　许　明　温昌斌

科 学 出 版 社
北 京

图书在版编目(CIP)数据

跨学科视野下的术语学研究 / 刘青，刘和平主编. —北京：科学出版社，2016.9
ISBN 978-7-03-049963-9

Ⅰ. ①跨…　Ⅱ. ①刘…　②刘…　Ⅲ. ①科学技术-名词术语-研究
Ⅳ. ①G301

中国版本图书馆 CIP 数据核字（2016）第 227103 号

责任编辑：侯俊琳　朱萍萍　邵　华 / 责任校对：刘亚琦
责任印制：赵　博 / 封面设计：楠竹文化

科学出版社 出版
北京东黄城根北街 16 号
邮政编码：100717
http://www.sciencep.com

北京科印技术咨询服务有限公司数码印刷分部印刷
科学出版社发行　各地新华书店经销

*

2016 年 9 月第　一　版　开本：890 × 1240　1/16
2025 年 8 月第七次印刷　印张：14　1/4
字数：350 000

定价：128.00 元

（如有印装质量问题，我社负责调换）

前　言

本书由术语基础理论研究与应用、术语规范与标准化、术语翻译与教学三部分组成。书中汇总了第六届中国术语学建设暨术语规范化研讨会所筛选出来的31篇论文。论文以“跨学科视野下的术语学研究与应用”为主题，围绕术语基础理论研究、术语翻译、术语库建设与应用（双语及多语）、术语立法与术语政策、术语规范化与标准化、科学技术名词审定工作等主题展开论述。

术语学在我国是一个方兴未艾的新兴学科。正如全国科学技术名词审定委员会副主任刘青教授在研讨会的发言中所指出的，我国目前的术语学发展存在发展机制（如人才培养机制）不完善、缺乏专业的术语协会等诸多问题。因此，术语学研究需要“加强人才培养，完善相关平台建设，积极加强相关合作”，年轻的术语研究者们更需要“潜心研究，厚积薄发”，以开创术语学研究的大好局面。

本书是全国科学技术名词审定委员会和北京语言大学联合主办的第六届中国术语学建设暨术语规范化研讨会的研讨成果。来自术语学、语言学、计算语言学、翻译学等多个学科领域的八十余位专家、学者参加了研讨，并撰写了论文和摘要。本书所汇总的论文体现了我国术语学建设所取得的阶段性成果，反映了目前我国术语学研究的发展现状。本书所触及的跨学科研究领域、所汇总的研究主题具有前瞻性和一定的开拓性意义，是我国术语学建设的一个里程碑。

本书的出版得到全国科学技术名词审定委员会的全力资助和术语学界各位同仁的大力支持，在此表示诚挚的感谢！

编　者

2016年8月

目　　录

第一部分

术语基础理论研究与应用

术语学：从“方法”向“方法论”的转变

叶其松

（黑龙江大学俄罗斯语言文学与文化研究中心，黑龙江哈尔滨，150080）

摘　要：本文对“terminology”一词学术意义中的“方法”意义进行求证，论述传统术语学中以“规定”为主的一元方法观并指出其不足；在当今语言研究“多范式”特性的总体趋势影响下，术语学尝试建立自己的方法体系。本文从术语的思维属性、语言属性、知识属性和文化属性出发，尝试建立“四位一体”的术语方法模型。

关键词：术语学；方法；方法论；多范式性；四位一体

一、从几届“术语学”研讨会的议题说起

近三届“术语学”研讨会的议题呈现出一些新趋势：“语文性”的议题数量虽稳中有增，但所占比例呈下降趋势，而从理、工角度进行的跨学科应用研究（术语库、计算术语学、术语知识工程、大数据研究）呈增长之势。而且，最近几年笔者所在的单位和俄罗斯科学院维诺格拉多夫俄语研究所共同举办了几届“术语与认知”国际学术研讨会，其中的议题包括“术语的哲学问题”“术语棱镜下科学世界图景的民族特点”“术语与科学理论的关系”“术语在科学知识形式化表征中的作用”等。这些议题的内容和所涉及的学科跨度都非常大，这说明术语学具有跨学科、综合性的特点。但是，透过这些研究课题，我们不禁要问，是什么将它们联系在一起的？这能否说明当代术语学正发展成为一门方法论？这是本文要尝试解答的问题。

二、Terminology 的“方法”的意义求解

一个学科能否成立，科学学对此开列了一些条件：独立的研究对象、相应的理论和概念体系、研究方法等。术语学也不例外，这一点从“terminology”这个词的学术意义本身就能得到一些证明。

我们知道，在现代英语中，“terminology”是个多义词；即便放在术语学中，该词的意义也不止一个。加拿大术语学家隆多在《术语学概念》一书中给 terminology 给出了以下三种定义：① 某一领域（如生物化学）或某一学科（如语言学的全部术语），我们分别称为生物化学术语和语言学术语；②术语学家或术语编辑家所致力研究的术语的收集和分类、新词创造、术语标准化和术语传播的方法；③ 一种以语言为研究对象的学科，但本质上是跨学科的，受语言学、逻辑学、本体论、分类学和情报学的规律制约[1]。在 de Bessé、Nkwenti-Azeh 和 Sager 编写的《术语学术语词典》中，“terminology”分作三个词条解释，释义的内容与上文大同小异：“①对术语、概念及其关系的研究；②用于收集、描写和表征术语的一套做法和方法；③某领域的词汇。”[2]

可见，在术语学中，terminology 是一种“理论”“学说”，是研究的“对象物”，也是一种方法。

三、“规定”法重于“描写”法

“规定”和“描写”是语言研究和分析的两种基本方法，前者试图为怎样运用语言制定规则，后者侧重对语言事实本身的观察和描写。将上述两种方法运用到术语研究之中，于是产生了“规定术语学”和“描写术语学”这样的说法。但在术语学中，以上两种方法用得极不均衡，“规定”法占统治地位，“描写”法居依附地位。造成两种方法失衡的原因大致包括以下几个方面。

一是术语的特性。一直以来，人们认为表达和传递科学思想需要一种特殊化的语言，应该比自然语言更简便，更精确。因此，自笛卡儿开始，建立一种理想的“科学语言”成为哲学家、科学家孜孜不倦的追求，为此而进行的各种尝试和努力从16世纪持续到20世纪初，并由分析哲学的代表人物弗雷格、维特根斯坦、卡尔纳普等发展到巅峰。由于该学派的重要代表来自奥地利，就为发端于奥地利的现代术语学奠定了哲学基础。维斯特等经典术语学家认为，术语是科学语言的组成部分，是一种“特殊化”的语言，因此术语学应当建立不同于通用语言的规则。维斯特称其为“应该–规则”（SOLL-规则），即要对概念和名称进行人为的协调。

二是语言研究的总体趋势。术语学产生于20世纪30年代，“规定”法在这一时期的语言研究中处于上风，术语研究也受到这一总体趋势的影响。正如维斯特所著的《普通术语学和术语词典编纂学导论》的“新版导言”中所说的那样，“就目前存在的资料来看，一个更能说明维斯特心中主要愿望的话可能应该是：科技交流中的标准化或为这个目标写出一本《通用语言学教程》。这本著作的地位，就像索绪尔为通用语言学写的《通用语言学教程》一样，本书就像是这本著作的法文语言学在术语学中的德语摹本，不过它要探讨的是科技交流中的语言问题”[3]。

三是术语学创建者的修养和见识。奥地利的维斯特以及俄罗斯学派的创建者洛特、得列津等皆为工程师出身，因此他们接触更多的是技术术语。技术领域的术语更多称为人造客体，人为性和可操作性比自然科学、社会科学、人文科学的术语更强，因此更适合标准化。但人文科学、社会科学等领域学术流派林立，各家各派使用的术语不尽相同；有时面对同一术语名称，对其背后含义的理解也大不相同。此外，还有不少新兴学科的术语体系尚未成形，术语的意义和用法尚不确定。面对上述这些情况，术语的绝对单义性是很难实现的，不宜勉强进行规范化和标准化，更合理的办法是厘清名称所指称的诸般概念，并分别记录、描写和分析[4]。

四是国际术语组织的推广。在维斯特等人的努力下，“规定性”术语工作方法被国际标准化组织（International Standardization Organization，ISO）等以国际标准文件的形式确定下来。1967～1969年的三年间，国际标准化组织中主管术语工作的第37技术委员会制定了词汇、工作方法、命名原则、分类词表的设计，四类共六个标准，其中包括《术语工作词汇（ISO/R 1087）》（1969年）、《分类词表准备指南（ISO/R 919）》（1969年）、《命名原则（ISO/R 704）》（1968年）、《概念和术语的国际统一（ISO/R 860）》（1968年）、《多语分类词表的设计（ISO/R 1149）》（1969年）、《语言、国家和首脑代码（ISO/R 639）》（1967年）。这些标准文件后来被屡次修订、增补，名称和数量都发生了很大变化，但标准化的思想和精髓并未改变。“规定性”的术语工作方法还被用于国际电工委员会（International Electrotechnical Commission，IEC）、国际通信联盟（International Telecommunication Union，ITU）等其他权威的国际标准化机构之中。

重“规定”轻“描写”造成的结果是术语研究和分析的方法过于单一和趋同，未能在这两种方法基础上建立起系统方法论。

四、范式转变与传统方法的局限

按照托马斯·库恩的“范式”理论，有一种观点认为：17 世纪以来，人类科学先后经历了四次革命，而最后的一次革命使科学由“非经典”进入“后经典”时期。“后经典”时期科学的特点之一是“多范式性”，也就是说，科学不是由一种范式主导，而是并存若干范式。拿语言学研究来说，结构主义范式走向衰落，认知、功能等新范式几乎齐头并进。

在上述科学发展总体规律的影响下，术语学也出现范式的转变。维斯特等开创的经典或传统术语学已走向衰落，其理论缺陷和不足受到众多学者诟病。Castellví 对传统术语学的如下批评可以算是一针见血：“传统术语学理论让人最不满意的地方不在于缺乏内在一致性（该范式内部是十分一致的），而在于其过于简单，以致不能解释专业交流中的复杂现象。”[5] Temmerman 指出：“传统（术语学）① 流派相信改进专业语言交流需要标准化。传统术语学的基础是几条假设，它们被看成是不可置疑的，即概念是清晰的且在充要条件基础上可被定义；术语的一致性对于准确、有效和充分交流是必不可少的；语言中的比喻和意义变化是语言学问题，与术语学无关，因为术语学是称名性的和规定性的。与索绪尔结构主义语言学一样，传统术语学方法和原则之后的理论架构具有很强的客观主义特点。但如果把对客观世界的信念换一下，即认为理解世界和交流所用的词建立在人的经验基础上，且这种理解是按照原型建构并体现在框架之中，那么传统术语学流派的基本原则就需要被重新评价。”[6] Kageura 在分析传统术语学的三条基本原则——以概念为先，进行词汇研究，共时方法——的局限性后，指出：“术语研究的范围已经扩展，从语音到形态一直到概念。除公式研究外，也出现历时的研究，一套更为先进和灵活的概念理论正用于术语研究之中。”[7]

基于上述原因，20 世纪 90 年代以来，术语学家不断寻求术语研究中新的维度和方法。Sager 指出：“既然基于语义的术语研究可以从三个不同角度进行，即所指对象、所指物的名称、将所指对象和名称对应起来的用法。这样一来，我们便可以确定术语理论的三个维度：一是认知维度，将语言形式与概念内容，即现实世界中的对象联系起来；二是语言维度，调查术语陈述的现存和可能形式；三是交际维度，侧重术语的使用并为术语编纂和处理等活动提供依据。”[8] Temmerman 等认为，过去十年，术语学和术语编纂实践经历了计算机术语管理、语言学和知识本体三次转变，具体地说，“第一个转变是电子革命影响术语管理和术语编纂者的工作方法。第二个转变是所谓的‘传统术语学’原则受到严重质疑，术语学从认知语言学、计算语言学研究中受益，从而形成一些原则和方法，它们能按照每个专门术语项目中的用户需要进行更为灵活和多样化的处理。第三个转变与本体工程专家和术语学家并行的工作方法和共同的兴趣相关”[9]。

尽管各专家所提研究方法的角度和名称不尽相同，但都呈现出多视角、多维度的特点，从单一走向多样，术语学已经从一种方法转向方法论。

① 此为作者注。

五、“四位一体”的术语方法模型

狭义的方法论通常指该学科上采用的研究方式、方法的综合。建构学科方法论虽然有一些原则可循，但具体学科的方法论往往因时、因地、因学者、因学理而异。如前文所说，术语学是一门综合性的科学，跟逻辑学、语言学、系统科学、符号学、信息学等一系列科学相关联，因此其来源成为划分术语学方法体系的重要依据，据此可划分出三类方法：一是术语学源于学科的方法，如语言学的方法；二是术语学从基础与亲缘学科借用的方法，如从哲学、符号学以及信息科学、科学学等学科引入的方法；三是术语学自己的研究方法[10]。但万“法”不离其宗，这里的“宗”是指学科的研究对象。术语学的方法论应当围绕术语来建构。

应当承认，术语是集多方面特性于一身的复杂研究对象，正因为如此，至今仍找不到一个合适的定义来描述和界定它。通常来说，术语的特性可以概括为三个方面：首先，术语是思维单位，因为它是某个特定概念的“外壳”；其次，术语是语言单位，在语言中用词或短语加以表征；最后，术语是知识单位，它是“人类科学知识在语言中的结晶”，是“凝集一个学科系统知识的关键词”[11]。除此之外，术语（主要是人文、社会科学术语）还具有文化属性，因为它是体现和传承民族思想文化的重要载体。上述四个方面的术语特性如图 1 所示。

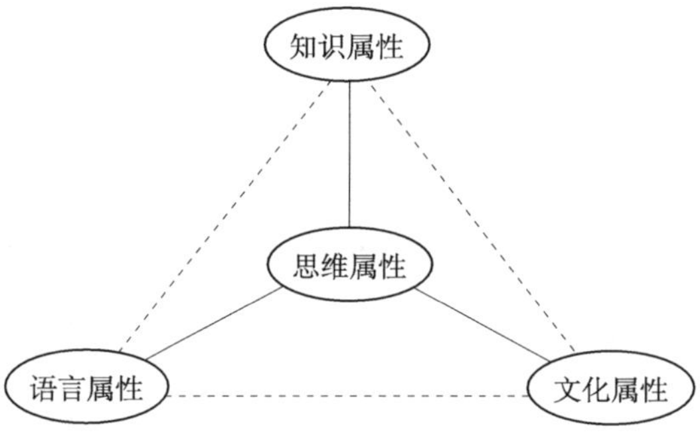

图 1　术语特性

在图 1 中，思维属性居中，这是因为术语产生于科学思维过程之中且是科学思维的结果。思维属性是术语的基本属性，它与语言属性、知识属性和文化属性用实线相连，表明它们受前者影响，与其直接相关且构成一个整体；而语言属性、知识属性和文化属性三者之间用虚线连接，表明三者各有侧重，但具有一定的内在联系。

从上述某个属性出发研究术语，就会产生相应的方法。传统术语学的方法是基于术语思维属性建立的，它与逻辑学、认识论的关系十分密切，注重概念、概念与概念之间关系、如何在客体基础上形成概念，以及概念如何界定、描写、表征等。此外，对术语思维属性的研究还可以从辩证逻辑的角度进行，研究概念在不同阶段、不同类型科学思维中的特性，科学范式转变和科学革命中概念演变，以及概念对科学发展的预测作用等。

研究术语的语言属性可以运用现代语言学的众多方法，要关注两个“三角”：一个是音、形和义的三角，另一个是语法、语义和语用的三角。此外，还可以运用社会语言学等方法研究术语（包括术语对社会分工和角色的定位功能、新术语研究、术语词和非术语词的相互渗透和补充、外来术语与本族术语的关系、标准语术语和少数民族术语的关系、术语政策与术语规划等）。对术语语言属性的研究可以仅限于一门语言，也可面向不同语言、同一语言的不同存在形式，后一种情况则需要对比语言学的方法。

术语的知识属性用于研究其在系统化知识的形成、建构、储存、发掘与提取、表征、交换和传播等过程中的作用，所用的方法既包括传统的叙词表、数据库等方法，也包括知识库、知识本体等方法。

词汇是语言中对社会文化反映得最为明显的一部分，而作为词汇组成部分的术语也同样是文化的承载者。各个民族的语言中都有一小部分术语词汇，它们具有悠久的历史，深深植根于民族文化之中，集中体现相应领域的思想范畴、认识成果、意义体现和价值观念，如中国传统哲学中的“道”“气”“阴阳”等，古代政治伦理生活中的“忠”“孝”“仁”“义”等[12]。对于这部分词汇，不同的学者分别称为“文化符号”“文化观念”“大观念”“词汇常量”“社会术语”等。而且，围绕这些词汇，近年来在哲学、史学、文化学、人类学等领域形成了一种“关键词”研究方法，其实质是从这些词汇切入，探寻其背后复杂观念所代表的社会、历史和文化内涵等。在世界各国中，我国是在文化、科学、语言等方面数千年来绵延不断的极少数国家之一，而体现古代思想体系精髓的上述词汇对现代科学体系的所有领域都有影响，因此“关键词”方法不失为研究我国各学科、领域基本概念的一个重要方法。

如上文所述，术语的特性并不是彼此割裂的，研究术语的方法也同样交织在一起。研究术语命名的称名方法看似只与其语言属性有关，但实际上也与其思维属性、文化属性有关。术语的认知研究法更是与术语上述所有属性皆有关联，术语认知的复杂性决定了该方法的综合性。

六、结束语

系统方法论是一个学科走向成熟的重要标志之一。自 20 世纪 90 年代以来，以“规定”为主的传统术语观已饱受质疑，术语学正在经历从“方法”向“方法论”的转变，至今尚且形成一个成熟的体系。本文基于术语的思维属性、语言属性、知识属性和文化属性，尝试建立了“四位一体”的术语研究方法模型。

参 考 文 献

[1] 隆多. 术语学概论[M]. 刘钢，刘健，译. 北京：科学出版社，1985：19.

[2] De Bessé B, Nkwenti-Azeh B，Sager J C. Glossary of terms used in terminology[J]. Terminology, 1997：154.

[3] 欧根·维斯特. 普通术语学和术语词典编纂学导论[M]. 邱碧华，译. 北京：商务印书馆，2011：21.

[4] 全如瑊. 术语的理论与实践 [J]. 术语标准化与信息技术，2001(1)：9-10.

[5] Castellví M T C. Elements for a theory of terminology: toward an alternative paradigm[J]. Terminology, 2000(6)：38.

[6] Temmerman R. Towards New Ways of Terminology Description: the Sociocognitive Approach[M]．Amsterdam/Philadelphia: John Benjamins Publishing Company, 2000：1-2.

[7] Kageura K. The Dynamics of Terminology: A Descriptive Theory of Term Formation and Terminological Growth[M]. Amsterdam/Philadelphia: John Benjamins Publishing Company, 2002：21.

[8] Sager J C. A Practical Course in Terminology Processing[M]．Amsterdam/Philadelphia: John Benjamins Publishing

Company, 1990: 13.

[9] Temmerman R, Kerremans K. Termontography: Ontology Building and the Sociocognitive Approach to Terminology Description [EB/OL]. www.hf.uib.no/forskerskole/temmerman_art_prague03.pdf, 2003.

[10] 郑述谱. 术语学的研究方法[J]. 术语标准化与信息技术，2004(2)：5.

[11] 郑述谱. 术语学的研究方法[J]. 术语标准化与信息技术，2004(2)：2.

[12] 戴昭铭. 文化语言学导论[M]. 北京：语文出版社，1996：25.

复杂科技术语构词中的语素化*

于　东[1]，唐共波[1]，荀恩东[1]，饶高琦[2]
（1 北京语言大学信息科学学院，北京，100083；
2 北京语言大学语言科学研究院，北京，100083）

摘　要：复杂术语通常作为整体使用，具有词的特征，其中包含的其他术语或通用词的词汇地位下降而下调为语素，即语素化。在该视角下，具体学科的复杂术语构词可分为三层模型。首先学科基本概念由基元语素表征，然后由基元语素扩展而构成固有语素组，最终由固有语素组扩展而构成复杂术语。统计显示，通信学科中超过 80% 的术语均包含基元语素，几乎所有术语均包含固有语素组。该结论有助于术语的制定和规范化工作。

关键词：复杂科技术语；语素化；基元语素；固有语素组

一、引言

随着科技不断发展，新概念不断涌现，作为概念载体的科技术语的数量飞速增长。在中文中，由于无法为每个概念创造全新的词汇，所以由多个“单词”复合构成的复杂术语成为表示概念的主要形式。研究复杂术语的构词结构，不仅可以发展对中文术语的认识，还能够在实践中为概念相似度计算、新术语发现、语义分析、机器翻译和信息检索等提供理论支撑。

在《现代术语学引论》[1] 中，将“采用原有单词构成词组表示新的概念（的术语）”定义为“词组型术语”，如“码分多址”“赫夫曼编码”“高斯最小频移键控”等。与词组型术语相对应的则是“单词型术语”，如“比特”。而实际上，术语无论内部结构复杂或者简单，其所指必然只有一个概念，从语法功能和语义的角度上看都是一个整体。

在构词理论中，造词材料一旦组合成词，根据同类性原则，彼此均要以“语素”的身份出现[2, 3]。从这个角度而言，“词组型术语”并非真正的词组或短语。词组型术语定义中的“采用原有单词”所指的单词，在复杂术语中应不再具有词汇属性，而成为构词的语素。而且，“单词型术语”本身经常用作“词组型术语”的组成部分。而其自身又分为两类：可以单独做术语的，以及不能单独做术语而仅能做“词组型术语”组分的，这与合成词中语素的表现十分相似。另外，构成术语的诸多“单元”（不仅仅是单词）与其独立使用时有所不同，出现了“语素化”的现象。原有单词在术语中常出现语义压缩、形态缩略和词性变换等。因此，与其将复杂术语看成是若干词的组合，不如看成是若干语素

* 基金项目：国家自然科学基金项目（61300081，61170162）；国家科技支撑项目（2012BAH16F00）；北京语言大学青年英才培养计划。

作者简介：于东（1982—），男，山东日照人，博士，讲师，研究方向为计算语言学；唐共波（1988—），男，山东临沂人，硕士研究生，研究方向为计算语言学；荀恩东（1976—），辽宁葫芦岛人，博士，教授，研究方向为计算语言学、语言教育技术；饶高琦（1987—），男，山东济南人，博士研究生，研究方向为语言学。

或语素组的组合。因此，从语素角度分析术语构词特征更符合实际情况和语言理论。本文将具有内部结构的术语视为整体，姑且称其为复杂术语。在该视角下，我们从语素构词角度研究复杂术语中的语素形态和构词特征。

此外，对一个学科而言，学科中的术语和它本身表征的概念系统具有等价关系。概念系统的复杂性将体现在术语构词中，具体表现为构成复杂术语的语素之间存在内在联系和规律。本文以通信科学为例，选择全国科学技术名词审定委员会发布的《通信科学技术名词》[4] 作为研究对象，并对其中的 2107 条术语进行了标注（包括语素切分、语素类型）。通过分析这些复杂术语的语素类型和来源，并对其进入术语范围并形成语素过程中的语素化现象进行分析和讨论，我们发现，特定学科术语纷繁复杂、数量巨大的背后是少数基元概念组合构成概念组，由概念组再组成术语概念的过程。具体到物质层面就是基元语素组成语素组，由语素组组合构成大量复杂术语。

二、科技术语构词的语素化机制

相关文献 [5] 指出，语素化主要分为音节语素化和词的语素化两类。前者指本来不表意的音节变成了表意的语素；后者则指汉语中已经存在的词，其词汇地位发生变化，由词下调为一个构词语素，以便派生新词。本文的研究主要集中在后一类——词的语素化。

在复杂术语中，语素化现象又可以进一步分为两种。第一种，是直接将词语作为新词的一部分使用，如“比特滑动”“插入损耗”“接入协议”等。这种现象在我们标注的术语中占较大比例。第二种，是将词语进行若干形式变换和处理后，形成构成新术语的语素。这主要表现在语义和形态两方面。在本文研究对象中，语义方面的语素化主要表现为语义范围的缩小与转化。例如：

（1）浏览器。万维网服务的客户端浏览程序。可向万维网服务器发送各种请求，并对从服务器发来的超文本信息和各种多媒体数据格式进行解析、显示和播放。（语义缩小）

（2）游牧性。用户或终端慢速移动，或无需跨区切换的特性。（语义转化）

其中，例（1）内的语素“浏览”的语义缩小为“浏览网页”，例（2）内的“游牧”则完全脱离了其本义。在形态上的表现有位移（相对于定义中的表达顺序）和缩略。例如：

（3）比特截取。泛指借用分配给某些信息传输用的比特来传送另外功能的操作。（位移）

（4）跳频。无线传输中，射频频率按照某种特定算法发生的重复变化……（缩略与位移）

其中，例（3）的原始定义中的实际动作是“截取”，而“比特”是动作的受事，通常应出现在动作的后面。但语素化过程中“比特”出现了位移。例（4）中的“跳”所指称的动作是“跳转”，“频”指称“频率”，是“跳转”的主语。它在语素化过程中发生了缩略，且同时发生了位移。

术语和它本身表征的概念都具有系统性，这样的系统性同样反映在术语构词的语素集合中。可以认为，语素在术语内和术语间也具有语义上的联系。具体来说，科技术语是具体概念的表征，对一个特定概念而言，根据概念层级不同，一般存在上位概念和下位概念，实际上是学科概念体系中的一个分支节点。整个学科中，所有的概念可以形成树状结构（图 1），“通信”和它的四种下位概念构成该学科内概念体系的一棵子树。

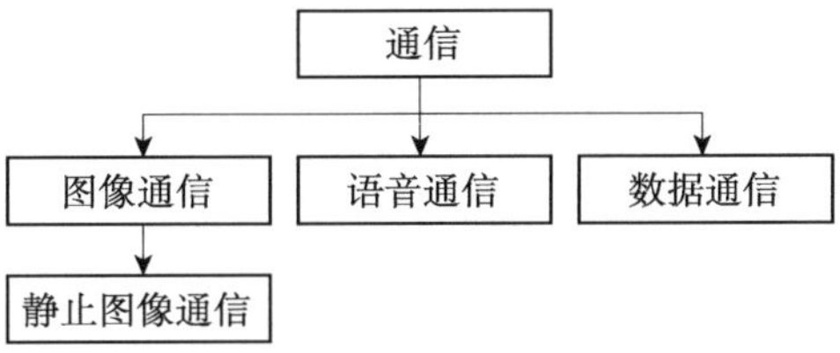

图 1　术语“通信”构成的概念树

对某个学科的术语而言，新术语的构词与术语概念在概念体系中所处的层级高度相关。较上位的概念出现较早，往往是学科中的基本概念，因此其对应术语的构词形式大多比较简单，可认为是学科基本术语。而较下位的概念往往是上位概念在某种情形下的扩展或限定，其对应术语的构词较多采用“上位概念 + 限定语 / 补充成分”的形式加以描述。这样的情况在我们标注的数据中占 83.4%。在上述结构中，上位概念往往由学科基本术语演化而来，而限定语的来源则颇为广泛。

从语素角度来看，术语“图像通信”中，“图像”和“通信”是词汇语素化的典型，其中“图像”是基本概念“通信”的限定成分。两者均可进一步划分为单字语素，即“通”“信”，以及“图”“像”。而在该术语中，实际上它们能够作为语素组出现。在学界中，通常认为语素组具有和语素同样的构词、造词功能[6]。为区别两者，本文将“信”“图”这样的单字语素称为基元语素。

三、从语素到复杂术语

对于大部分学科，随着学科研究的不断深入，该学科的术语会逐渐增多，这是词汇系统开放性的一个缩影。但通过观察发现，特定学科中，大部术语都是复杂术语或者“词组型术语”，其内部仍存在细分结构。正是这样的细分结构，使得学科术语数量巨大，但其所使用的语素和语素组却十分有限，即术语构词中体现出语言宏观的“有限单元形成无限组合”的特性。

为了描述这样的有限单元，我们对通信学科数据集合进行了最小语素单元的划分，以“最小音义结合单位”为依据，将术语集中的每条术语进行划分，并将得到的语素视作该学科中的不可再分概念（原子概念），我们称之为原子语素。例如：

（5）通信。通（交流、沟通）＋信（信息）

（6）双工。双（双向）＋工（工作模式）

（7）香农熵。香农（Shannon）＋熵（热力学标量）

（8）长波。长（长的）＋波（电磁波）

通过观察容易发现，类似（5）（6）（8）的术语虽是多语素复合词，但也经常作为整体被语素化，成为复杂科技术语内部的一个语素组。复杂科技术语并不直接操作原子语素，而是在语义上对原子语素进行整合，通过使用语义更加明确的语素组实现构词。

同时，语素组还可以有效减少语素多义同形的现象。语素组所表示的复合概念直接参与构成复杂科技术语所指称的概念。且语素组可在学科内重复使用，对整个术语的学科性起到基础的构建作用。而每种语素组和构成它们的原子语素间的对应关系又相对固定。例如：

（9）高斯噪声。高斯＋噪声（噪＋声）

（10）通信卫星。通信（通＋信）＋卫星（卫＋星）

在上述构词过程中，原子语素往往先组合成为语素组，然后再由这些语素组经过组合和变换，形成形式更为复杂的术语。其构词层次结构如图 2 所示。

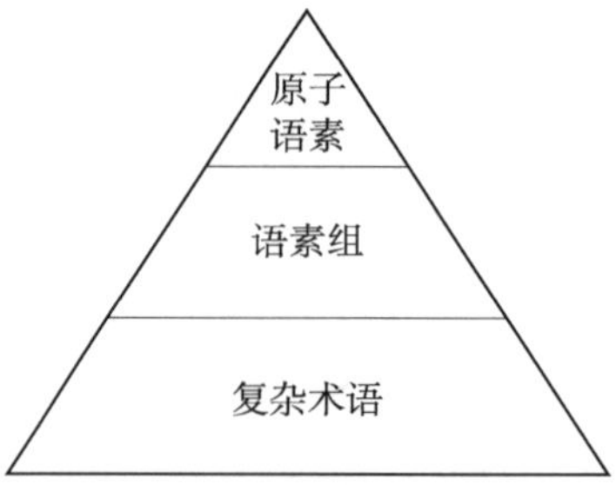

图 2　复杂科技术语的构词层次结构

必须强调的是，虽然语素组在语义和构词上有重要作用，但其并非是一种新的语法单位，只是语素之间的一种紧密结合。因此语素组也可以和语素直接构成词，而不违背相似性原则。

在对通信学科术语进行的统计中发现，原子语素的数量远远少于由其构成的语素组的数量，能产性也远远小于语素组。语素组的高能产性背后是通过少数学科基本概念组合构成大量概念组，然后再由概念组组成更复杂的概念的过程。因此可以认为，语素组这一中间层次的存在是复杂术语巨大能产性的基础和关键。

此外，在术语构成成分中，根据语素来源不同，还可以进一步分析语素组成与学科概念体系之间的联系，这样的分析有助于学科术语的制定和规范化。

四、学科基元语素

构成学科术语集合的众多原子语素也存在来源的差异。如例（8）中，“波”指代的概念是“电磁波”，符合通信学科的语境。类似的还有“信”“频”“香农”等。这些原子语素都具有通信学科的特征，即不出现或不常出现在非通信学科词语中。本文将具有这样性质的原子语素定义为学科基元语素，简称基元语素。而例（8）中，语素“长”的语义和其在普通词汇中无异，均表示“两端之间距离大”。类似的还有“双”“短”“系统”“模型”等。这些语素常作为学科术语的限定成分出现，在构造复杂术语的过程中不可或缺，只是其语义不具有学科性，可认为是学科无关的通用语素。

表 1 中给出了从通信学科术语集中统计得到的高频基元语素示例及其频率数据。通过标注和统计 2107 条术语，本文最终确定该学科的基元语素共 130 个。这些基元语素可以进一步分为音译基元语素（如“香农”）和基本基元语素。在通信术语中音译基元语素 43 条，基本基元语素 87 条。它们在术语中的分布情况如图 3 所示。

表 1　通信学科术语的频率最高的 8 个基元语素

基元语素	频率 / 次	基元语素	频率 / 次
网	214	数	121
信	198	接	121
电	187	光	112
线	142	络	106

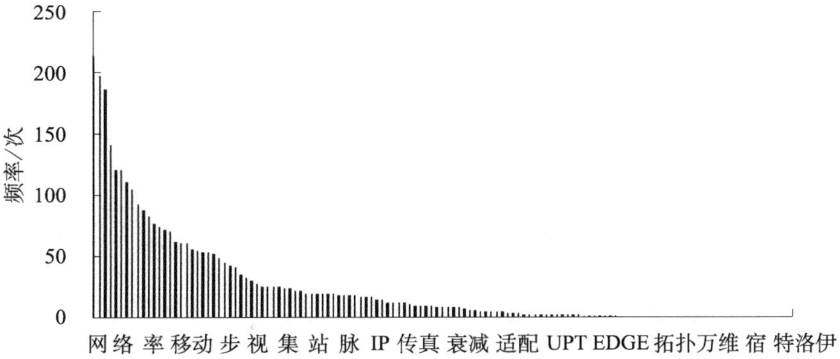

图 3 通信学科基元语素的频率分布

统计发现，在术语集中包含基元语素的术语共有 1694 条，占全部术语的 80.4%，其中由基本基元语素单独生成的有 1670 条，音译基元语素单独生成的有 120 条。从统计来看，基元语素构造了学科中大部分的术语，说明学科相关的语义表示在术语这一词汇系统中占据主导地位。

同时也发现，仍存在一部分术语不包含任何基元语素，如“每户平均收入”（电信运营商用于测定来自每个用户的收入指标）。从字面上看，此类术语的学科特征不明显，较难判断其必然属于通信学科。这是因为此类术语经常与学科内其他术语共同出现和使用，为避免使用中的赘述而省略其代表学科属性的部分。

基元语素生成术语的能力差异巨大，例如，“网”共出现在 214 条术语中，并且“网”多次和“络”组合并稳定地出现在许多术语中。

五、学科固有语素组

和基元语素类似，本文将术语集中稳固组合、表达学科特定概念的语素组称为学科固有语素组。在基元语素的基础上，本文进一步筛选出学科固有语素组。表 2 为通信学科术语集中统计得到的高频固有语素组。图 4 为固有语素组的频率分布。

表 2 通信学科术语中的高频学科固有语素组实例

固有语素组	频率 / 次	固有语素组	频率 / 次
数字	68	网络	50
电话	63	卫星	44
通信	59	光纤	43
无线	56	数据	42

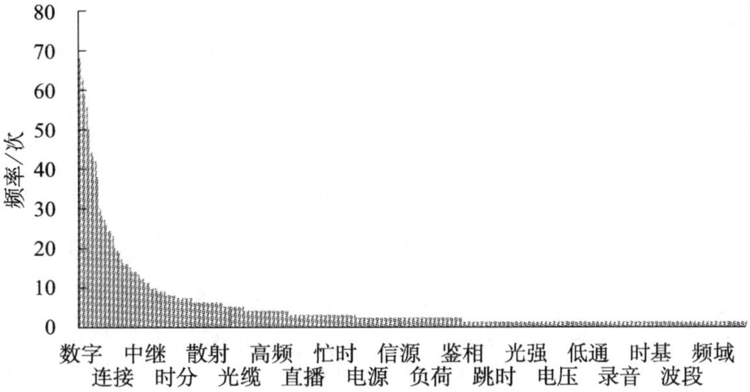

图 4 固有语素组的频率分布图

固有语素组并非完全由基元语素构成。例如，“无线”中的“无”就是一个非学科基元语素，但是和基元语素“线”一同构成了在大量术语中稳定重复使用的语素组“无线”，并且表达了通信学科的学科语义。因此，固有语素组的强大构词能力不仅仅来源于基元语素的组合，也来源于基元语素和非基元语素的组合。

由图 4 可以发现，出现频率不小于 10 次的语素组有 36 条，在所有的语素组中占 11.43%，说明少量固有语素组具有强大的构词能力。例如：

（11）数字（参与构建 68 条术语）。

数字：数字＋通信

数字：数字＋信号

数字：数字＋化

数字：数字＋差错

数字：数字＋线＋对＋增益

……

与基元语素相比，语素组的构词能力分布体现出了更加严重的长尾现象。这也从侧面反映了学科术语概念的集中程度。此外，基元语素生成学科固有语素组的能力也体现了类似的现象，如表 3 和图 5 所示。

表 3　基元语素构成语素组的分布（示例）

基元语素	构成语素组 / 个	基元语素	构成语素组 / 个
频	27	码	17
波	21	络	17
电	21	网	16
线	20	带	12

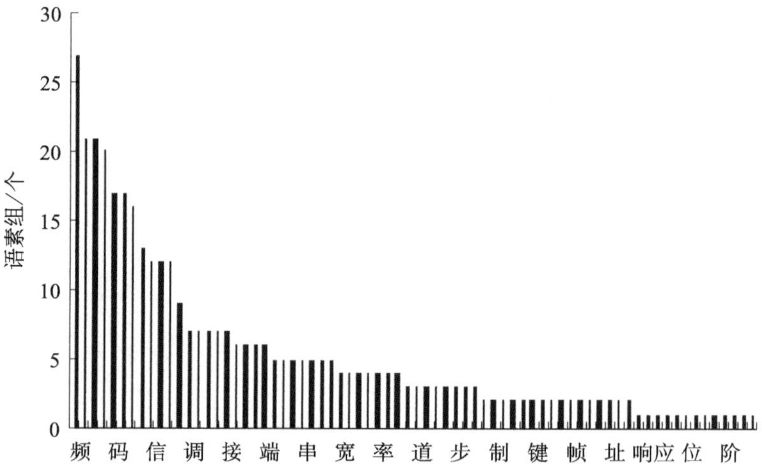

图 5　基元语素生成固有语素组数量图

在术语集中，复杂科技术语的语素组（包括非固有语素组）平均长度为 5.4，但是所蕴含的固有语素组大多为一个。这进一步表明了固有语素组对学科概念具有较好的表征特性，即复杂术语大多由一个上位概念和其他非学科限定语复合构成。图 6 为“微波通信系统”这一术语从语素到语素组再到术语本身的构成过程。

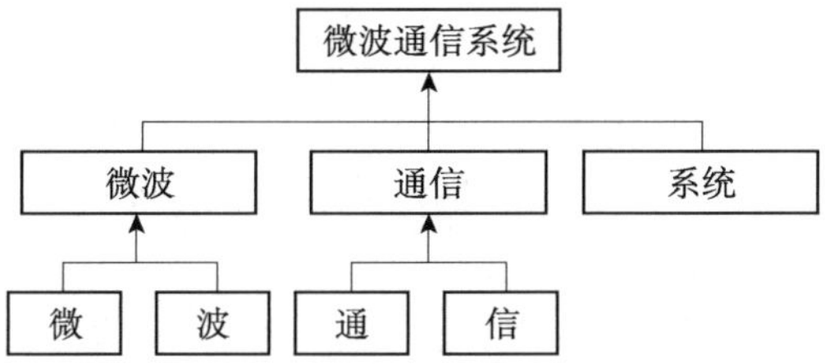

图 6 “微波通信系统”的语素构成示例

六、语素化视角下的术语构词

从语素化的视角出发，复杂科技术语的构词更能体现术语所对应概念体系的特点。本文所提出的学科基元语素、学科固有语素组的概念，实质上就是学科概念体系在复杂术语中的映射过程。可以看出，学科术语的构词就是概念组合的过程，表现在物质层面就是从学科基元语素到复杂科技术语的构建过程。

基元语素对一个特定学科而言，起到基础性作用，是构建该学科概念和术语的核心。并且我们有理由稍微大胆地认为其也是构建整个学科知识的核心。图 7 中，围绕基元语素“频”能够构建出通信学科中的若干复杂术语。

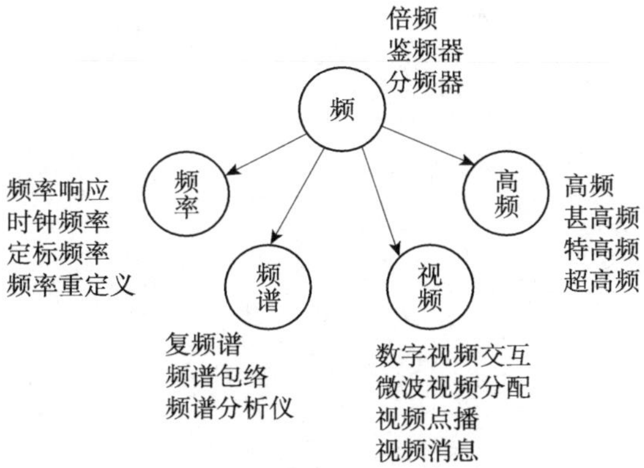

图 7　基元语素的构词能力

对术语规范化而言，制定术语集，以及进行科技名字规范可以使用同样的方法，即从基元语素出发进行规范。一个理想的科技术语应当包含有学科基元语素或学科固有语素组，使术语的学科性语义表征更为具体，也不会引起混淆。

随着学科交叉的空前深入，不同学科的语素和语素组以前所未有的速度和规模互相渗透。而科技进步又使得大量学科概念成为日常生活中的一般概念。学科与学科之间，以及学科与通用之间的界限日益模糊。因而从基元语素和固有语素组的层面上对术语进行规范和界定将对术语工作提供有益的帮助。

参 考 文 献

[1] 冯志伟. 现代术语学引论[M]. 北京：商务印书馆, 2011.

[2] 曹德和. 语速研究的性质、方法及语料来源[J]. 复旦学报（社会科学版），2003（6）：134-140.

[3] 刘力坚. 复合词造词材料的语素化问题[J]. 浙江师范大学学报（社会科学版），2005(4)：20-24.

[4] 全国科学技术名词审定委员会.通信科学技术名词[M]. 北京：科学出版社，2007.

[5] 邱艳萍. 概念整合在语素化构词中的作用[J]. 西南民族大学学报（社会科学版），2012 (s1)：178-181.

[6] 丁建川. “语素组合体” 述要 [J]. 广西社会科学，2005(7)：162-165.

术语知识单元聚合及其可视化研究*

宋培彦[1]，赵　星[2]

（1 中国科学技术信息研究所，北京，100038；2 北京师范大学图书馆，北京，100875）

摘　要：术语是表达专业知识的语言符号，通过对术语所蕴含的知识单元进行深度揭示和组织，从而提供精细、多维和可视化的知识内容，有助于实现知识的有效聚合。以依存语法理论和语义角色的剖析为基础，对术语释义中的知识单元进行抽取，以知识单元为节点、以概念关系为边而构建网状的知识组织方式，实现动态的知识的深度关联。采用可视化技术，以网状结构多维度揭示知识之间的语义关系，构建具有多维关联的术语知识库。该方法对知识的深度组织、术语库建设和知识挖掘提供了有益的参考。

关键词：术语；知识单元；可视化

一、引言

术语库用于对科学知识进行描述、存储和管理，是开展术语研究、应用和服务的基础资源，近年来已经取得了较大发展[1,2]。聚合是对术语知识进行组织的一种技术手段，是从知识工程角度对知识进行多维语义描述、组织和管理，进而消除各个术语库中的“信息孤岛”，并缓解“信息过载”，为用户提供精准的深层次知识服务，提高术语库的质量和使用效率。对“聚合”的理解有学科性的差异，化学领域的“聚合”（polymerization）是将一种单体或多种单体的混合物转化成聚合物的过程；计算机、信息领域的“聚合”（converge）是对互联网各种载体信息的集合与集成，如网页、博客、微博、论坛、数据库等，出现了 RSS（简易信息聚合）、元搜索、Mashup 等技术，强调异构资源的汇集；知识工程领域的“聚合”（aggregation）是对专业领域中的概念、知识进行语义化融合，如论文、专利、标准、法规、机构等中的概念、知识单元进行组织，实现对知识的深度揭示与可视化展示，特别是在语义网、关联数据的大趋势下，更加强调知识的内在逻辑关系，以及语义层面的深度融合。在网络环境下，如何从语义角度对术语所蕴含的知识进行深度聚合，并采用术语计算技术进行半自动化的知识挖掘和动态更新，是术语工作必须面对的重大任务[3,4]。

知识单元作为知识的基因，决定了知识聚合的深度和效果。本文提供了一种快速、动态的知识单元获取方法，从微观层面揭示知识的语义关系，以可视化方式直观展现了知识关联，进而为构建词间关系、建立知识关联提供辅助手段，实现网络环境下动态的、细粒度的知识聚合。

---

* 本文为国家“十二五”科技支撑计划“面向外文科技文献信息的知识组织体系建设与应用示范”（项目编号：2011BAH10B01）、2011年国家社会科学基金青年项目“基于知识组织的术语服务研究”(项目编号：11CTQ018)的研究成果。

作者简介：宋培彦（1980—），男，1980年生，山东人，博士，副研究馆员，主要研究方向为自然语言处理、知识组织与术语计算。E-mail: songpy@istic.ac.cn，发表论文20余篇；赵星，博士，馆员。

二、相关研究

目前，实现知识聚合主要是通过知识组织工具并辅以统计方法，实现不同层次的聚合。可以分为如下三种类型。

（1）以规范控制为理论基础的知识组织。通过元数据、叙词表、分类表等传统的知识组织工具实现知识聚合。这类知识组织工具借助于专家的知识积累，采用静态的规定性描述，实现对表层知识的初步揭示，比较适合对文献载体的粗粒度描述。而在网络环境下，需要进一步细化知识描述力度并形成多维度的知识表示机制，才能适应网络环境的需要。特别是通过不同组织工具的映射、融合，实现对现有知识组织工具的贯通。

（2）以深层知识为主的知识本体。本体（ontology）、语义网、关联数据、知识链接等新理论是近年来知识聚合的新兴理论，其试图构建网状的知识拓扑结构，细化知识描述颗粒度。其局限性在于，这类知识组织工具还存在着更新速度慢、成本高、规范性低等问题，因此仍需进一步研究知识获取、知识表示方法，以适应海量信息环境的变化。

（3）以用户为中心的柔性化知识组织。通过大众分类法（用户标签）、引文链接、共词计算等方法，实现知识的动态、快速聚合。这类方法强调用户直接或者间接的参与，符合用户认知习惯，并适应知识的快速变化。不过，聚合结果一般是隐性、弱关联的语义，其规范性、逻辑性都有待改进。

术语与知识工程密不可分。术语作为知识的载体，从微观层面表征了知识的“基因”，因此通过对术语的挖掘和描述，构建细粒度的、动态更新的术语知识库，有助于实现知识的动态聚合，进而以可视化、个性化的方式为用户提供知识服务[5]。本文尝试从知识单元出发，构建细粒度的知识单位和网状拓扑结构，通过概念关系网络实现语义融合，形成多维度的知识描述结构，丰富术语库的知识属性；基于自然语言处理技术和真实语料库，自动发现知识单元及其关联，实现知识动态聚合。

三、知识表示模型与算法

知识聚合的实质是专业领域概念（知识单元）的激活、扩展、浓缩、转换和存储的计算过程，符合人类认知事物的科学规律。知识单元是实现知识聚合、构建知识图谱、开展知识服务的主要切入点之一。

1. 知识单元理论

面对纷繁复杂的语义与知识计算问题，人们往往倾向于使用有限的基本单元，描述和控制无限的、复杂的知识内容，达到“以有限控无限”的目的。对于知识组织工具来说，要抓住核心语义特征、以有限控制无限，实现概念的激活、扩展和联想。知识单元作为知识的基因，能够见微知著、一叶知秋，在此基础上对概念进行激活、扩展、联想，有利于实现知识的深度融合[6]。

2. 知识单元抽取算法

术语知识单元的自动抽取主要分为四个阶段：术语语料预处理、术语释义句的句法－语义剖析、术语知识单元的自动抽取和构建术语知识单元的知识库。

1）术语语料预处理

预处理是以句子为单位，对术语的释义进行抽取，获得包含术语释义的文本集。为了提高后续处理的精度，选用国家标准或术语词典中的术语释义句，并删除图表、附图等与句法信息不相关的特殊文本，得到结构较为完整、释义准确的句子。术语词典、百科等数字资源中对术语的释义通常较为准确，是进行知识单元抽取的理想语料。

2）术语释义句的句法 – 语义剖析

首先，对术语释义句进行分词、词性标注等初步处理，为进行依存句法 – 语义分析提供基础[7-9]。目前，中文分词工具性能较高，准确率大多在 90% 以上，基本达到了实用化水平。然后，对句子进行依存句法分析，构建句子的依存句法结构树，形成结构较为清晰的句法分析树，对各个成分之间的依存关系进行较明确的揭示。最后，对依存句法分析的句子成分进行浅层的语义分析，即进行语义角色标注，为各个成分赋予明确的语义标签。本步骤采用哈尔滨工业大学提供的开源工具——LTP（Language Technology Platform，http://www.ltp-cloud.com/demo/ ），对句子进行初步的处理，获得句子的基本线索[10]。

3）术语知识单元的自动抽取

知识单元分布在句法语义分析树上，为进行知识单元抽取提供了较为明确的标签。通过对依存句法树进行遍历和语义约束，设定抽取规则，可以抽取出具有特定含义的知识单元。这也是实现知识单元抽取的关键阶段。

句法 – 语义分析的结果以 XML 格式存储，较好地保存了语法结构与语义角色之间的对应关系。依存句法标注通过父节点和依存关系类型表示，语义角色标注为与句子成分相对应的语义角色标签，依存树的子节点与父节点构成了修饰关系；粗粒度的知识单元表现为父节点，而细粒度的知识单元则要深入到子节点。因此，术语知识单元抽取规则是：首先查找语义角色节点，其次通过父节点标注，然后查找与语义角色节点相连接的依存节点，并对依存节点进行排序输出。如图 1 所示。

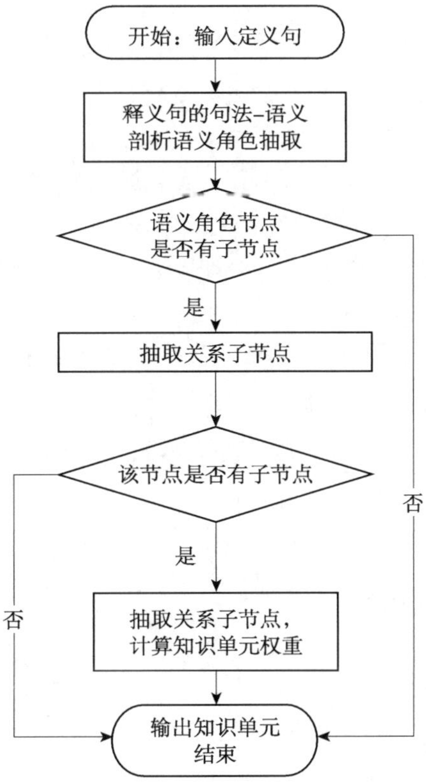

图 1　术语知识单元抽取流程

知识单元抽取的基本流程是：①输入带有句法语义标注的术语释义句——XML语料。②根据语义角色标注，抽取处于核心位置的语义角色节点，优先作为术语知识单元，如HED谓语动词、A0施事、A1受事。③根据依存关系节点标注，抽取依存关系节点作为术语修饰知识单元。主要查找以语义角色节点为父节点的子节点信息，子节点即为语义角色的修饰成分，直到该节点不作为父节点出现为止，并对节点排序。④对句子的所有节点进行迭代查找，直至结束。将获得的句子的每个成分作为知识单元的候选，并进行排序。

为了优化知识单元结果，需要根据知识单元的重要程度进行加权处理。基本思想是：知识单元分为角色知识单元和修饰知识单元，分别进行词频统计；角色知识单元的权重设置较高，用于揭示术语的基本知识内涵；修饰知识单元的权重设置较低，用于区别术语的特征。例如，“设备”一词在角色知识单元中多次出现，词自身权重为1，由于其出现频率较高，则在此基础上增加两个权重，这样就将该知识单元的重要性与一般知识单元进行了区分。

4）构建术语知识单元的知识库

最后，将术语知识单元以规范化的形式输出并存入知识库，形成以术语为中心、以知识单元为特征节点的知识拓扑结构。知识单元抽取结果最终存储到术语知识库，为进行术语语义计算提供知识支撑。

四、知识聚合实验

1. 实验数据

实验过程中，本文从计算机、通信领域的术语词典中选取了100条常用的科技术语，主要涉及“计算机技术”“互联网”“通信技术”“科技产品”四个学科类别。然后，从百科词典、行业标准或者术语词典中为每个术语配备对应的释义，作为句法–语义分析的测试语料。具体实例如表1所示。

表1　术语释义句实例

术语名称	释义句例句
键盘	键盘是可以将英文字母、数字、标点符号等输入计算机的主要输入设备
Java	Java是一种可以撰写跨平台应用软件的面向对象的程序设计语言
扫描仪	扫描仪是一种计算机外部仪器设备，通过捕获图像并将之转换成计算机可以显示、编辑、存储和输出的数字化输入设备

然后，对术语释义信息的知识单元进行分析，实验中采用了哈尔滨工业大学的语言技术平台LTP对术语文本进行了句法分析、语义分析处理。由于系统的语义分析还不是十分成熟，本阶段对依存句法和语义角色结果进行了人工校验，包括对自动分词结果进行纠正，如“C语言”应该是一个整体概念，不应切分；对依存树中的动词依存关系进行调整，如“程序设计”中的“设计”应作为名词性成分，不作为依存对象。经过处理，形成正确可靠的句法和语义分析树，并确定术语释义句中的语义成分和关系类型，最终以XML格式存储，如图2所示。

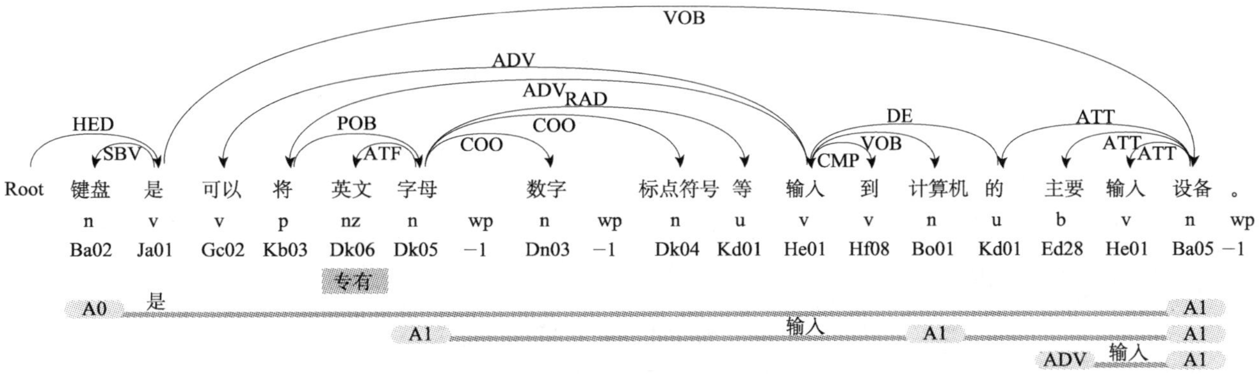

图 2　句法－语义分析树示例（采用 LTP 可视化平台生成）

然后，采用本文制定的加权规则对句法－语义分析结果进行抽取，根据语义角色标注，抽取出表示高层概念的粗粒度知识单元和表示详尽特征的细粒度知识单元，结果如表 2 所示。

表 2　术语释义句知识单元抽取结果示例

术语名称	粗粒度知识单元	细粒度知识单元
键盘	设备	英文、字母、数字、标点符号、输入、计算机
Java	语言	撰写、跨平台、应用、软件、对象、程序、设计
扫描仪	工具	形式、图像、信息、输入、计算机

2. 实验结果分析

抽取知识单元的目的是以较细的颗粒度揭示知识属性。为了测试本方法的效果和性能，首先制定了知识单元的抽取规范，将知识单元分为"核心概念""一般属性"和"无关属性"三种类型。"核心概念"重点对术语所表达的概念本质特征进行揭示；"一般属性"侧重于对术语的用途、组成、数量、外延等进行描述；"无关属性"则主要是术语的语言知识，不涉及术语概念。然后，由相关的专业人员对术语释义句中的角色词和修饰词等知识单元进行人工判断，有争议的则查阅资料解决，尽量降低人工判断的主观性。例如，对于"键盘"这一术语，首先"设备""输入""计算机"是表达术语核心概念的角色词，可以反映"键盘"的本质特征；"英文""字母""数字"等是表达术语一般属性的修饰词，将角色词和修饰词都作为术语的知识单元，而表示句子结构、与概念意义无关的"一种""可以""主要"等作为非知识单元。

然后，系统根据本文提供的算法和规则对术语释义句进行词语切分、词性标注、句法－语义分析等，根据句法树和语义角色自动抽取出知识单元，共 1045 个；将抽取结果与人工筛选结果进行对比，与人工抽取结果一致的有 872 个。

在上述数据的基础上，本文通过三个评价指标——准确率（precision，简写为 P）、召回率（recall，简写为 R）和 F 值对术语知识单元的抽取结果加以量化评测。

准确率为正确抽取的知识单元与抽取出的知识单元的比值，即

$$P=\frac{\text{正确抽取的知识单元个数}}{\text{测试数据中抽取出的知识单元总数}} \tag{1}$$

召回率为正确抽取的知识单元与实际相关的知识单元的比值，即

$$R=\frac{\text{正确抽取的知识单元个数}}{\text{测试数据中实际相关的知识单元总数}} \tag{2}$$

F 值为

$$F=\frac{2 \cdot P \cdot R}{P+R} \tag{3}$$

各项测试数据如表 3 所示。

表 3　释义知识单元抽取结果

评价指标	计算机技术 / %	互联网 / %	通信技术 / %	科技产品 / %	合计 / %
P	88.32	80.77	77.22	73.71	83.44
R	59.33	54.54	56.22	59.17	58.37
F	70.98	64.11	65.07	65.64	68.69

表 3 中的实验结果表明，知识单元抽取结果在“计算机”“互联网”等相关学科领域的准确率较为接近；总体测试的准确率均达到 83.44%、F 值为 68.69%，该方法实验效果较为理想；特别是对于能够揭示术语本质特征的高层核心概念（角色词），使用本方法抽取的准确率相对较高，对依存句法和语义分析起到了较好的支撑作用。

3. 构建术语知识单元库

知识单元抽取结果可以用于构建术语知识库。因此，在此基础上构建了基于知识单元的术语知识库，主要由三个数据实体组成：术语释义表、术语角色知识单元表与术语修饰知识单元表。有了这个术语知识库，就可以通过不同术语之间知识单元的匹配进行术语关系计算（表 4）。

表 4　术语知识库数据属性表

表名	属性 1	属性 2	属性 3	属性 4
TERM	Term_id	Term	Category	Scopenote
ROLE	Role_id	Predicate	Arg0	Arg1
MODIFIER	Modifier_id	Modifier-A0	Modifier-A1	

其中，TERM 栏中，“Term_id”表示术语编号，“Term”表示术语名称，“Category”表示术语类别，“Scopenote”表示存储术语释义句；ROLE 栏中，“Role_id”表示角色编号，“Arg0”表示施事角色，“Arg1”表示受事角色；MODIFIER 栏中，“Modifier-A0”表示存储施事角色修饰成分，“Modifier-A1”表示存储受事角色修饰成分。

为了构建更细颗粒度的术语知识库，在术语释义抽取结果的基础上进行了词频分类统计，主要分为角色释义词词频统计与修饰释义词词频统计。结合实际情况，可以对高频释义词增加其在术语释义计算中的权重，分别对角色释义词和修饰释义词进行了词频统计。

术语知识单元的权重设置主要是对高频释义词进行加权处理，由于核心角色词在释义句中承担比较重要的角色，因此设置权重较高，而修饰释义词设置的权重较低。例如，“设备”一词在角色知识单元中多次出现，词本身权重为 1，若为高频词，则在此基础上增加权重。

五、知识多维度聚合——引入社会网络分析法构建知识图谱

利用社会网络分析方法，有助于以可视化方法展示基于知识单元的术语之间的关系。Ucinet 软件内部集成了可视化工具 netdraw，通过数学分析和可视化图像展示术语知识单元的网络特性，便于对术语知识单元共现网络进行可视化分析。本文采用非二值矩阵，直接采用术语知识单元共现次数矩阵进行数据分析。图中每个节点表示学科术语，其连线次数的多寡，表示与术语发生关系的其他术语的多少。中心度反映的是某个术语与其他术语出现的相同知识单元的个数，揭示节点的网络特性。中心度节点常常位于网络的中心位置，对整个网络的影响很大，表示该词语是学科中最重要的核心概念知识单元；中心度低的节点处于网络的边缘地带，成为知识网络中的附属节点。

图 3 反映了术语之间的关联程度。例如，“C 语言”“Java”和“汇编语言”形成了紧密的网络互连关系，表明这些术语包含较多相似的术语知识单元；“射频识别”“传感器”和“无线局域网”构成的局部关系网络则说明这些术语的学科范畴更为接近。由此可见，知识单元成为术语知识的“基因”，对术语的语义计算、范畴归并、知识融合、知识图谱构造等有重要参考作用。

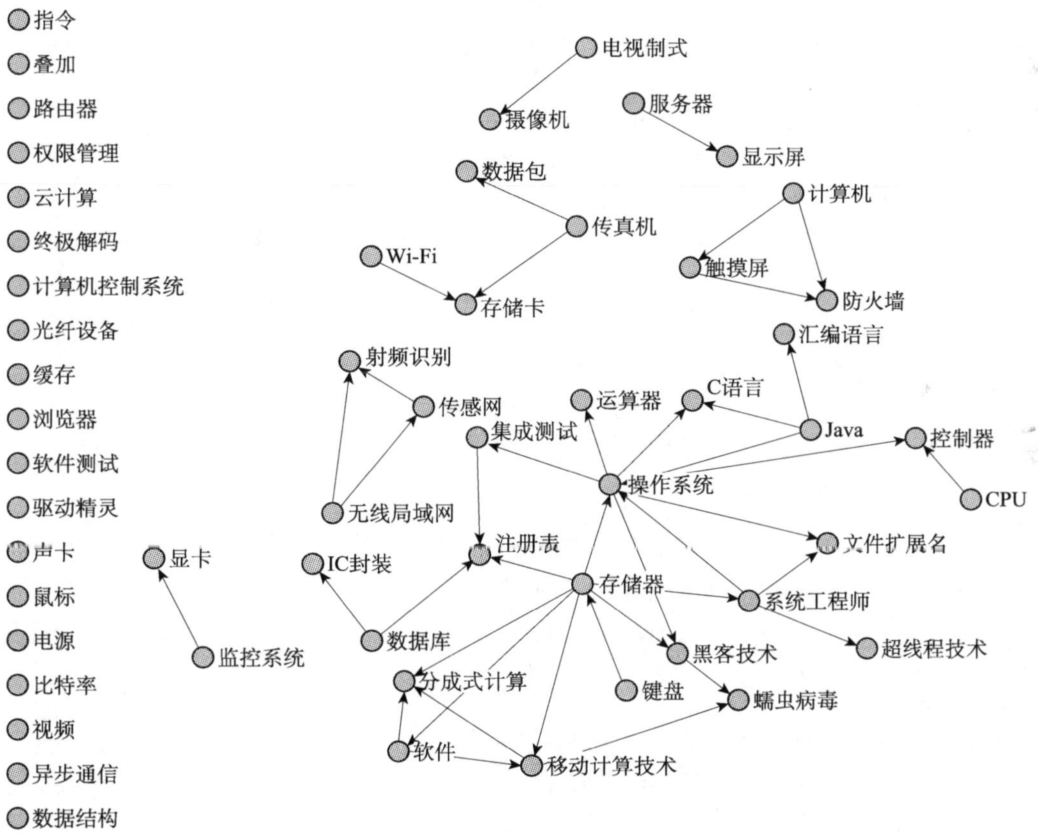

图 3　术语知识单元社会网络分析图

基于知识单元构建的知识地图具有多维性。“多维度”是指任何一个研究对象（如科技概念知识），从不同的维度上看，具有不一样的属性集合和相关关系集合。例如，对概念词汇“汽油”，能源领域的科学家更关注汽油的加工、传输、保存等相关属性；经济学家更多关注汽油的价格、市场方面的属性；而环境科学家则更多关注汽油在生产和燃烧过程中，产生的二氧化碳气体、造成的环境污染等相关属性。事实上，在传统的知识协同构建过程中，往往通过专家审定的方式，来试图消除不同构

建者的主观差异。这种最终由专家审定的结果只是代表了某一个特定维度和层次观察得出的权威知识，舍弃了其他部分实际上具有价值的知识，造成了一定的负面作用：不仅在构建时，在某个维度上（语境中）成立的大量有效知识，被其他维度的审核专家生硬地错判为无效知识，造成知识损失；而且在组织时，不同维度的知识交叉混合在一起，没有明确地标识出其维度信息（适用语境），造成知识体系组织混乱，进而导致无法根据用户的个性化需求，提供其准确和必要的个性化知识。基于知识单元的动态聚合方法，从一定程度上弥补了上述缺陷，为知识的精细组织提供了有力的支撑。

六、结论

知识聚合的本质是知识方程的求解，为知识动态关联提供了良好的技术支撑。采用知识单元抽取技术建立知识之间的网状拓扑结构，主要有两个优势：一是，采用自然语言处理技术从真实文本中自动抽取和更新知识单元，能够以更细的细粒度内容反映知识的真实内容，实现动态的更新和管理；二是，采用网状的拓扑结构，使知识之间的关联性更为紧密，并以可视化的知识地图方式进行了直观的展示，为进行知识的自动发现、推理和计算提供了良好的知识基础。如何进一步完善知识单元抽取算法，提高知识抽取的精确度，并对知识单元之间的语义关系类型进行界定，形成相对稳定的语义框架结构，是今后需要继续研究的内容。

参 考 文 献

[1] 郑述谱, 梁爱林. 国外术语学研究现状概观[J]. 辞书研究，2010，(2)：86-99.

[2] 冯志伟. 现代术语学引论[M]. 北京: 商务印书馆, 2011: 29-30.

[3] Bourigault D, Jacquemin C, L'Homme M. Recent Advances in Computational Terminology [M]. Amsterdam/Philadelphia: John Benjamins Publishing Company, 2001.

[4] Si L E, O'Brien A, Probets S. Integration of distributed terminology resources to facilitate subject cross-browsing for library portal systems [J]. Astlb Proceedings, 2010, 62(4): 415-427.

[5] 全国术语标准化技术委员会. 建立术语数据库的一般原则与方法[S]. 北京：中国标准出版社，2004.

[6] 文庭孝, 罗贤春, 刘晓英，等. 知识单元研究述评[J]. 中国图书馆学报, 2011, 37(5): 75-86.

[7] Castro-Sánchez N A, Sidorov G. Analysis of definitions of verbs in an explanatory dictionary for automatic extraction of actants based on detection of patterns[A]//15th International Conference on Applications of Natural Language to Information Systems[C]. Berlin: Springer-Verlag, 2010: 233-239.

[8] Marshall B, Chen H, Madhusudan T. Matching knowledge elements in concept maps using a similarity flooding algorithm [J]. Decision Support Systems, 2006, 42(3): 1290-1306.

[9] Hacioglu K. Semantic role labeling using dependency trees[A]In Proceedings of the 20th international conference on Computational Linguistics. COLING，2004: 1273-1276.

[10] 哈尔滨工业大学语言技术平台 LTP[EB/OL]. http: //ir.hit.edu.cn/ demo/ltp/[2014-07-01]

浅析术语借入对学科发展的影响

杜文军[1]，刘伍颖[2]，易绵竹[1]
（1 洛阳外国语学院，河南洛阳，471003；
2 广东外语外贸大学语言工程与计算实验室，广东广州，510420）

摘　要：随着科学的发展，学科细化，以及学科与学科之间交叉发展的趋势越来越明显。当今的科学体系中，不可能找到某一门学科是游离于学科体系之外，不与其他学科产生任何关系的。学科之间的交流、相互影响是不可避免的。术语的相互借入是重要的表现之一。本文从术语的产生、发展及现状的角度出发，以术语定义为认识基础，列举实例从正反两方面说明了学科术语借入的利和弊。在学科交叉加深的趋势下，学科间术语的相互借入不可避免，在看到借入对学科建设和发展带来的益处时，也要看到术语借入可能带来的问题。

关键词：术语借入；益处；问题

一、引言

术语的借入对本学科必然会产生积极的影响，当然也可能会产生一些问题，但不能因为可能会出现一些问题而不敢大胆进行术语借入。从长远来看，这种消极保守的思想会影响到本学科的健康发展。每一个学科术语的产生发展都是一个过程，要以历时和共时的眼光看待术语借入这一问题，所以术语不是一成不变的，它可能会随着学科的发展而发生相应的改变。一个术语现在看来是恰到好处的，未来却不一定准确，而现在看来是漏洞百出的术语，未来却很可能是无可替代的。所以对于术语借入这一问题要辩证地看待，用发展的眼光审视术语借入，就会对本学科发展起到巨大的推动作用。

二、术语借入的益处

“术语”是最基本的专业词汇单位[1]。从产生之日起至今，对术语的定义在学术界没有一个定论。由于术语的特性，我们可以多角度去理解它，但是从一个角度去看，又不能很确切地对它进行解释。经过不断的探讨，随着认识的不断加深，学术界对术语的认识有了进一步的深化。现在各个术语学派基本上达成了一点共识，即“术语是与某一知识、活动领域的概念相联系的词或词组”[2]。

伴随着学科之间的交流，术语的借入自然而然就会发生。从别的学科借入术语，对本学科的发展会产生极大的影响。一方面借入术语可以有助于对本学科相关内容进行形象生动的理解，如文学、语义学、计算机、互联网技术等；另一方面，通过术语的借入，对本学科的理论、概念、术语本身也是一种极大的充实，如计算语言学、哲学、社会学、心理学等。

社会学在术语借入方面表现得最为突出，随着科学技术的飞速发展，地球逐渐成为一个地球村，术语借入的例子更是不胜枚举。例如，“黄牛”在《辞海》中的解释为：“亦称普通牛。哺乳纲，牛科。反刍家畜……大多以役用为主。”[3] 从生物学借入社会学后，又给这个术语附加了更多的意义，刚开始是指社会中那些踏实肯干、毫无怨言的老实人。随着社会的逐渐发展，中国的铁路运力比较紧张，节假日的火车票更是一票难求。于是渐渐产生了票贩子，这些人以牟取暴利为目的，转手倒卖火车票。这些票贩子就被冠以“黄牛”的称谓。简单的“黄牛”一词形象生动并极具讽刺性地概括了票贩子的特点。一是形象地展示了票贩子为了排队抢票而表现出的坚持犹如黄牛般，以及为了获取不法利益的那种“悲壮”，俨然一头老黄牛。二是用“黄牛”来对票贩子进行讽刺，黄牛是为他人服务的，毫无怨言，不求回报。而票贩子是为了高额利润，不惜触犯法律，“为他人排队买票”。生物学上的“黄牛”借入社会学中，对社会学的发展起到了极大的促进作用，更好地反映了社会现象，同时也充实了社会学的概念、术语。

苏联文化史中的术语“解冻”一词也是很好的例子。“解冻”一词的基本解释为“冰冻的江河、土地融化”。这是它最初的解释，来自自然学。后借入经济学中，指解除对资金的冻结。后来俄罗斯作家爱伦堡在其小说《解冻》中提到了术语“解冻”。作者以这个术语隐喻斯大林时代的结束。而继任者赫鲁晓夫在苏联文化上实行解冻的政策，在文化上实行较之前开放、自由的政策。术语出现的历史背景是这样的：1954 年 12 月在莫斯科召开了苏联作家第二次代表大会，会上刮起了一股强劲的“解冻”思潮，官方放松了社会主义现实主义原则的一些限制，允许作家进行相对自由的文学创作。苏联作家第二次代表大会后，大会的“解冻”精神传到整个苏维埃文化界[4]。作家把“解冻”这个术语借入文化史中，恰到好处地表现了当时苏联的文化政策，成为苏联文化史上不可替代的术语名称。

计算语言学中有配价语法这个术语。这个术语来源于化学表达式的“价”。配价语法是从生成语法派生出来的，逐渐发展为一个语法流派。俄罗斯语言学家 Степанова 指出，配价在词类的组合方面起着主导作用，它处于词汇学、句法学和词汇语义学的交叉点。所谓配价，就是动词或其他词类在自己的周围设置一定的开放位的能力，这些开放位应当由必具的或可选的论元来填充。配价语法的基点就是“动词中心论”，实质上就是：“一个句子以词为核心关联其他成分而构成，这种关联要服从层次原则，动词是句子中的支配者，句中的其他成分则是动词的从属成分。”具体又细化出了逻辑价、语义价、句法价和语用价等概念。“价”是一个化学术语，首先把这个术语引入语言学的是法国语言学家特斯尼埃尔[5]。它的本意是用来表示一个原子（或原子团）能和其他原子相结合的数目。把化学中“价”这个术语借入配价语法中恰到好处，对本学科的发展具有极大的促进和深化作用。

认知语义学是语义学的一个分支，最近几十年发展得较快，算是一门比较新的学科。“认知”，来自英语“recognition”即认识，在现代心理学中通常译作认知[6]。概括来讲，认知就是人类认识世界的活动。把心理学中的术语“认知”借入语义学，对语义学的科学发展起到了不可替代的作用。可以说，由这个术语的借入，才有了认知语义学今天蓬勃发展的局面。还有就是语义学中的术语“语义场”，“场”是一个物理学术语，借入语义学中，准确形象地描述和定义了“Семантическое поле”这个词组。

三、术语借入存在的问题

马克思主义辩证法认为，一切事物都具有两面性。术语借入也不例外，也是一把双刃剑。术语借入在为本学科带来极大益处的同时，也出现了一些问题。俄罗斯语言学家格里尼奥夫在《术语学》

中指出，术语借用存在的风险有三点，本文着重对其第三点进行深入剖析。第三点即“在借入过程中，外来术语的语义缩小或放大”[7]。简言之，就是借入术语的意义和使用范围与源术语的不完全一致，也就是，源术语不能完全表达被引入学科的概念。在不同的学科中，这种术语借入的弊端很难避免。这就给准确理解学科借入术语带来了认识上的问题，对学科的发展产生阻碍的不良后果。所以要准确理解借入的术语，必须在本学科的背景下去理解学习，切忌望文生义。就拿术语“解冻”为例，不去深入了解当时的文化政策，很容易就望文生义成完全放开的文化政策。其实不然，当时的文化政策中的自由是有限度的，还是有苏联官方的管控和审查的，文化是由意识形态的引导的。其实，在“解冻”政策实行没多久，伴随着一定程度上的文化“封冻”也产生了。真正放开的时期应该是戈尔巴乔夫时代，在他的“新思维”政策的指导下，将文化彻底放开，可以说是真正的“解冻”，真正的自由。但是，不知道这段历史背景的人怎么也不会把“新思维”和文化彻底“解冻”等同起来。这个例子充分说明，不同术语在不同学科的背景下，意义和概念范围是不一样的。

术语借入可能出现的问题不外乎有三种情况，一是帽子太大，二是帽子太小，三是帽子和头干脆不搭。这是通俗的讲法。术语的借入像一个人戴帽子一样：帽子大了，不该包括进去的也包括了；帽子小了，该有的内容和意义出现了遗漏，不能完整地表达本源；帽子不恰当就十分糟糕了，就是词不达意，这种错误的后果是十分严重的。

四、结束语

本文从术语产生、发展及现状的角度出发，以术语定义为认识基础，列举实例从正反两方面说明了学科术语借入的益处和出现的问题，论述较为肤浅，不够深入。术语借入的利弊问题是一个值得深思的问题，这一问题的彻底解决也是一个漫长的过程，不可能一蹴而就，只能说是使借入的术语无限接近准确。

未来关于术语借入这一问题的研究重点要放在术语借入的准确性上，这需要对借入的术语进行全面深刻的理解，使借入的术语尽可能准确无误，在必要时候对借入的术语要进行补充说明，确保借入术语的表达以及对所借入术语的理解准确无误。

参考文献

[1] 吴丽坤. 俄罗斯术语学探究[M]. 北京：商务印书馆，2009：46.

[2] 吴丽坤. 俄罗斯术语学探究[M]. 北京：商务印书馆，2009：51.

[3] 夏征农, 陈至立. 辞海[M]. 6版. 上海：上海辞书出版社，2010：795.

[4] 任光宣. 俄罗斯文化十五讲[M]. 北京：北京大学出版社，2007：262.

[5] 夏征农, 陈至立. 辞海[M]. 6版. 上海：上海辞书出版社，2010：875.

[6] 夏征农, 陈至立. 辞海[M]. 6版. 上海：上海辞书出版社，2010：1567.

[7] 格里尼奥夫. 术语学[M]. 郑述谱，吴丽坤，孟令霞，译. 北京：商务印书馆，2011：178-179.

认知视角下的中医术语隐喻研究*

陈　雪

（黑龙江大学，黑龙江哈尔滨，150080）

摘　要：传统的观点认为，科学是严谨客观的，不允许隐喻这种“修饰”的、不准确的语言存在。中医术语中普遍存在的隐喻现象甚至成为其科学性受到质疑的论据之一，然而在认知视角下，中医隐喻术语却具有极大的认知研究价值，它恰恰是表达中医概念内涵的重要手段，以及折射中国传统哲学和民族文化的重要途径。因此，突破传统术语学对隐喻术语研究的限制，从认知角度分析中医隐喻术语的特点、认知模式及其蕴含的文化因素对于理解中医文化、促进我国文化输出具有重要意义。

关键词：认知术语学；隐喻；中医术语

一、隐喻术语的认知研究

随着认知语言学的产生，莱可夫于 1980 年首次提出“认知隐喻”的概念，开启了隐喻认知研究的时代。这也给术语学带来了本质性的影响。术语学对隐喻的态度从最初的排斥到承认，从最初认为隐喻语言不宜出现在科学领域，到可以接纳隐喻术语并将其作为术语构成方式展开研究。俄罗斯术语学家阿列克谢耶娃认为，“术语的产生，一方面和研究者的认知活动有关，一方面和对认知成果进行言语化的必要性有关。无论从认识论层面，还是从语言学层面，术语的产生都是隐喻的。……术语的隐喻称名要比创造一个单义的、严谨的科学术语具有更大的作用”[1]。库布里亚科娃认为，“认知隐喻是概念化的方式之一，是表达和形成新概念的认知过程，没有它就不能获得新知识”[2]。伊维娜认为，“隐喻在对客观世界概念化过程中起主要作用。对周围世界概念化的最普遍方式之一就是概念隐喻。隐喻的原则是将复杂的、不能直接被观察到的心智空间与简单的、具体的事物联系在一起”[3]。尼基金认为，“隐喻最主要的认知和语用功能之一就是能够在人的意识中构建概念，并对它进行说明和解释，从这个意义上说，只有隐喻术语能够传递那些尚无名称的研究对象的本质。因此，从认知术语学视角研究隐喻术语是极具前景的方向之一”[4]。从认知角度看，术语是特殊的认知信息结构，它以具体语言形式汇聚了人类发展历史中积累的科学知识。从信息理论的角度来看，隐喻中包含了能够执行术语功能的信息量。“如果某一出乎预料的成分（隐喻形式）被纳入术语系统而且不破坏其规则，那么它有能力提高该系统的信息容量。”[5]

在认知视角下，隐喻术语形成的认知机制及其对于科学术语发展的意义受到关注。胡壮麟指出，“人的认知能力在许多情况下是通过隐喻化来建立学科间的联系，最终认识整个世界的。隐喻可以扩

* 基金项目：全国科学技术名词审定委员会2014年科研项目“认知术语学及其在科技名词规范工作中的应用研究”（MCW-2014-3）的阶段性成果。

大人们对尚无名称的或尚不知晓的事物进行组合的能力。它能超越思维过程中单纯的范畴化的局限，也能超越以规则为基础的语言的范围。加强社会科学和自然科学之间，以及社会科学和自然科学内部各分支学科之间的沟通，得以实现的理论基础便是隐喻化。……隐喻正是各学科通向未来的工具”[6]。在认知术语学看来，隐喻不仅仅是术语的语义构成方式之一，同时也是构建科学思维的重要手段，它参与术语的产生、使用、发展变化等所有环节。在认知视角下，术语隐喻不是言语活动的终端产品，而是构成科学创作过程的基础，它的目标是反映所发现知识和语言化的创新点。“术语研究的认知途径建立于术语与其描述现象的本体间关系的基础上。词的意义已经不仅仅被看做语言中某些要素的内在关系网络，而是要与对世界、对人的思维活动及其认知能力的认知过程联系起来”[7]。

综上所述，与传统术语学把隐喻作为语言现象不同的是，认知术语学把隐喻看做是人类探索客观世界的认知机制，因为隐喻术语的形成是人类思维能力的发展和体现。两者观点的差别就在于是否把隐喻作为术语创造和概念生成的认知机制（表 1）。

表 1　传统术语学和认知术语学关于术语隐喻现象的观点

传统术语学	认知术语学
个例（术语构成方式之一）	认知机制：概念形成和术语系统构建的思维方式
名称的替换	概念结构的映射
术语命名的手段	概念化的手段，术语生成的普遍过程

就科学术语来说，隐喻的构建受到学科特点、民族文化及专业知识等因素的影响，有很多概念隐喻具有跨文化的普遍性，还有很多概念隐喻具有独特的民族文化特征。因此可以说，科学隐喻研究具有双重属性，一方面通过学科隐喻术语的成因、模式和特点可考察学科发展轨迹及人类在该知识领域形成的经验和认知特点；另一方面不同民族的认知和思维方式会对术语形成产生影响，并反映在术语形式上。科学隐喻研究还可揭示不同民族语言认知世界的方式、特点和差异。这对于掌握术语发展的规律和特点及推动我国术语学研究具有重要意义。

二、中医隐喻术语的认知机制

从认知角度看，术语是特殊的认知信息结构，通过具体语言形式汇聚科学专业知识。医学术语是医学理论和知识的主要载体，它在医学概念体系中具有一定的价值。在其长期发展过程中，隐喻机制对其术语构成产生重要的影响。笔者以全国科学技术名词审定委员会 2004 年公布的《中医药学名词 2004》为蓝本，对其中所列中医基本名词的隐喻现象进行抽样调查。结果如表 2 所示。

表 2 《中医药学名词 2004》中隐喻术语占比的抽样调查

中医药学名词	总词汇量	隐喻术语	比例 / %
中医基础理论	804	606	75
针灸学	708	420	59

从上述调查数据可以看出，在抽样中医术语中隐喻术语所占比例均在一半以上。从传统术语学来看，如果一个学科理论的语言中有如此多的隐喻术语，那么它是不科学的，其所描述的理论是不可靠的。“隐喻在中医术语中如此之多导致概念模糊、语义不确定”，甚至一度成为很多人质疑中医科学

性的理由之一。然而，在认知术语学看来，中医隐喻术语恰恰具有更高的认知研究价值，它反映了中华民族的隐喻思想及对生命科学独特的认知方式和体会，同时也印证了隐喻是人类赖以生存的思维方式。根据莱可夫对概念隐喻的分类，可从三个方面考察中医术语的隐喻现象。

（一）实体隐喻

实体隐喻是概念隐喻的主要方式，是指用有形的、具体的事物来理解无形的、抽象的概念。以有形喻无形是最基本的隐喻机制。人类在感知外部世界的过程中，通常以具体的、熟悉的事物去理解复杂的、陌生的事物。因认知主体所处的地域、环境、文化等因素不同，用于理解生命现象的认知模式也不同。实体隐喻在中医隐喻术语构成中占主要部分，且其构成模式具有鲜明的中国传统文化特色。

1. 隐喻模式“人体是社会”

（1）心者，君主之官，神明出焉；肾者，作强之官，伎巧出焉；肺者，相傅之官，治节出焉；肝者，将军之官，谋虑出焉；胆者，中正之官，决断出焉。（选自《素问·灵兰秘典论》）

白话译文：心相当于君主，对整个机体有统帅作用；肾功能强大、灵巧，对五脏六腑都有好处；肺犹如丞相，能够帮助君主治理和调节；肝具有刚强之性，肝气主升、主动，容易亢逆，像古代将军一样；中正是说办事不偏不倚，刚正无私，胆是中正之官，指胆对于防御和消除某些不良精神刺激，保护人体气血的正常运行有重要作用。

（2）肺为华盖。（盖，即伞，华盖原指古代帝王的车盖或指画上文彩的伞。肺在体腔中位居最高，具有覆盖和保护诸脏抵御外邪的作用。两者因功能相似而建立关联。）

上面两例中的术语皆以反映社会制度的事物为喻体，其认知模式是“人体是社会”，即把人体看成是一个大的社会，用中国古代社会的官僚制度等级形象比喻各脏器在人体中的地位和作用及相互关系，隐喻构建基于功能相似。通过这样的隐喻表达可以使读者对脏器在人体中的功能有很好的了解和认识，这对中国人来说达到了解释和理解的目的，对于其他文化群体来说需要首先了解中国的历史文化才能成功解读术语的内涵。

2. 隐喻模式“母子关系”

（1）母病及子，子病及母，子盗母气。

（2）五行相生关系（水生木，木生火，火生土，土生金，金生水）。

（3）三子养亲汤。

上面三例以母子关系为喻底，基于关系相似构建隐喻。例（1）和例（3）用母子关系来说明五脏之间的相互资助和相互依赖的关系，由于母脏病变累及子脏，以及子脏病变累及母脏的病机传变，如脾土为母，肺金为子，脾胃虚弱可累及肺气不足。心为肝之子，心火旺盛可相应引起肝火旺。如子行亢盛，损伤母行，导致子盛母衰，称为子盗母气。例（2）说明气血都是构成人体生命活动的基本物质，气为血帅包括气能生血，气能行血；血为气母包括血为气的载体，血能生气，二者互根互用，相互依存。例（3）“三子养亲汤”中的“三子”是指紫苏子、白芥子、萝卜子三种药材。该方剂功效为主治老年人中气虚弱，运化不健。因其用三种果实组方，以治老人喘嗽之疾，因此寓其“子以养亲”之意，蕴含了汉语言主体的民族传统文化。由此可见，任何术语都是首先在某一自然语言基础上产生的，语言是体现一定文化的世界图景的载体，它对术语的形成产生了一定的影响。

3. 隐喻模式“人体是自然”

有很多中医术语是在把人体看作自然的基础上构建的，所选喻体包括地理类、气象类等名词。

气象类（气、风、火、水、雨、云等）。

（1）燥、热、寒、湿、潮、凉（描述气象变化的要素）。

（2）水性流下，水不涵木，水亏火旺，水火不济，火性炎上。

（3）清阳为天，浊音为地，地气上为天，天气下为雨；雨出地气，云出天气。

（4）血气者，喜温而恶寒，寒则泣不能留，温则消而去之。

地理类。

（5）六经为川，肠胃为海，九窍为水注之气，气之不得无行也，如水之流，如日月之行不休。

（6）经络。

（7）针灸学中很多穴位的命名都是隐喻的，如中府、太白、曲池、天池、昆仑等。

将川、海、水等地理名词用于描述人体是在“人体是自然”的隐喻框架内产生的联想。如例（6）中的“经络”是中医基本理论术语。“经”的原意是“纵丝”，有路径的意思，简单说就是经络系统中的主要路径，存在于机体内部，贯穿上下，沟通内外；“络”的原意是“网络”，在中医中指主路分出的辅路，存在于机体的表面。它们纵横交贯，遍布全身，将人体内外、脏腑、肢节连成一个有机的整体。在“人体是自然”的认知模式中，地理、气象名词作喻体用于描述病理，感觉相似、状态相似和外形相似为基础，而这种相似性的创造也体现了中医理论的整体观和天人合一的基本思想。

此外，中医术语中的动物类隐喻所占比例相对较高，如鸡胸、龟背、螳螂子、马刀侠瘿、鹤膝风、龟背痰、狐臭、鸭溏、雀啄脉、鱼翔脉、虾游脉、喉中水鸡声、鱼际、鹅口疮、伏兔等。一方面由于动物和人体构造基本相似，另一方面在于动物形态丰富。动物类隐喻术语中的相似性，包括外形相似，如鸡胸、鹤膝风（指结核性关节炎，患者膝关节肿大，因像仙鹤的膝部而得名）等；声音相似，如喉中水鸡声等。

最典型的实体隐喻——容器隐喻在中医术语构成中也占有相当大的比例，比如：

（8）脾为生痰之源，肺为贮痰之器。

（9）腰者，肾之府。

（10）元神之府（脑的别称）。

（11）仓廪之本（指具有贮藏、生化功能的器官）。

（12）心廪神、肝藏血。

“器”“府”皆为具有空间贮藏意义的容器。“仓廪”即粮食仓库，指脾胃共主受纳运化饮食水谷，化生精气，营养全身；胃与大小肠、三焦、膀胱能传化水谷和津液，排除糟粕，共同构成饮食水谷津液贮藏、生化之源，这些器官统称为仓廪之本。例（12）中的“藏”字表达了心和肝的容器功能。容器隐喻的相似性基于功能相似。

（二）方位隐喻

方位隐喻是指参照空间方位而组建的一系列隐喻概念。人们对空间方位概念的感知来源于人类与大自然的相互作用，是较早产生的、可以直接理解的概念，是人类赖以生存的基本概念。在医学术语中，人们通常将对人体器官、疾病等抽象概念的感觉和评价投射于具体的地理及方位概念上，将抽象的状态具体化、形象化，这样可以使人们通过对方位意义的认知更好地理解人体相应器官发生病理的一种状态。空间方位感知能力是人类基本的能力之一，在中医术语中有很多通过方位词来描述的基本概念。

包含“上”的概念有：气上冲心、火性炎上、肝火上炎、怒则气上、心火上炎证等。可见，“上”通常表达炎热、火症、愤怒等。

包含“下”的概念有：湿性趋下、恐则气下等。可见，“下”通常表达寒、湿、惊等含义。

此外，上下、内外、升降、沉浮等概念在中医基本理论术语中具有特殊的认知意义，表达一种抽象的运行状态和方向，如上膈（食入即吐）、下膈（朝食暮吐）；上损及下、下损及上，等等。

应该说，人体对于方位词的感知具有共通的特性，就是以人体为中心来表达上、下、里、外等方位，这一点具有普遍的跨民族意义。而中医理论在对这些方位词的基本感知的基础上赋予了它们特有的含义，而这在其他语言的医学术语中是没有的。

（三）结构隐喻

根据莱可夫的定义，结构隐喻指以一种概念的结构来构建另一种概念的结构，即以源域中具体的、熟悉的概念去类比目标域中抽象的复杂的概念。莱可夫在研究中以时间类比金钱，以爱情类比旅行，经过概念映射，关于“金钱”和“旅行”的表述会选择性地、对应地映射到作为本体的“时间”和“爱情”的描述上。医学领域也经常会使用人们已经熟知的事物或现象与所描述对象联系起来，以加深人们对所描述对象的认识。例如在俄语里，糖尿病术语系统中对于糖尿病的一个阶段称为“медовый месяц”（蜜月）。糖尿病的这一阶段通常是在患病初期，主要表现症状为：血液中的葡萄糖含量减少至正常值，患者认为自己没有病，因此没坚持控制饮食，也没用药，但过了一段时间后血糖又重新升高。蜜月是人们日常生活中熟知的概念，其主要特点为：通常是结婚初期第一个月，感觉甜蜜而短暂，也许婚后会暴露双方的缺点从而引发摩擦，但这通常都发生在蜜月之后。通过概念映射，关于蜜月的特征会选择性地、对应地投射于糖尿病这一阶段主要状态的描述，使两者在很多方面建立相似联系。通过结构隐喻，人们对糖尿病在这个病理阶段的状态会有形象深刻的了解。由此可见，“从认知语言学角度来说，称名不仅是对世界命名的过程，还是对世界认知、结构化、评价和阐释的过程”[8]。隐喻称名是术语的语义构成中最主要的方式，它的语言形式能够给人一定的思维空间。

在中医隐喻术语中，结构隐喻所占比重较高，它是指把用于描述喻体的属性和结构对应映射在对本体的描述上，详见下面的例子：

（1）中医方剂学中有君药、臣药、佐药、使药四药。其中的君臣佐使是借封建王朝君臣之间的关系来说明各药物在方剂中的地位和作用。君主、臣僚、僚佐、使者四种人在这里不是指具体的某味药，而在中医中指中药处方中各味药的不同作用（表 3）。

表 3　中医术语中结构隐喻的本体喻体对照分析

社会官职	方剂学中的各药物
"君"是我国古代国家首脑的通称	君药针对主病或主证起主要治疗作用
"臣"是君主的管家，受到君主宠信，是重要的国家官吏	依据"臣"字本义，臣药有两种意义：一是辅助群药加强治疗主病或主证的药物；二是针对兼病或兼证起治疗作用的药物，即配合君药，补其不足
"佐"是辅助的人，即处于辅助地位的官员	佐药有三种意义：一是协助君、臣药以加强治疗作用；二是用以消除或减缓君、臣药的毒性与烈性；三是根据病情需要，用与君药性味相反而又能在治疗中起相成作用的药物
"使"是由古代皇帝特派临时性有某种任务的官员，专任某事、专察地方，以弥补设官之不足	使药有两种意义：一是引经药，即能引方中诸药以达病所的药物；二是调和药，即具有调和诸药作用的药物

（2）"疾病是战争"也是中医理论中一个重要的结构隐喻，即将很多用于战争属性的表述用于对疾病的认知和理解中，如火易扰心、燥易伤肺、大怒伤肝、风胜则动、风热犯肺、水寒射肺、上损及下、风热袭表证、风水相搏证、清热攻下等表述中的"扰""伤""胜""犯""射""损""袭""搏""攻"都是用于描述战争的词汇。可见，人类在认识疾病的过程中，发现疾病与战争的特征有很多相似性，疾病是对人体的侵袭，需要人通过各种方法去战胜它。

综上所述，中医隐喻术语的构建受到中医理论、传统文化和专业知识等因素影响，很多隐喻具有独特的民族文化特征，基于主体认知事物的范畴划分和认知模式不同，其隐喻术语的思维也不同，其主要特点体现在以下几方面。

首先，从学科角度来看，医学术语的隐喻方式与其他自然科学的隐喻方式不同。一般自然科学的隐喻是拟人观，即把人体看作认识自然和宇宙的逻辑起点，把对象科学看作人体系统，从自然推及人体。即以人的身体结构、功能、形象、性格等特征来比喻非人类事物。例如，计算机、生物科学、体育、物理等。而医学术语的隐喻思维恰恰相反，是拟物化，即从人体推及自然，以自然界的万事万物作为认知原型来阐释人体。人体是一个缩小的世界，地理、文化、自然等各类事物都被用于中医概念的认知原型中。

其次，从语言上来看，有很多概念隐喻具有跨文化的普遍性，如动物类隐喻中对外形相似的感知是不同民族的相似之处。也有很多隐喻术语的构建存在文化差异，如对于胃和十二指肠的连接口，汉语术语用"幽门"来表示，以"幽"字表达这一概念的特征（幽：深长、隐秘或阴暗的通道）。俄语术语"привратник"则以"看门人"作为特征相似的联想点。认知模式的差异体现了不同民族对于生命现象的认知差异及内含的文化差异。可见，隐喻作为人类特有的认知思维方式，对某些事物在认知上具有相同的认知方式，在某些方面则体现出文化差异性。

最后，中医隐喻思维和隐喻术语具有自身的独特性，它不仅形象表达和阐释了基本概念，还能反映中医学的科学内涵和文化特质。一定国家、一定语言文化的世界图景会影响其对某一领域知识的认知和理解。隐喻作为一种认知手段和思维方式，其中相似性的独特联想和创造正是认知主体世界图景的重要体现。中医隐喻术语的喻体包罗万象。例如，阴阳学说通过阴阳的相互关系和运动规律阐述人体的生理功能和变化，五行学说以木、火、土、金、水五种物质的不同属性和关系来描述五脏的相互关系和作用，这些思维方式都是隐喻的。这类隐喻充分体现出中医隐喻思维的独特性以及汉语言文化的内涵。可以说，准确把握中医术语的隐喻特质是理解中医理论的重要一环。它不仅不会破坏中医的科学性，"它可能是比现代科学更完备的后科学"[9]。

从以上隐喻术语构成的认知机制可以看出，医学隐喻术语的本质在于抽象知识与身体体验的相关性。它能够揭示人们认知和理解周围世界的特点，帮助人们理解概念系统。它是研究人员及医生在行业认知活动中关于客观知识的言语化结果，体现了医学语言与文化、社会的联系。有很多隐喻术语形式已经作为一种固定的意义保留下来，现在依然在使用。这些隐喻被称为“死隐喻”，正是这些隐喻的存在见证了科学演变历史，同时也说明了科学隐喻的不可缺少。隐喻术语的认知研究不仅有助于解释医学知识言语化的隐喻特点、隐喻术语意义发展的方向和趋势，还可以揭示医学语言和文化的联系。

参 考 文 献

[1] Лейчик В М. Метафоризация как способ образования научных и технических терминов [A].《Терминология и знание》Материалы Ⅱ Международного симпозиума[C]. Москва, 2010: 296.

[2] Кубрякова Е С，Демьянков В З.и др. Краткий словарь когнитивных терминов[Z]. М., 1996: 55-56.

[3] Ивина Л В. Лингвокогнитивныеосновы анализа отраслевых терминосистем (на примере англоязычной терминологии венчурного финансирования): учебно-метадич.пособие [M]. Москва: Академический проект, 2003: 46.

[4] Росянова Т С. Когнитивный подход к рассмотрению термина[J]. Известия Санкт-Петербургского университета экономики и финансов, 2001(5): 71.

[5] Ивина Л В. Лингвокогнитивныеосновы анализа отраслевых терминосистем (на примере англоязычной терминологии венчурного финансирования): учебно-метадич.пособие [M]. Москва: Академический проект, 2003: 48.

[6] 胡壮麟.语言・认知・隐喻[J].现代外语，1997(4)：54-55.

[7] 吴哲.认知语言学视角下术语的隐喻性解析[J].中国俄语教学，2009(1)：51.

[8] Голованова Е И. Введение в когнитивное терминоведение:учебное пособие[M]. Челябинск :Энциклопедия, 2008:13.

[9] 郑述谱，叶其松. 从认知术语学角度看中医术语及其翻译[A]//世界中医药学会联合会翻译专业委员会第三届学术年会论文集[C]. 2012: 107.

谈译者术语管理的理论支撑问题

冷冰冰
（上海理工大学外语学院，上海，200093）

摘　要：随着语言服务产业在中国的发展，面向译者的术语管理之重要性已成为业内人士和MTI培训学校的共识，因普通术语学理论无法为译者术语管理提供充足的理论支持，学界需要投入对交际术语学的研究，从而为术语翻译培训做有力的理论指导。

关键词：译者术语管理；普通术语学；交际术语学

一、引言

《术语管理手册·第一卷术语管理的基本方面》（S. E. 赖特与G. 布丁于1997年出版）是一部面对术语工作者、译者、词典编纂者、领域专家、标准化工作者等职业角色的实用著作，以上工作者的共同特点是在日常工作中需要着手术语问题。该书有着宽广的研究视角，聚焦的三大问题是术语管理的基本方法、术语工具的使用和创造（术语数据库、在线词典等）、术语的应用。书中将“terminology management/ 术语管理”定义为“any deliberate manipulation of terminological information”，即对各种角色术语活动的统称；区分了“systematic terminology management”和“ad hoc terminology management”两个概念，前者用于“一般术语管理”，后者指的是“针对译者的术语管理”，简称“译者术语管理”。鉴于在现代语言服务产业中，术语翻译已经同计算机技术、翻译项目管理相融合，具有较宽的研究外延，笔者认为使用“译者术语管理”来代替“术语翻译”，更能体现它的系统性。

二、普通术语学无法为译者术语管理提供充足的理论支持

欧根·维斯特（E. Wüster，1898—1977）是现代术语学的开创者和奠基人，其提出的普通术语学理论是指导术语研究的权威理论。维斯特认为“普通术语学是语言学中一门重实效的学科，它在国际水平上，通过对概念、意义形式和拼写法的相互适应，从而使各民族的专业语言之间得到协调……”，“从目标设定的角度来看，普通术语学的任务是为术语语言研究和术语词典编纂制订基本的原则[1]”。

笔者认为，普通术语学无法为译者术语管理提供充足的理论支撑，以下从普通术语学的三个基本特点入手进行阐释。

特点一：术语学要从概念的研究出发，每项术语工作都是从“概念”的研究出发的[2]。

这一特点是术语标准化的理论基础，但是译者术语管理不同于术语标准化。例如，在《术语管理手册》中Sue Ellen Wright和Leland D. Wright指出译员的术语管理有别于传统的术语管理，其流程差异如表1所示。

表 1　译员术语管理与传统术语管理的区别

系统术语管理	译者术语管理
(1) 广泛收集某领域的术语和概念	(1) 在破碎的文本中去识别术语
(2) 构建某个概念系统或某几个概念系统	(2) 创建最初的术语词条
(3) 对概念创建定义	(3) 记录可以获得的术语语境
(4) 建立术语词条	(4) 在时间允许的条件下，可以更广泛地检索相关语境
(5) 将术语词条与对应的概念系统结构相联系	(5) 如果时间和条件允许，基于可以获得的语境建立概念系统

可见，针对译者的术语管理并不是以概念的研究作为出发点的，而是首先要解决如何在碎片化的专业文本中识别术语。

特点二：术语学只研究词汇 [2]。

维斯特指出，术语学不研究单词的“变格变位”（flexionslehre），也不研究“句法”（syntax）[2]。但是最初从事术语翻译的人经常犯的错误就是，认为只有单词才可能是术语，而实际上译者在翻译中会遇到单词、词组、句子等不同语言形态的术语单位。

例1： Concrete should always be placed in horizontal layers which are compacted by means of high frequency power-driven vibrators of either the immersion or external type, as the case requires, unless it is placed by pumping[3].

误译：一般情况下，除使用泵来浇筑外，混凝土都应在水平方向分层浇筑，并使用插入式或表面式高频振捣器捣实。

分析：“it is placed by pumping”应译为“泵送混凝土浇筑”，系“用固定式混凝土输送泵通过管道直接将混凝土送入基础或结构模板内浇筑”的一种浇筑方法。“泵送混凝土”一般表达为“pumping concrete”“concrete pumping”，而此处“it”指代“concrete”，使用是被动句结构，同样承载“泵送混凝土”专业概念。

例2： It is clear that a large number of parameters have to be dealt with in proportioning a reinforced concrete element, such as geometrical width, depth, area of reinforcement, steel strain, concrete strain, steel stress, and so on[3].

误译：设计钢筋混凝土构件时需要处理大量的参数，诸如宽度、深度等几何尺寸，配筋的面积，钢筋的应变和混凝土的应变，钢筋的应力等。

分析：“area of reinforcement”应译为“配筋面积”，而不是“配筋的面积”。“配筋面积”是指“混凝土某一受力区域内配置的钢筋根数与其单根钢筋截面积的乘积”，是专业概念，其英文术语表示为“reinforcement area”，此处使用了带介词的词组型术语形态。

例 3： Tunneling through soft rock and tunneling underground require different approaches[3].

误译：通过软岩的隧道施工与地下隧道施工的方法有所不同。

分析：分词结构“tunneling through soft rock”不宜译为“通过软岩的隧道施工”，而应译出专业概念——“软岩隧道施工”。

方梦之先生认为：“翻译合成科技术语时，常常需要对科技术语做结构和语义分析，所有这些需要译者具有语言知识和科技知识的双重功力。许多译者常常因为缺乏这种能力而得出拙译和误译，这主要体现在对修饰语与被修饰语语义关系理解的混乱上。”[4] 总之，在译者进行术语识别时，不仅要研究术语名词，还要研究其他句法表达的专业概念。这些问题都不在普通术语学的讨论之列。

特点三：普通术语学要进行共时的语言研究[2]。

普通术语学仅关注术语词现在对应的概念，而在翻译实践中一个重要的研究方面就是“翻译错误”，大量术语翻译错误需要从历时的角度考虑术语的翻译错误。

例 4：“焊缝”是否应译为“weld”[5]?

在焊接领域，“焊缝”一词常与“焊接接头”混淆，尽管 GB150 中为保持焊接术语的一致，已将过去所称的“焊缝”改为“焊接接头”。但由于术语的约定俗成，在业内“焊缝”仍按两种意义在使用：一种是“焊接接头”，另一种是“焊接发生熔化和凝固的区域”。持前一概念的“焊缝”可译为“weld”或“welded seam”（参阅全国科技名词委员会网站），但后一概念如何译？是否如网上讨论的仍译为“weld”呢？答案是否定的。根据百度百科对“焊接接头”的定义：焊接接头包括焊缝、熔合区和热影响区，参考专业信息源，我们发现作为“熔化凝固区”的焊缝（或焊缝金属）概念，其常用英文术语为“fusion zone”，只偶见“weld”的用法。因此由于历时原因，“焊缝”和“焊接接头”的混用，导致译者在译名选取时会犯错。

还有一些术语有约定俗成的名称，如“Advanced Very High Resolution Radiometer（AVHRR）”对应的中文术语名为“甚高分辨率辐射仪”。该中文译名虽不符合汉语习惯，但因为约定俗成，不能另创新译名，如“先进超高分辨率辐射仪”等。

因此，普通术语学从概念入手的进行静态术语研究，不能为译者避免术语约定俗成造成的错误提供直接的理论指导。

综上所述，对于译者术语管理来说，研究如何在“碎片式的文本中识别术语”应成为译者术语管理的重要研究内容。与标准化术语工作者不同，译者往往不是领域专家，他们甚至对所翻译的文本属于什么专业领域无法辨别；他们所能检索到的源语和译入语的平行文本数量可能非常有限；他们无法接触到领域专家；由于交稿时间所限，他们没有时间进行广泛的检索；虽然获得了所需的信息，但是他们没有时间来进行广泛和全面的术语词条创建。针对译者进行术语管理的种种不利条件，建立相应的理论支持体系是非常必要的。

三、译者术语管理需要加强交际术语学研究

冯志伟先生在评价维斯特的《普通术语学和术语词典编纂学导论》这本著作时，指出了一些其美中不足之处，如“这部著作对于术语学和术语标准化工作具有重大贡献，但也并不是完美无缺的，难免存在各种局限性。根据近年来术语学和术语标准化工作的进展，我们认识到，除了像维斯特那样从概念出发来研究术语之外，我们还可以从知识本体的角度来研究术语；除了像维斯特那样在术语学中只研究词汇之外，我们在术语学中也可以研究句法和语义；除了像维斯特那样进行共时的术语研究之外，我们也可以进行历时的术语研究”[2]。笔者认为，交际术语学可以弥补普通术语学不足，为译者术语管理提供有力的支持。

以下笔者基于张鹏的《交际术语学理论（TCT 理论）对普通术语学理论（TGT 理论）的批判》[6]一文，从译者术语管理第一步——“术语识别”角度浅议交际术语学对术语翻译过程的理论指导作用。

1. 术语的一词多义

我们知道，如果一个术语可以表示两个或两个以上的概念，而这些概念之间又有某种语义上的联系，那么这个术语就叫做多义术语（polysemous term）。多义术语可以出现在同一概念系统中，也可以出现于不同的概念系统中[7]。

例 5： Another aspect is related to chemical problems connected with plants growth: aluminum toxicity is a problem in low pH soils, where it may reduce plant growth[8].

分析："aluminum toxicity"具有农业科学中的"铝毒"和医药科学中的"铝中毒"等两种以上的词义。当多领域共享同一术语词时，译者需要对语境进行辨别，识别应选择哪一领域的术语译名。根据普通术语学，处于不同概念体系的多义术语可根据其概念体系或所属学科的不同来区分其意义的差异。

例 6： These techniques are much more precise than mutagenesis where an organism is exposed to radiation or chemicals to create a nonspecific but stable change[3].

分析："mutagenesis"是生物学术语，主要有"诱变"（包括物理诱变和化学诱变）、"化学诱变"等义项，在这里选择上义词"诱变"还是下义词"化学诱变"呢？根据语境信息，在"mutagenesis"过程中生物体受到辐射或在化学药剂的作用下发生基因突变，由此可知"mutagenesis"应取上义词"诱变"。根据普通术语学，同一概念体系中的多义术语应当避免，但是由于技术的发展和术语的约定俗成，许多术语概念都存在着同一词性对应上下义词的现象，这一现象需要用交际术语学用历时的方法归纳总结。

2. 日常词汇术语化问题

术语生成主要依据三种方法："利用现有的术语资源""对现有术语资源的修改""创造新的语言单位与之匹配"。"利用现有术语资源"的方法在术语生成中很常见的，即是对现有术语进行词义的延伸，使其同时能够表达新概念。在翻译中，一个利用已知术语资源的方法是利用日常词汇的多义性。可以用与它最相像的东西来定义它，命名理据可以在形态、位置、功能的相似性中找到，如 dovetail back saw、goose-neck clamp。但有时使用的是完全暗喻，独立存在，这时我们就分不清生活词汇和专业含义了，如在土木工程中的 furring、anchor、apron、bleeding、pocket[9]。

这时候译者需要要分析语境，判别具有专业意义的词汇，继而断定其术语性。比如：

例 7： Under some conditions this vibration will reach and maintain a steady amplitude whilst under other conditions the vibration will build up and unless cutting is stopped considerable damage to both the cutting tool and workpiece may occur. This phenomenon is known as chatter.

译文：在各种切削条件相结合的情况下，刀具的不稳定性可能产生，这种不稳定性会引起振动，在某些情况下，振动将保持稳定，而在另一些情况下，振动将加剧，除非停止切削，否则刀具和工件可能发生相当严重的破坏。这种现象称作"刀振"。

分析：考虑到原文谈及切削中刀具的振动问题，根据"this phenomenon is known as…"可以判断"clatter"是具有专业意义的词汇，因此在翻译时就会寻找其专业含义，而不会取其普通含义。

例 8： The apron transmits motion from the feed rod or lead screw to the carriage thus the cutter is fed in the needed direction.

分析："apron"本义是"围裙"，根据 feed rod、lead screw、carriage、cutter 车床词汇共现的语境

判断，“apron”应取其专业含义“溜板箱”。

根据学者张鹏的研究，交际术语学的目标是收集在特定话语场合下，关于某个话题具有术语价值的单位，提出与该场景相匹配的“术语变体形式”。研究语境和术语的关系规律对译者术语管理具有直接指导价值。

3. 翻译中的术语单位

交际术语学认为，在表达专业概念时，专业语言单位可以构成语法的不同成分，如形态学（语素）、词汇学（词汇单位）、短语单位和句法单位。短语单位可以词汇化，变成一个词汇单位。此时，这个词汇单位内部可能有句法结构可循。词汇单位的总和（单一词词汇、多词词汇、短语性词汇）就是术语系统，术语系统中最典型的类型是称名性术语（名词居多）[6]。大量科技翻译实践表明，交际术语学对于术语词形的观点与翻译文本中的术语形态描述是一致的。交际术语学如果能使用语言学手段对不同专业语境中使用的术语单位进行归纳总结，必将为译者的术语识别提供很好的理论参照。

4. 术语的多词一义

科技文中的同义术语主要来自同义术语的存在，以及作者在篇章内使用的临时同义表达（这种临时同义关系脱离篇章后不复存在）。

例 9：tungsten inert gas welding（TIG）

gas tungsten arc welding（GTAW）

译名：钨极惰性气体保护焊

分析：“钨极惰性气体保护焊”指用不熔化极钨极来完成焊接的工艺，其焊接区域由气体通常是惰性气体来阻止周围环境空气的有害作用。tungsten inert gas welding（TIG）和 gas tungsten arc welding（GTAW）都是其对应英译名，两术语意义完全相同，在上下文语境中可互换使用。但如果译者不懂专业，容易望文生义，将“gas tungsten arc welding”直译为“钨极气体（保护）弧焊”，造成术语概念差错（因为气体保护包括惰性气体保护和活性气体保护两种，对 GTAW 来说，其工艺特征是惰性气体保护），导致同义术语不能统一。

又如，医学中的植入式心脏转复除颤器（implantable cardioverter-defibrillators，ICD）主要用于预防各种心脏疾病患者发生恶性心律失常导致的猝死，“传统 ICD”植入多通过锁骨下静脉植入电极与心内膜接触也称“经静脉 ICD”。这项技术有从不同角度表述的两个名称。

以上同义术语产生的原因可以在普通术语学中可以得到解释：主要是由于缺乏足够的专业知识而误造术语；不同的学派、学科分支以及不同厂家的标新立异，使得同一个概念用不同的术语来称说；或者由于标准化工作没有做好，对于新产生的同义术语未能及时处理；还可能是由于地域差异导致的同义术语，如简体和繁体的术语差异。

此外，不容忽视的是在翻译中“同义术语不统一”的现象是由另一原因造成的，即作者考虑到避免措辞重复，习惯用上下义词、替代词等各种语言学手段来指代同一术语概念，而译者并未察觉。如例 10 所示。

例 10：Heat treatment is thermal cycling involving one or more reheating and cooling operations...The chemical compositions of the steel, the size and shape of the product, and the properties desired are important factors..., which of the following production cycles to use.

The object of heat treating metals is to... In the application of any heat treatment it is desirable that... so that a method of treatment...to determine the correct procedure to be followed.

分析：文章中作者为避免多次使用 heat treatment，使用了 thermal cycling 这样的上义词、heat treating metals 这样的动词词组，以及不带有专业含义的名词词组，如 production cycles、treatment 和 procedure 来重复所指，译者翻译时都要识别并译成“热处理”。值得注意的是，此种多词同义的现象分散在整个篇章中，对译者识别术语具有较大的挑战性。

对于此种现象，交际术语学解释说“术语应用于专业交流，它最重要的特征是语言学因素（包括语义、词汇、语篇）和语用因素（包括发话者、中介者、话语接收者、场景）”[6]。从交际术语学角度研究术语在篇章中的使用问题对术语翻译工作者和技术写作人员都有着重要的指导作用。

总之，从译者术语管理的第一步——术语识别角度来看，交际术语学需要与普通术语学齐头并进，确立自己的研究对象，才能为译者术语管理提供实用的理论支持。在全国翻译硕士培养 MTI 在中国发展迅速的今天，许多学者已经关注到术语翻译在翻译产业人才培养课程体系中不可缺少的地位，如 2013 年 1 月在《中国翻译》上发表的《高校 MTI 术语课程构建》、南京大学出版社 2012 年 9 月出版的教材《术语翻译研究导引》等。但目前来看，存在的问题是术语翻译研究缺乏相应的理论指导，介绍的翻译方法仍局限在“准确性”“可读性”“约定俗成性”等从概念到命名的普通术语学角度，而脱离了语境地去指导术语翻译实践。

四、结论

随着语言服务产业的不断发展，译者术语管理的重要性已经为业内人士和 MTI 培训高校所认同，但鉴于译者术语管理的特殊性，以术语标准化为目标的普通术语学理论无法为译者提供充足的理论支持。本文对比了译者术语管理和传统术语管理流程的差异，从普通术语学的三大特点证明其不适用指导以术语翻译为核心的译者术语管理；然后从术语识别的角度探讨和证明了交际术语学研究应该成为译者术语管理的重要理论支撑。

参 考 文 献

[1] 冯志伟. 术语学与语言学的关系[J]. 中国科技术语, 2007(3)：15.

[2] 冯志伟. 评《普通术语学和术语词典编纂学导论》（第三版）[J]. 中国科技术语, 2012(4)：56.

[3] 冷冰冰. 从“言语术语”之语言属性释术语误译[J]. 中国科技翻译，2014(1)：3-4.

[4] 方梦之，范武邱.科技翻译教程[M].上海：上海外语教育出版社，2008: 100.

[5] 冷冰冰. 科技翻译典型翻译症之分析[J]. 中国科技翻译，2012(3)：9.

[6] 张鹏. 交际术语学理论（TCT理论）对普通术语学理论（TGT理论）的批判[J]. 中国科技术语，2011(2)：20.

[7] 冯志伟. 现代术语学引论[M].北京：商务印书馆，2011：47.

[8] 冷冰冰. 科技术语在线检索策略的实证探究 [J]. 上海理工大学学报（社会科学版），2012(9)：176-177.

[9] Sager J C. Term Formation [A] // S. E. W, G. Budin (Eds.), Handbook of Terminology Management: Basic aspects of terminology management [C]. Amsterdam/Philadelphia: John Benjamin Publishing Company, 1997: 45.

从词的内部形式看术语命名的理据性

孟令霞

（牡丹江师范学院，黑龙江牡丹江，157011）

摘　要：术语词的理据性与其内部形式有着密切的联系，理据侧重的是语词符号产生、发展的最根本动因，内部形式为词的物质构成（语音外壳）提供根据，指出为什么该意义正好用这些语音表示的原因。词的内部形式成为实现术语命名理据的中介，不同语言中的术语和术语词组，往往都具有理据性特征。

关键词：词的内部形式；术语；命名；理据性

一、引言

自瑞士语言学家索绪尔提出语言符号的“任意性”（arbitrariness）原则之后，国内外学者开始对语言本质问题进行了更为深入的思考。尤其是随着认知科学和功能主义的发展，人们对语言符号的性质有了新的认识，明确地提出了语言具有理据性（motivation）特点。在语言形成之初，人们首先利用音义任意结合的方法创造了一批用于语言交际需要的基本词，当其数量发展到很多并形成了一定的构词手段以后，人们就开始利用语言中已有的语言材料和已经形成的构词手段来创造新词，这时创造的大部分词都是“可论证的”、有理据的，尽管随着时间的推移，很多词的理据在今天已无法考证。

关于术语的理据性问题存在两种观点：一是术语没有词汇意义，只是表达概念的手段，术语的内容会随着概念的变化而变化，术语具有“任意性”；二是所有的术语毫无例外都是有理据的。显然，这两种观点都存在不足之处。因为从术语的形式角度来看，并非所有术语都具有理据性，而且理据性的程度也存在差异。事实说明，在术语的命名过程中，偏重理据是一种客观的、不可避免的选择。当然，在指出理据术语存在的优势的同时，也不应该过分夸大术语命名的理据性。

二、对“理据”的理解

词的理据指的是事物和现象获得某种名称的依据，说明词义与事物现象的命名之间的关系。简言之，理据就是语言中表示事物、现象、观念的词的构成依据。广义理据是“语言系统自组织过程中触动或激发某一语言现象、语言实体产生、发展或消亡的动因，其涉及范围可以包括语言各级单位以及篇章、文字等各个层面”。狭义理据性又叫理据义，指每一个具体语言符号的能指和所指结合在一起的动因，重在指出一切类型的语言符号发生和发展的自组织动因，即语言的某一层面的理据，如音位理据、词语理据、句法理据、语义理据、形态理据、文字理据等。

为了使用上的方便，国内有学者在论及“理据性”和“理据”时，也没有对其进行明确的区分，把“词义具有理据这种状态称为理据性”。《中国语言学大词典》中指出：“词的理据也叫‘内部形式'‘词源结构’‘词的命名义’。用作命名根据的事物的特征在词里表现。如汉语‘蚯蚓’大概得名于其屈伸的动作。”简言之，词的理据是指词义的可释性。主要指的是给事物、现象命名时，作为命名依据的特征在词里所表现的意义。

“词语的理据也叫词语的内部形式。用作命名根据事物的特征在词里的表现就叫词的‘内部形式’，又叫词的理据或词的词源结构。”这一阐释与《语言学大百科词典》中对“внутренняя форма слова”的释义相当，它是“构成词的词素与该语言其他词素间语义及结构上的对应关系，是构成一个词新的词汇意义时作为命名依据的特征”。可见，理据词是指具有内部形式（inner form）的词，也正是内部形式决定了词的理据性。

“理据性”概念和“词的内部形式”有密切联系。词的内部形式揭示的是事物某一方面特征，命名依据的就是这一特征。例如，在 птица горихвостка（红尾鸟）中，该鸟尾巴的颜色是最为凸显的特征。汉语中“电波”一词的命名基础是“像水一样的波纹”。可见，任何语言中的多数术语命名都不是盲目的、随心所欲的，而是受理据的强力制约。在术语理据性形成的过程中，内部形式起着非常重要的作用。

三、对“内部形式”的理解

1. 关于“内部形式”的概念

19 世纪中叶，俄国语言学家波捷布尼亚（А. А. Потебня）把最早由德国著名语言学家洪堡特（W. Humboldt）提出来的“词的内部形式”这一术语引入语言学领域。洪堡特的“内在语言形式”（innere Sprach form）指的是具有独特“民族精神”的语言结构，可以简明地概括为：内部形式＝语法结构＋语义结构。即语言内部形式是语词的语法结构和语义结构的总和。在波捷布尼亚看来，词的内部形式是语词意义的符号，是语言声音和意义之间的中介，也就是说，声音是内部形式的符号，内部形式是意义的符号。用公式可以概括为：（外部）声音 – 内部形式 –（内部）意义。即内部形式是用某个概念构成（思想内容）表达词的理性意义的“表达方式”。这个表达方式就是语法结构和语义结构。内在语言形式属于语言的“内部规律”，这种对“内部形式”的理解为揭示语言的理据原则做了非常重要的理论准备。苏联语言学家布达哥夫（Р. А. Будагов）提出的“内部形式”不再指词的语义结构和语法结构，而是着眼于语言符号的音义结合的关系。这说明，理据和内部形式呈因果关系。内部形式是词义的承载形式，内部形式属于物质范畴，而词义属于意念范畴。理据不仅可以破解不直观内部形式，而且还可以深化对直观内部形式的认识。

2. 内部形式的类型

根据内部形式的性质，可划分为构词型（словообразованный тип）和派生型（эпидигматический, деривационный тип）两种类型。

构词型内部形式指的是按照积极的构词模式所形成的内部形式，这就意味着，有变体形式的词（вольт-метр，пар-о-воз）或者借助其他手段构成的词（отходы——废料，очистка——提纯）都具有内部形式。派生型的内部形式是指同时具有“直义”和“转义”的词，该词的原始意义一般都很积极，如 нос（船头——原始义“鼻子”），яблоко（眼球——原始义“苹果”）等。研究发现，意义直指的词在俄汉两种语言内部都普遍存在。例如，俄语中 столик（小桌子）、ремонтник（修理工）、аэровокзал（航空港）在汉语中为“桌子、椅子、读者、护士”等。

我们以俄语中一周七天的名称为例来分析词的不同内部形式。研究发现，вторник（星期二）、четверг（星期四）、пятница（星期五），以及 среда（星期三）、понедельник（星期一）具有明晰的构词型内部形式。前三个词是由相应的顺序数词 второй（第二）、четвертый（第四）和 пятый（第五）构成，由此有了一周的第二天、第四天和第五天的名词说法；среда（是在方言中保留下来的俄语固有词 середа）指的是一周的“中间”部分。德语中一周中间的这天用 Mittwoch 表示，这一名称和俄语中的 среда 有类似的内部形式，这种巧合不是偶然的。俄语中，一周中间这天的命名方法采用的是与德语词相对应的语义仿造法（семантическая калька），即转义借用的结果。Воскресенье（星期天）源自基督教的节日名称——复活节（Воскресение Христову），具有派生（变体）型内在形式。最初，воскресенье 一词只表示一年中复活节的第一天。大约从 13 世纪开始，有清晰构词内部形式的 неделя（нерабочий день）一词被 воскресенье 取而代之，用来表示一周中的非工作日。这样，Понедельник（星期一）指非工作日之后的一天（после нерабочего дня），其构成也具有内部形式，суббота 完全不具有内部形式，它是从古代欧洲语言中借用过来的词。汉语中的“木耳”内部形式是“长在木头上，状如人耳的菌类”，其概念意义即“ 菌的一种，生长在腐朽的树干上，性状如人耳，黑褐色，质地柔软，可供食用”。这与词典解释的词义（理性义或概念义）有区别。“仙人掌”内部形式意义是“仙人的手掌”（喻体），词典解释的词义是“多年生植物，茎肉质，稍扁平，呈手掌形，有刺，色青绿。开黄花，可供观赏。有的可以做药材”（本体）。

在很多情况下，一个词既具有构词型，又具有派生型内部形式，我们可以称其为复合型内部形式。以 ручка 为例，在其构成中加上了后缀 -к-，使 ручка 获得“маленькая рука”（小手）之义。这样，同一个词 ручка（门把手）又具有构词型内部形式。类似的还有 ножка（桌椅等的腿），спинка（椅子等的靠背），ушко（针眼）等，它们与 нога、спина 和 ухо 等词有着直接的联系，但功能发生了转移，属于派生型的内部形式。

抽象语义词具有另一种复合型内部形式，其意义通过空间范畴和物质世界其他参数的隐喻转义形成；抽象语义词自身没有“具体”意义，只能成为该词的构词词素，如 впечатление、влияние、содержание、представление、предположение、отношение 等。这些词的内部形式特征的确定比较复杂，它们多数都是从其他语言（首先是希腊、拉丁语）中翻译过来的。如 предположение 一词源于希腊语中具有空间意义的词 prothesi（陈列）。这种类型词产生的另一种可能途径是原来的“具体”意义缺失，如在 18 世纪，влияние 一词还有表达“注入”之义。“mobile phone”的理据是“这种电话可以自由移动（mobile），与固定电话相对”。汉语中术语的理据意义往往不如字母文字语言的好判断，我们知道“棉花”的内部形式，但我们未必能了解“光年”“贫油”“脱氧核糖核酸”“反物质”等术语的内部形式，这些术语的内部形式是隐性的，只有具备相应领域的知识才能明了，如“光年”的内部形式是指“光在一年内于真空中走的距离”；“贫油”指的是“贫化铀”，即从金属中提炼出铀 235 以后的副产品，主要成分是铀 238，其放射性比天然铀低 65%，故称“贫”。内部形式反映了语言的特征，它不仅在普通词汇中具有可解释性，在专业术语中，内部形式对表达术语的理据性特征也起到了同样重要的作用。

四、内部形式的特点及在术语构成理据中的作用

1. 内部形式的特点

根据上述对理据性的理解，词的内部形式与其外部形式不同，外部形式是实现理据性的手段和方式，它包括词汇的（用同根词汇单位命名的结果）和结构的（同一结构或同一结构的命名结果）形式。这些语言与语义联系的中介就是它们不同的内部形式。外部形式包括三个方面：语音、语法、词源形式。例如，“飞机”和“airplane”的语音形式不同，语法形式不同。“飞机”没有词形变化，不直接与数词结合；英语的 airplane 是单数，其复数形式是 airplanes。词源：汉语是不同语素构成的复合词；而美国英语的 airplane 是英国英语 aeroplane 的变体，英语这个词是用借自希腊语中的词头和词根构成的，原意是“空气＋漫游”。可以肯定的是，语言的内部形式是声音与概念的中介、联系，规定着每一种语言的特征。它反映着一个民族对于周围世界的理解，是一个民族心理特征的表现。例如，“飞机——能飞的机器”，是汉民族的心理表现；“airplane——空中的或航空的平面或机翼”，是英吉利民族或美利坚民族的心理表现。不同的内部形式决定不同的外部形式，因而各民族的语言不同。俄语术语 змеевик（蛇形管）的内部形式是 похожий по форме на змею（形状像蛇的），而构成物 труба（管状物）、шланг（蛇管）属于词汇意义。内部形式的内容对解释派生词的词汇意义极为重要。

词的内部形式决定词的语音外壳和词汇意义之间的合理联系。有学者把词的内部形式确定为根据生产词表达的特征意义，事物就是按照这一特征命名的。这样看来，我们对“词的内部形式”这一概念的理解并不全面，因为在派生词的语义结构中，不仅含有生产词词干的意义，而且还有后缀或前缀所表达的意义。也就是说，词干的各组成部分指出了意义之间的理据性联系。当然，不能把词具有的内部形式绝对化。一般情况下，按照一定模式构成的词有内部形式，如 двигатель（发动机）和 движение（运动）源于动词 двигать（移动）；汉语中以“金”为意符的形声字都是与金属或化学元素有关的字，如铁、铜、钢、钉、铅等；以“言”为意符的形声字都是与言语有关的字，如谈、语、议、讨、论等；以“月”为意符的形声字常是与身体部位有关的字，如肝、肾、胃、肺、背等。需要指出的是，很多借用词通常从一开始就缺少内部形式，如 атом、магазин、维生素、激光、引擎等。

2. 内部形式是实现术语理据性的中介

词的内部形式为词的语义提供了充足的理据。由于理据侧重的是语词符号产生、发展的最根本动因，内部形式是语词的语法结构和语义结构的总和。由此可以推断：只有具备了一定的语法结构和语义结构的语言符号才有内部形式可言。内部形式为词的物质构成（语音外壳）提供根据，指出为什么该意义正好用这些语音表示的原因。或者说，内部形式决定词的语音构成即词的外部结构，并指出这一语音组合表达这种结构的原因。

术语的内部形式作为实现其理据性的中介，在科学概念的命名中具有重要的作用。在具体的命名过程中，针对所表达的事物，术语指出理据性特征是否是外在的、偶然性的或是本质性的。一般而言，这种理据性特征的选择具有约定性特点。例如，аканье（а 音化）、оканье（把非重读元音 о 仍读作 о）、яканье（я 音化）、иканье（и 音化）等一系列同根术语说明，这些术语最明显的特点是具有类似的发音。尽管这些词构成了同一类型的术语，但其理据意义不同，也就是含有不同的科学内涵。如果在读 аканье 时，发的是 /a/ 音（或者近似 /a/ 音），那么，在重读音节前硬辅音之后，不仅可以读

/o/，还可以读 /a/；而在读 яканье 时，在通常情况下或者在某些条件下，根本不发 /я/ 音，类似的例子很多。需要说明的是，“这类理据并不是意义，只是对意义的一种提示，它反映的可能不是最本质的，而是最显著的特征，这种理据可能是最先命名时初始的意义”。例如，синяк（蓝蓟）、краснуха（红疹）等术语源于俄语中的根词 синий 和 красный，表示与蓝色、红色有关，这种偶然的、表面特征成为术语命名的理据。

术语的内部形式能够指出术语所表达的科学概念的理据性特征，从而确保术语意义的准确性。在不同语言中都存在着大量的理据性术语。以汉语为例，无论是独体字单纯词，如“日”（像太阳的性状）、“鸟”（像鸟的外形），还是合体字单纯词，如“雪”“球”，其理据性都很强，都可以进行分析。而英语中这些词的理据性比汉语低得多，如 sun、bird、snow、ball 这些字母组合，为什么表示“日”“鸟”“雪”“球”是没有理据的，或是没有任何意义的。然而，由两个或两个以上词素构成的合成词，如向日葵——sun-flower、雪球——snowball 等就有据可依了。换言之，如果说单纯词 work 的语音和语义之间没有联系，但派生词 worker 和复合词 workshop 的语义在一定程度上能从其内部形式中得到启发，那么它们都具有一定的理据性。由此可见，一种语言的理据性大小是由其词汇体系中单纯词、派生词、复合词数量的多少，以及它们的相对重要性决定的。复合词越多，地位越重要，形态理据性就越大。例如，“微电子学”一词由“微小的”＋“电子学”构成；“测量仪”由“测量的”与“仪器”合成，类似的还有“承重墙”“填充墙”“隔墙”等，这些术语的理据可以根据构词词干和构词成分的意义做出判断。可见，内部形式的存在成为这些复合派生术语最典型的和最重要的特征。

术语的创造需要借助已有词的内部形式，语言学家马斯洛夫（Ю. С. Маслов）指出，词的内部形式保留着人的思维活动轨迹，而且，这种活动在词产生时刻就已经拥有了自己的位置。作为一种主要由象似性符号构成的文字，汉字独特的由来在于首先“近取诸身，远取诸物”，依类象形，创造了一大批最古老的文字，而后在此基础上逐步形成富有理据的语言系统，故有“针眼”“页脚”“页眉”“桌腿”等。俄语中不乏这样的词，如 окно（窗户）与 око（眼睛）一词有关；глаза 是命名 окно 概念的基础，因为这里运用了隐喻，即“房子的窗户”与“人的眼睛”有相似性。在这些术语概念的形成中运用的是以部分喻整体或以整体喻部分的转喻或提喻（синекдоха）手段。人的“思维运动轨迹”在语词的构成中可能或多或少有所呈现，也可能会随着历史的发展而消失。例如，темница（监狱）和 светлица（明亮的小房间）有内部形式，而 тюрьма（监狱）和 комната（房间）却没有内部形式。汉语中的“东床”“日食”“月食”“何首乌”等词，随着人们对这些词的广泛使用，大家已经认识和接受了它们代表的意义，对它们存在的理据性已经很少去考虑，它们的理据有些可以追根溯源，有的已经湮灭于历史的长河中了。

术语的内部形式能够揭示术语的语义内容。当新词出现时，人们习惯期待这一词语应有一定的理据，或者说，人们习惯从组成这一词语的汉字来猜测、理解它的含义，这就是人们常说的顾名思义。例如，电视、电脑、电话、网吧、酒吧、网络、宽带网。有些事物、动作、性状是用与其相关的事物、动作、性状的名称通过意义类比、声音转化而得名的，从而形成了词与词之间的语义语音的渊源关系，也明显地标示了词的理据。这种理据能使人联想到某些众所周知的表象或概念，而这正是相应的科学和技术概念的基础。在形成此类概念、创造相应术语的过程中，经常参照的是事物、现象间外在形式或功能的相似性以及概念的相邻性特征。例如，俄语中的 колено（膝盖）的引申义是“弯管、肘管”，глазок（眼睛）的引申义指“门镜，猫眼儿”。这两个词的引申意义都源于事物的外部形似性，其他语言中也有类似的现象，汉语中的“斑竹”被命名为“斑竹”，是因为这种竹子的典型特征是茎有紫褐色的斑点。“白鹤”着眼于鹤羽毛的白色特征，又叫“仙鹤”，是人们依据传说中鹤经常作为仙人的坐骑之鸟而命名。另外，意义分化的实现也是理据性直接作用的结果，理据性为语词的意义进化提供的是动力的源泉，也就是说语词的义项范畴的扩大是有理据的。例如，“兵”的最初意义是“兵器、武器”，这个意思现在还保留在“短兵相接”“秣马厉兵”等成语里，这是兵的本义。后来在“兵”本义的基础上又派生出来以下几个义项：①军人，军队；②军队中的最基层成员；③军事或战争。这几个派生义与本义“兵器、武器”都有关联，这就使词义的理据性。

可以说，理据在“激活”术语词的意义中执行中介功能，这在术语词产生的最初阶段尤为重要，因为术语词的语音外壳和意义还没有被固定下来。在直接命名手段中，术语词的理据过程是通过不同方式实现的。可以这样描述第一种情况：从派生术语词的语音外壳到生产术语词的语言外壳，然后到其意义。在第二种情况下，这个链条关系因为区分生产术语和派生术语的共同语义被复杂化了。

3. 根据内部形式划分的术语理据类型

从内部形式角度看，术语可分为完全理据术语（полностью мотивированный термин）、非理据性术语（немотивированный термин）和部分理据术语（частично мотивированный термин）。完全理据术语指的是具有可释性的单个词的术语，如 гипотенуза（直角三角形的斜边弦）、треугольник（三角形）等。从不同角度来看，гипотенуза 都是有理据的，该词在古希腊语中被表达为“歪斜”之义，现在通过隐喻转义来命名其他客体；треугольник 是由 три 和 угол 构成的复合词，其理据意义更为明显。类似的还有 деепричастие（副动词）、омоним（同音异义词）等术语。

如果所选择的术语内部形式不具有解释性，那么该词就成为非理据性术语，或称为零理据术语（термин с нулевой мотивированностью），如 залог（态）、падеж（格）、жаргон（行话）等。从俄语角度来看，之所以说是零理据，是因为我们无法知道为什么用这些术语，而不是用其他术语来表达相应的概念，如为什么选择 ромб、грохот、расстрел 这些词分别表达“菱形、筛分机、井筒梁”是无法考证的。俄语中的 глаз（眼睛）是有理据的，但现在很少有人知道该词源自古俄语 глазык（发亮的圆珠）。

事实证明，语言中的大量原始术语和派生术语的构词理据已被历史中断和磨灭，探究其理据性存在与否实非易事，人们也许能轻易地说出 электроанализ（电化分析）、дальноизмерение（遥测）等词的理据，却说不出 волна（波）、луч（光线）等词的理据。当然，关于术语的理据不能简单判断其有无，因为难以探究绝对不能成为否认其存在的理由。

多元素术语一般都是部分理据性术语，其中的一个组成部分具有可释性，而另一部分则没有，如 удельная величина（比率单位）、удельное сопротивление（电阻率，电阻系数）是部分理据性术语。这里的 удельный 与其他词没有直接联系，因为 удел 一词本指古罗斯的公国封地，如 удельное княжество（分封的王国），然而在上面的词组中，已经找不到 удельный 的本来意义了。

随着科学的发展，人们对客观事物特征的认识可能有所变化，事物的概念自身也会发生相应的改变。本来是理据性的术语，也会变成非理据或部分理据术语了。我们以 IT 产业的一个基本概念 компьютер（电脑）为例。在该领域发展初期，为了表达这一概念，俄语中使用的是 электронная вычислительная машина（电子计算机，简称 ЭВМ），该术语在当时是完全有理据的，因为这种机器最初仅用于计算。但是，随着 IT 行业的迅速发展，计算不再是电子计算机最主要的功能，它开始具有了数据的存储和处理、多媒体应用、游戏等功能。因此，术语 ЭВМ 从完全理据术语变成了部分理据术语。在俄语中，该词被英语术语 computer（компьютер）所取代。尽管英语中的 computer 与俄语的 ЭВМ 具有同样的理据性，但是俄语在借用该术语时并没有借用其“计算”的意义，而是用另一个术语 калькулятор（计算器）来表达“计算”意义。对科技术语来说，这种现象比较典型。需要指出的是，专家们不仅对该术语的形式理据，而且还对其语义和功能方面的理据进行了研究。结果证明，компьютер 在形式上是部分理据性术语。

上面所举的例子表明，一些初创的术语（初始命名时）都是有理据的。客体（如根据相应语言中命名客体的相似性）或者客体的特征可以作为术语命名的理据。例如，ледокольно—транспортный лихтеровоз—контейнеровоз（破冰运输驳船——集装箱运输船）、ударно–поворотный способ бурения（冲击旋转钻探法）、дисковая пневматическая ручная пила（圆盘气动手锯）等是完全理据性术语。但是，随着人们对命名客体认识的不断加深，理据术语也变成部分理据术语或非理据术语。

五、结语

术语的内部形式、理据研究对于阐明不同专业领域事物或现象得名的来历，认识术语词之间的联系，词义演变发展规律，对于创造新术语具有重要的意义。术语的内部形式作为实现其理据的中介，具有指出科学概念的系统性、术语在术语系统中的位置等作用。相对于普通词而言，多数术语都具有理据性。术语形式的理据性程度和内部形式的明晰性程度有关，对术语理据性的研究不仅有助于阐明事物或现象的命名原因，而且有利于发现术语命名（或构成）的规律。

术语的理据是一个非常复杂的问题。不同语言中的语音、词汇都处在不断发展变化中，一些原始词的理据本难以考证，在原始词的基础上又产生派生词和复合词，这使语词的理据渐趋模糊。为此，从内部形式探究术语的理据性，应该立足于历时角度，这样才可以使我们认识术语的内涵，指导人们在术语的命名过程中，根据内容选择相应的术语形式，通过语言的内部形式来体现理据性的作用。

参 考 文 献

[1] Маслов Ю.С. Введение в языкознание[M]. M., 1998.

[2] Ярцева В. Н.:Языкознание.Большойэнциклопедическийсловарь[Z].M.: БольшаяРоссийскаяэнциклопедия, 2000：85.

[3] 王艾录，司富珍. 汉语的语词理据[M]. 北京: 商务印书馆，2002：2.

[4] 王艾录, 司富珍. 语言理据研究[M]. 北京: 中国社会科学出版社, 2002：25.

[5] 曹炜. 现代汉语词义学[M]. 北京：学林出版社, 2001：54.

[6] 陈海洋. 中国语言学大辞典[Z]. 南昌：江西教育出版社, 1991.

[7] 华劭. 语言经纬[M]. 北京：商务印书馆，2003：31.

[8] 洪堡特. 论人类语言结构的差异及其对人类精神发展的影响[M]. 姚小平，译. 北京：商务印书馆, 1998：102-105.

[9] 张永言. 词汇学简论[M]. 武汉：华中工学院出版社，1982：27.

“对等”术语及其概念的谱系化发展与中国当代译学知识体系的建构
——兼谈术语翻译的知识传播与理论生发功能

刘润泽[1]，魏向清[1]，赵文菁[2]
（1 南京大学，江苏南京，210093；2 南京中医药大学，江苏南京，210023）

摘　要：2014 年是尤金·奈达博士 100 周年诞辰及其“对等”翻译理论提出 50 周年。在西方译论中，奈达的“对等”翻译理论最早被介绍到我国且影响最为深远。经过 30 多年的跨语应用，奈达译论的核心术语“对等”及其概念的谱系化发展特征凸显，成为中国当代译学知识体系建构的重要思想模因。本文从历时和比较的视角出发，基于中国当代译学研究的相关文献，利用现代文献计量学可视化分析工具——Citespace 知识图谱并结合文献关键词的类型特征研究，较为全面直观地描述了奈达“对等”术语在中国当代译学语境中的谱系化发展特征，并借之探讨术语翻译的知识传播与理论生发功能，旨在对中国译学理论未来发展及其知识体系的建构提供有益的参考。

关键词：“对等”；谱系化；中国当代译学；Citespace 知识图谱；术语翻译

一、引言

传统意义上的“谱系”用于记述宗族内部的血缘关系。随着其概念外延的不断拓宽，该社会学术语逐步用于“泛指事物发展变化的系统”[1]，成为一个跨学科研究的通用术语，如“思想谱系”“道德谱系”或“知识谱系”等。这种术语及其概念的跨学科应用促进了相关学科研究的深入与发展。实际上，术语及其概念的跨语应用也有类似功能。本文所要考察的西方译学术语 equivalence 进入中国当代译学语境后，经过 30 多年的跨语应用，已逐步发生谱系演化，形成了一个汉译的“对等”术语及概念系统。而中国当代译学知识体系在很大程度上便是依托这样一个术语概念系统建构而成的。

Equivalence（对等）被称为“最具争议性且最有意义的译学概念之一”[1]。根据切斯特曼[2]，在后现代语言哲学思潮对翻译“对等”概念进行解构及后续建构之前，西方译学翻译“对等”观的发展可大致分为两个阶段。最开始，equivalence 为跨学科借用。自然科学中的对等理念迎合了西方《圣经》翻译传统中“上帝即真理”的普遍观点以及语言形式与内容可分离的语言哲学观。自 20 世纪五六十年代起，随着翻译研究学科地位的逐步确立，基于翻译“对等”类型特征的西方理论话语体系逐一建构。其中，尤金·奈达（Eugene A. Nida）的“对等”翻译理论产生较早且最具影响力。

2014 年恰逢奈达博士 100 周年诞辰及其“对等”翻译理论提出 50 周年。作为在中国介绍最早且研究最多的西方当代译论，奈达的“对等”理论对于中国当代译学研究有着无可比拟的深刻影响。据本文文献对比研究，奈达“对等”理论在中国当代译学语境下的历时影响远非其他当代西方译论可及，而且其跨语传播的重要价值也大大超越了其对本土译学的作用。30 多年来，在中国当代译学语境下，“对等”术语及其概念借助跨语应用，在由奈达本人提出的术语 dynamic/functional equivalence（“动态 / 功能对等”）之外，还陆续派生了一系列融合了其他翻译研究视域或对象的词组型“对等”术语，形成了一个“对等”术语集。而这个通过术语跨语应用产生的“对等”新术语集则构成了中国当代译学理论话语的重要知识节点。简言之，该汉译术语在中国当代译学研究中的谱系化发展过程就是术语翻译的知识传播与理论生发双重功能的体现。

二、“对等”理论对中国当代译学研究的重要影响

“对等”作为人类翻译思想传播中的“五大模因”（five translation supermemes）[3] 之一，其重要性不言而喻。这种学术模因传递的过程主要是借助术语及其概念的传播与应用。在中国当代译学研究中，“对等”术语及其概念的跨语应用体现了非常强大的模因效应。

在改革开放之前的中国当代译学文献中，确有少量文献直接论述“对等”概念，但多为译介而来。这其中包括借鉴前苏联的译学成果，如费道罗夫的“等值翻译”[4]，或借用西方译学术语，如“对等说法”（equivalent）[5]、“等值译法”[6] 等。在创新性方面，目前只发现一篇文献 [7] 就汉语成语的英译问题结合“信、达、雅”说，简略论述了“语义（意义）等值”和“修辞等值”。

相比之下，改革开放以来的 30 多年是中国当代译学研究的活跃期。中国当代译学理论及知识体系的主体也主要成型于这个时期。在此时期，西方译论的译介对于中国当代译学理论及知识体系的建构具有较强的塑形作用。这可通过西方当代主要翻译理论家在中国当代译学文献中的引用情况作进一步说明。如图 1 所示。

首先，改革开放 30 多年来，中国翻译理论与实践研究成果之丰富前所未有。据中国知网数据文献初步统计，这一时期的中国当代译学研究文献约有 13 万篇。而在这些文献的引文中，西方当代主流译论的代表人物均有较高的引用率。这在一定程度上反映了西方当代译论对中国当代译学研究的重要影响。如果再对照西方译论提出以及在我国跨语传播的时间，还可发现，伴随着西方译学理论的推陈出新以及范式更迭，中国当代译学往往也会有相应的跟进发展。毋庸讳言，这种对西方译学研究的借鉴，即便不能算是亦步亦趋，也有步其后尘的痕迹。

其次，奈达是被中国当代译学文献引用得最早且最多的西方当代翻译理论家。众所周知，“对等”是贯穿奈达译学思想的核心术语，因而可以成为其译论接受与影响研究的重要话语标记。据 CNKI® 文献显示，国内学界关于奈达及其“对等”翻译思想的介绍类文献始现于 1979 年，而系统引介其翻译思想的文献可溯至 1981 年。同时，奈达文献引用量迄今仍为每年最高。从其引用趋势来看，奈达翻译思想在中国当代译学语境下的理论指导意义并未随着时间的推移而日趋式微或被取代。相反，“对等”术语所承载的翻译思想不断地与其他新生译学理论流派或研究范式形成良性互动。“对等”研究始终是中国译学研究的重要话题。

三、“对等”理论在中西译学语境下的接受比较

所谓理论的接受，主要体现在相关领域其他研究对该理论或思想的借鉴或应用情况。奈达“对

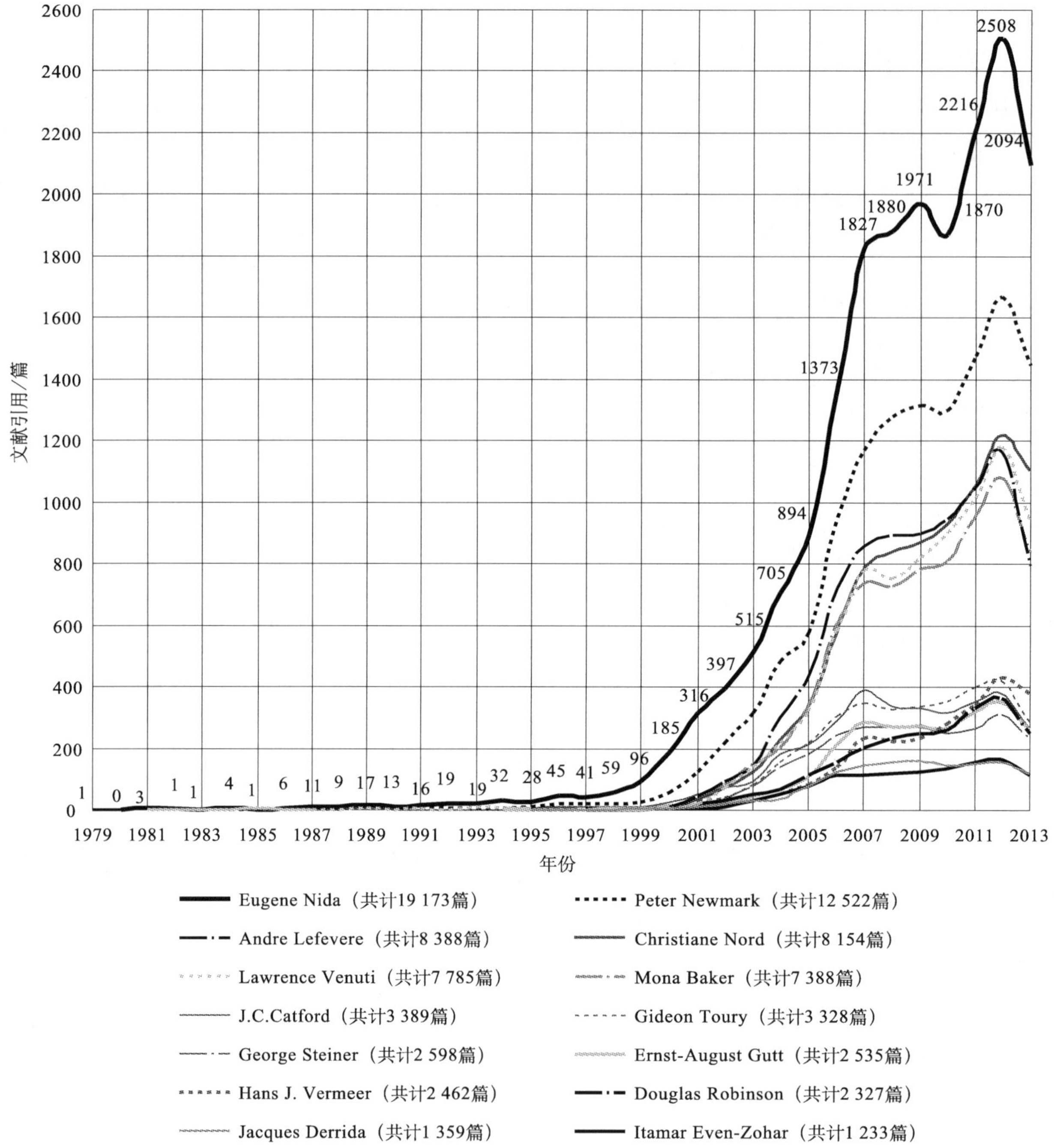

图 1　改革开放以来西方当代主要翻译理论家在中国译学文献中的引用情况（基于中国知网数据）

等”译论源自对《圣经》翻译实践的理论提升，奠定了西方译论，尤其是语言学派翻译思想的基础。此外，该理论通过“对等”术语的译介与跨语应用，也成为中国当代译学初步解决源自语言异质性翻译问题的重要资源。但是，随着时间的推移，在中西方当代译学语境下，奈达“对等”翻译思想的应用现状分别呈现出不同图景。截至 2013 年年底，基于谷歌搜索的搜索结果显示，引用奈达代表著作 *Towards a Science of Translating*（1964 年）的英文文献（不含专著）仅有 763 篇。而相关中国知网文献则高达 1878 篇，且自 2005 年起均突破 100 篇，最高数值为 262 篇（2012 年）。由此看来，中国当代译学对奈达“对等”翻译思想的接受度较高，这与中国当代译学研究探讨“对等”问题的规模也大体呼应。如图 2 所示。

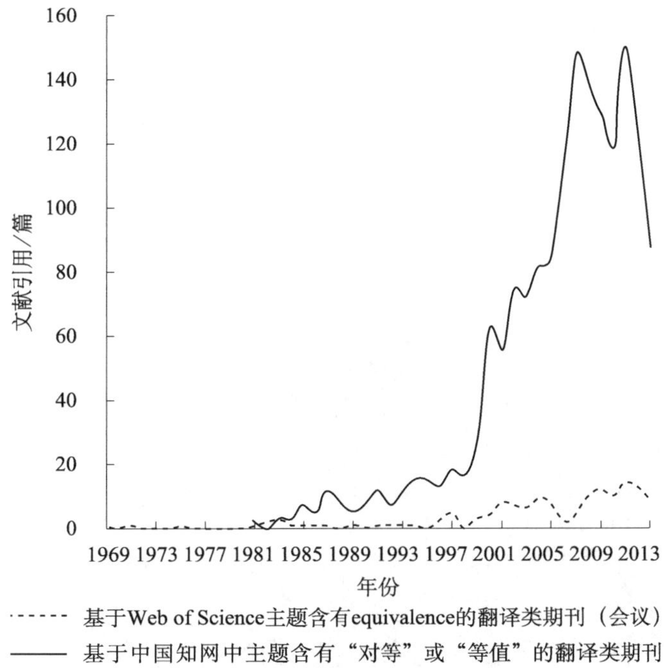

图 2　中西当代译学“对等”研究规模对比

图 2 数据表明，奈达“对等”翻译思想的译介对于中国当代译学研究发展的作用确实很大。自 1981 年奈达翻译思想被译介到国内以来，以翻译“对等”为研究主题的汉语期刊文献数量大致保持着增势，进入 21 世纪以来增势尤为明显，累计总量为相关英文文献量的十倍有余，与西方同类研究相对平淡的势态形成了强烈反差。显然，奈达“对等”译论在中国的跨语接受更为普遍且更受重视。

奈达翻译思想的理论价值伴随其跨语译介而增值，这与“对等”这一核心术语及概念的跨语应用有直接关系。Equivalence（对等）是奈达翻译理论体系中的核心术语与概念，也是其翻译思想译介及应用的重要工具符号。该术语及其概念的翻译与跨语应用，在中国当代译学研究发展过程中起到了知识传播与理论生发的双重功能。对此，我们可以借助现代文献计量学中的 Citespace 可视化分析工具绘制关键词共现知识图谱，客观呈现中国当代译学研究中“对等”术语及其概念的谱系化发展特征，并进一步考察该术语的跨语应用对中国当代译学理论及知识体系建构所起的重要作用。

四、“对等”术语及其概念谱系化发展的知识图谱分析

Citespace 知识图谱研究是当今文献计量学领域的前沿课题。该研究基于可视化技术，能够以定量科学[4]的方式直观呈现专业学科的研究热点、研究趋势、知识源流的历时轨迹以及知识单元间的交互关系。

在本研究中，作者搜集了以“对等”“等值”“等效”“对应”“奈达”为主题的 CNKI 译学文献（时间跨度为 1977 年年初至 2014 年上半年，文献类别为期刊、会议论文和优秀硕博论文），并经过人工筛选，获取相关数据总计 6526 条。在此基础上，本文运用 Citespace 软件绘制了上述文献关键词共现知识图谱的聚类视图（Cluster）和时区视图（Time Zone）。前者主要体现了关键词间的关联，而后者侧重展示译学知识单元的历时动态。分析这两类视图有三个主要参数，即关键词的频次、中

介中心度以及突变值。其中，节点代表关键词，关键词的总频次可以通过节点的大小直观看出；而中介中心度大于或等于 0.1 的关键词通常是建构理论体系的基本话语，其节点会有紫色（深色）外圈突出显示；此外，图中节点内部的深色圆环代表一定的突变值，说明该关键词的引用率在某段时间内激增。

图 3 为简化后的期刊文献[5]关键词共现知识图谱的聚类视图，能够大致描述中国当代译学“对等”研究知识体系的架构。

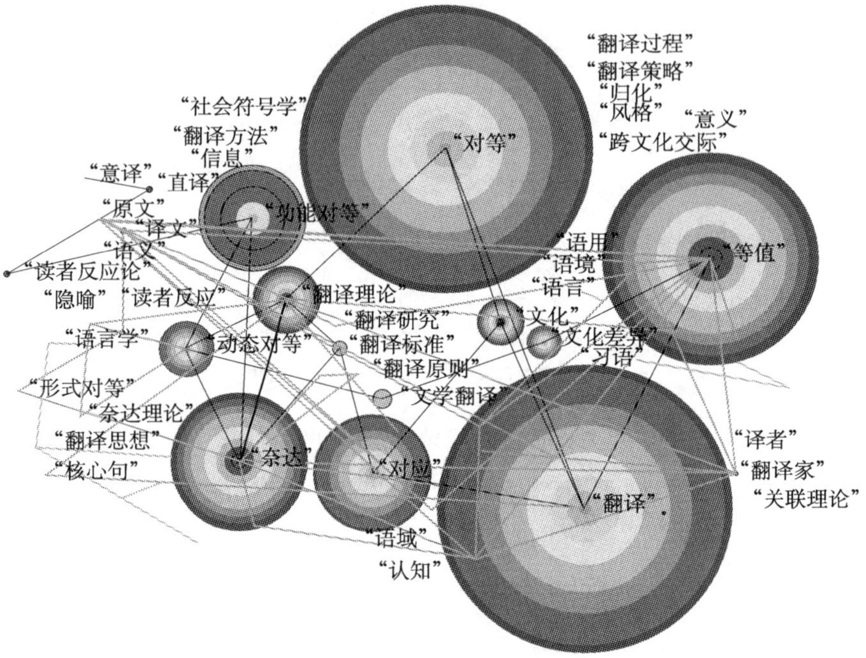

图 3　中国当代译学“对等”研究的期刊文献关键词共现图谱聚类视图

从图 3 可直观地看到，以期刊为载体的中国当代译学“对等”研究的知识体系以高频关键词“奈达”“动态对等”“功能对等”“对等”“等值”“翻译”“对应”等为基本节点。其中，关键词“功能对等”“等值”“翻译理论”和“奈达”的突变特征十分明显。这在一定程度上能够说明奈达及其“对等”翻译思想对中国当代译学“对等”研究的巨大影响力，以及对于中国当代翻译理论建构的重要意义。后者还可从节点“奈达”与“翻译理论”之间突出的连接强度以及两者在对应的年代区域中呈现出的突变信息看出。此外，若将图谱中带有紫色外圈的关键节点按其中介中心度列表如下，还会有新的发现（表 1）。

表 1　中国当代译学“对等”研究的期刊文献中关键节点信息统计

关键词	中介中心度	频次
奈达	0.4	131
等值	0.3	201
对等	0.26	268
翻译理论	0.25	72
功能对等	0.23	104
动态对等	0.2	61

续表

关键词	中介中心度	频次
文化	0.16	47
翻译	0.15	270
文学翻译	0.13	23
对应	0.1	114
文化差异	0.1	34

上述所列关键节点中，除了体现奈达“对等”翻译思想的基本术语之外，还包含“文化”“文学翻译”和“文化差异”三个关键词。这说明在译介奈达“对等”翻译思想的基础上，中国当代译学“对等”研究的视域和对象均有所拓展。如图 3 所示，其他语言研究元素如“语用”“语境”“认知”“文化”等均被纳入中国当代译学“对等”研究的阐释空间；而“隐喻”“习语”“风格”等也都成为与翻译“对等”相关的研究话题；其中涉及的主要研究维度有翻译理论、翻译过程、翻译标准、翻译原则以及翻译方法和策略。图 4 基于前述的 6526 条中国知网中翻译“对等”研究文献，能够从历时的角度更为全面地描述在“对等”术语及其概念谱系化发展过程中产生的新型译学知识单元。

如图 4 所示，始于 20 世纪 80 年代初的翻译“对等”研究主要围绕“翻译主体”和“文本”等译学本体研究的基本要素展开，如图中所示的节点“译者”和“译文”。但随着时间的推移，翻译“对

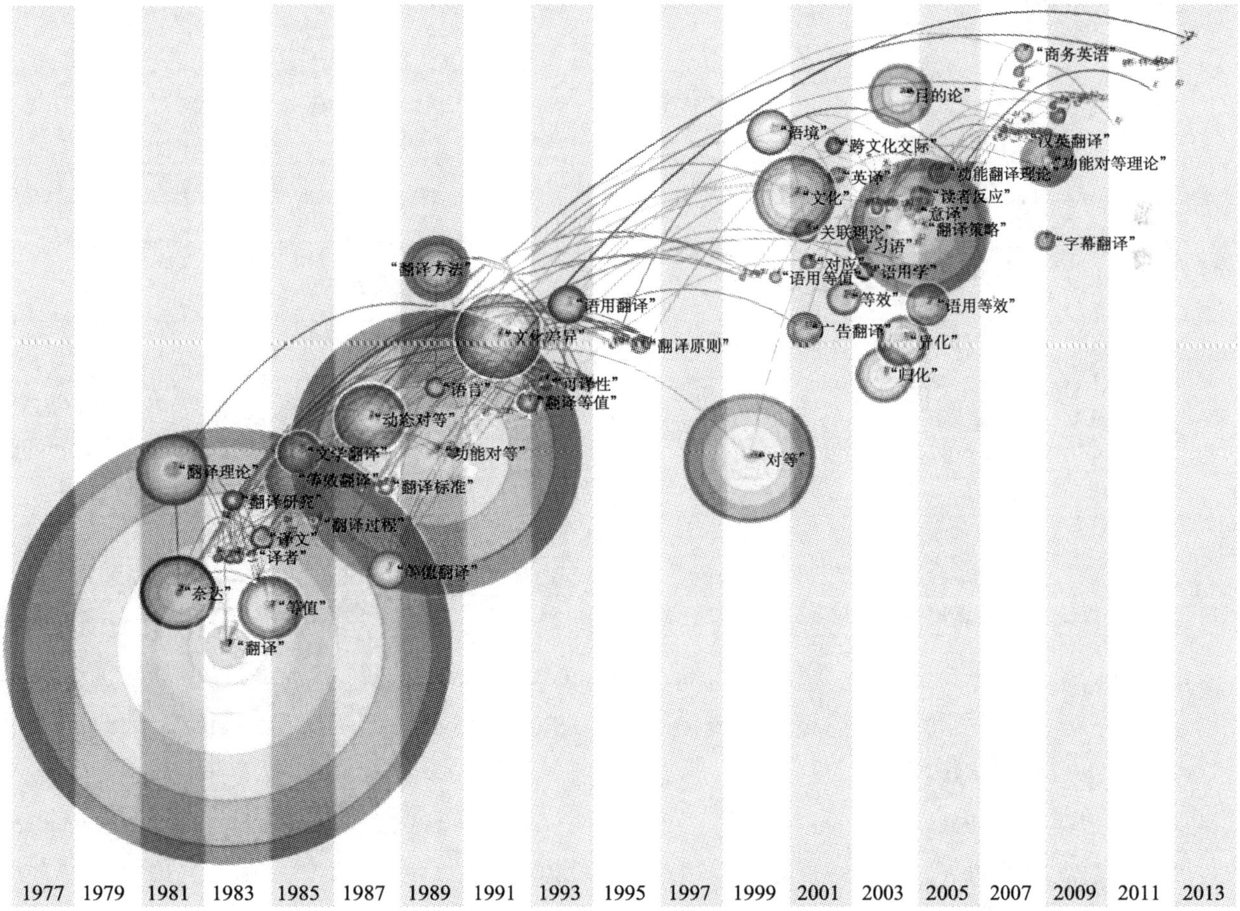

图 4　中国当代译学“对等”研究的总文献中关键词共现图谱时区视图

等”研究的内涵逐步丰富。自20世纪90年代起，超语言元素逐渐在中国翻译“对等”研究知识体系中凸显。如图所示，自1991年起，先后出现了“文化差异”“语用翻译”“语境”“文化”等节点。这说明，随着其他西方译学理论流派和研究范式的兴起和译介，在中国当代译学语境下，最初借助奈达翻译思想实现跨语传播的“对等”翻译模因逐步进入新的研究视域。这与上文基于图3的观察结果基本吻合。

具体而言，翻译“对等”研究视域的延展在理论阐释维度以及翻译研究对象方面均有所体现。如上图所示，代表西方当代译论的可视节点主要集中在2000年之后，其中包括“目的论”“关联理论”“异化/归化”思想和“功能翻译理论”。相应地，其研究对象也并未囿于《圣经》翻译实践，而是先后涉及了文学翻译、广告翻译、字幕翻译等其他研究领域。当然，基于知识图谱简洁、直观的视效，上述可视节点并未完整呈现中国当代译学“对等”研究的细节。鉴于此，我们可以结合来源数据中文献关键词的类型特征作补充描述。现将其中涉及的主要翻译流派和翻译类型分别列于表2和表3中。

表2　来源文献关键词中涉及的主要翻译理论（按频次降序排列）

序号	翻译理论	频次	序号	翻译理论	频次
1	关联理论	121	11	纽马克（Newmark）交际翻译观	9
2	生态翻译学	32	12	后殖民主义翻译理论	9
3	多元系统理论	31	13	翻译模因论	7
4	韦努蒂（Venuti）文化翻译观	30	14	文本类型理论	6
5	释意理论	30	15	语料库翻译研究	6
6	目的理论	27	16	认知翻译学	5
7	女性主义翻译理论	25	17	巴斯奈特（Bassnett）文化翻译观	4
8	翻译规范理论	23	18	卡特福德（Catford）翻译转换	3
9	翻译改写理论	16	19	解构主义理论	3
10	社会符号学翻译理论	15	20	巴西食人主义翻译理论	1

表3　来源文献关键词中涉及的主要翻译类型（按频次降序排列）

序号	翻译类型	频次	序号	翻译类型	频次
1	文学翻译	461	8	术语翻译	31
2	影视翻译	219	9	军事科技类翻译	29
3	广告翻译	161	10	外宣翻译	25
4	商务应用类翻译	121	11	机器翻译	11
5	法律翻译	80	12	词典翻译	11
6	新闻翻译	45	13	政治类翻译	8
7	旅游翻译	39	14	医学翻译	7

根据以上统计结果，中国当代译学“对等”研究涉及了西方当代译学流派的诸多理论，如语言学派、功能学派、描写学派、哲学取向学派，以及新兴的认知学派和语料库翻译研究。同时，翻译“对等”研究的对象也趋向多元，其中涉及的文本类型囊括了文学翻译，以及应用类翻译中的主要领域，如影视翻译、广告翻译、商务翻译等。这充分说明，在中国当代译学语境下，“对等”翻译模因的传递已然超越了最初奈达阐述的宗教文本翻译这一母体语境。“对等”翻译思想及其理论知识已经在更多的翻译实践领域中得到了传播和有效应用。

与此同时，伴随着术语的跨语应用，其知识传播功能最终将触发其理论生发功能。这是术语翻译作为术语跨语应用的深层次体现，是对译语相关领域理论建构的实质性推进。这具体表现为源语术语概念通过翻译进入译语理论或知识体系后，引起相关译语术语或术语词组的派生，即谱系化发展。在本研究的文献关键词中，共发现 72 种基于“对等”的词组型术语（除“动态 / 功能对等”之外），共计 422 条。现将其中出现 5 次以上的“对等”术语按其年代信息列表如表 4 所示。

表 4　来源文献关键词中基于“对等”的主要词组型术语

序号	出现年份	频次	关键词	序号	出现年份	频次	关键词
1	1986	38	语义（意）对等	11	2003	12	语域对等
2	1990	54	文化对等	12	2003	11	语篇对等
3	1992	8	语言对等	13	2003	8	效果对等
4	1994	13	文体对等	14	2003	7	言后对等
5	1995	17	意义对等	15	2003	7	意象对等
6	1995	7	修辞对等	16	2003	6	假象对等
7	1996	20	风格对等	17	2005	7	法律对等
8	2002	79	语用对等	18	2005	7	语境对等
9	2002	5	礼貌对等	19	2005	5	美学对等
10	2003	16	信息对等	20	2008	6	忠实对等

根据出现的时间以及总数，上述“对等”术语集能够大致呈现中国当代译学“对等”研究由语言向文化及其他多元视角转移的历时趋势。例如，频次最高的“对等”术语按历时排序依次为“语义（意）对等”“文化对等”和“语用对等”。而在文化转向之后，翻译“对等”的阐释维度也随之变得更加细化和丰富，产生了诸如“修辞对等”“风格对等”“礼貌对等”“美学对等”等词组型术语。更多的组合视角还可散见其他频次较低的术语，如“幽默对等”“映射对等”等。

上述术语大多是在中国当代译学语境下诞生的次生原创新术语。由此可以看出，“对等”翻译模因具有较强的传递性和生发性，这些词组型术语是奈达“对等”译论跨语传播的积极成果，是基于新术语的理论传承与创新。此外，术语“对等”的跨语应用对源语术语 equivalence 的概念内涵有进一步充实作用。这是术语翻译理论生发功能的另一体现。上表中的诸多词组型“对等”术语及其概念的派生在一定意义上会对 equivalence 这一英文术语概念的原有内涵及外延有积极的反哺性影响，使其作为概念工具的普适性进一步加强，其理论建构的功能也更加强大。换言之，英文术语 equivalence 的汉译及跨语应用，其结果使西方当代翻译“对等”研究的知识谱系也变得更加丰富。

五、“对等”术语及其概念谱系化发展的相关问题思考

根据上述知识图谱分析，从术语翻译的角度来看，中国当代译学“对等”研究的谱系化发展实质上是以“对等”这一术语为语言载体的翻译模因跨语传播与生发的过程。在此过程中产生的“对等”新术语（表 4）构成了中国当代译学研究知识体系的重要理论节点。客观地讲，自奈达“对等”翻译思想译介以来，旨在理论建构的课题在中国当代译学研究中占据了一定的分量。这一点，从图 2 和图 3 中节点“翻译理论”呈现出的较高中心度以及与“奈达”之间凸显的连线可以看出。但是，通过知识图谱还可发现，中国当代译学“对等”研究在理论建构方面仍面临一些问题，主要表现为理论

体系的不均衡发展，以及对本土传统理论探讨的缺失。

首先，中国当代译学“对等”研究仍局限于应用类翻译问题及策略探讨，对奈达译论的借鉴研究居多，相关理论创新不够。根据表 3 所列数据，代表应用类翻译研究对象的关键词共出现 787 次，占到了相当大的比例。另外，图 4 知识图谱相关数据显示，关键词“翻译策略”的频次为 548，突变值为 10.92，均远高于关键词“翻译理论”（其频次和突变值分别为 106/8.55）。这说明，尽管中国当代译学研究领域关注对西方译论的学习和应用，但尚未在充分消化吸收的基础上迈出开创中国当代译论的创新步伐。

其次，中国当代译学“对等”研究仍主要依赖西方译论的知识谱系，尤以奈达译论为主，未能借助西方译学术语的译介来促进中国传统译论的术语现代化建构。在统计来源文献关键词涉及的主要翻译理论时发现，目前在翻译“对等”框架内探讨或提及中国本土译学思想的翻译研究并不常见。其中，生态翻译学是唯一一个作为重要理论旨归的中国本土译学范式（表 2）。据不完全统计，上述文献提及的其他中国本土译学思想并不多，大致包括严复的翻译思想[7, 8]、林纾的翻译思想[8]、马建忠的“善译”思想[9, 10]，林语堂的翻译思想以及黄忠廉的“变译”理论[11]，且文献数量甚微。

事实上，上述两个问题互为因果。在中国当代译学语境下，翻译“对等”作为一个源自西方译学知识体系的理论要素，若不能与中国本土译学思想形成有效互动，那么在本质上始终是舶来品，其相关研究自然会倾向停留于实践应用层面。“对等”翻译模因是译学领域中极具通约性的研究课题之一。中国本土并不缺乏与翻译“对等”理念相关的译学思想。如在语言形式、语义信息、文体风格、认知感官等层面上的翻译“对等”研究完全可以在以“案本—求信—神似—化境”为主线的中国传统译学思想中找到类似的阐释工具，即术语符号。若要在中国译学语境下形成有别于西方知识谱系的本土理论建构，在学理层面上呈现出“中国化”特征，则亟须以相应的本土译学术语系统建构为依托，而这仅靠单纯译介或应用西方译学术语及其系统是无法实现的。总之，只有从术语资源的挖掘与整理入手，实现中国传统译论的现代转型以及中西译学的理论交锋，才有可能建构真正意义上的中国当代译论及其知识体系。

六、结语

中国当代译学研究在很大程度上得益于奈达译论的核心术语“对等”及其概念的跨语应用及谱系化发展。西方译学术语的译介不仅是理论知识的跨语传输，同时在一定程度上逐渐促成了相关译论的跨语生发。对此，2014 年第 4 期《中国翻译》刊登的一篇理论研究文章——《创造性翻译与创造性对等》就是很好的说明。但从本文中基于 Citespace 的知识图谱研究分析来看，中国当代译学知识体系的建构目前仍主要依附于西方译论的知识谱系，尤其体现为奈达“对等”术语及其概念的跨语应用。相比之下，中国传统译论及其术语资源的挖掘整理则严重不足。这在很大程度上成为制约中国当代译学发展的关键因素之一。在与西方译学开展平等对话的过程中，基于中国本土译学思想的术语系统建构及翻译也是一个非常现实的话语工具问题。不正视并积极解决这一问题，中国当代译学理论与知识体系建构难免会落入“拿来主义”的窠臼。如何借助本土术语系统建构有效实现中国传统译论现代转型是中国当代及未来译学建设应有的题中之意，有待翻译学和术语学研究者的共同努力。

参 考 文 献

[1] Harvelson S. Translation equivalence[A] // K. Brown (Ed.), Encyclopedia of Language & Linguistics (2nd end)[C]. 2006: 100-104.

[2] Chesterman A. Contrastive Functional Analysis [M]. Amsterdam: John Benjamins Publishing Company, 1998: 16-27.

[3] Chesterman A. Memes of Translation: The Spread of Ideas in Translation Theory [M]. 上海：上海外语教育出版社, 2012.

[4] 郑伯华. 论文学翻译的若干特点[J]. 武汉大学学报，1962(2)：76-90.

[5] 王佐良. 关于英语的文体、风格研究[J]. 外语教学与研究，1963(2)：3-11.

[6] 刘丹青. 英语成语的理解和翻译[J]. 外语教学与研究，1965(1)：44-51.

[7] 肖山. 汉语成语的英译问题[J]. 外语教学与研究，1977(2)：39-43.

[8] 金隄. 论等效翻译[J]. 外语教学与研究，1986(4)：6-14.

[9] 张阳，龚昭.论马建忠“善译”之等值观[J]. 安徽广播电视大学学报，2008(1)：75-78.

[10] 韩旭. 以“定量”的角度看马建忠“善译”理论中对等性[J]. 文学界，2012(9)：91-92.

[11] 刘丽. 从功能对等理论解析林语堂译本《浮生六记》的变译现象[D]. 沈阳：沈阳师范大学，2011.

大型术语部件库建设的实践与思考

杨福义

（鞍山师范学院，辽宁鞍山，114006）

摘　要：在大规模术语部件库的建设中，获得了10万条术语部件。本文对建设中使用的技术予以介绍，并进行了术语部件库的统计分析，总结了术语部件库的建设经验与问题，提出了进一步解决问题的初步方法。

关键词：术语部件；统计语言学；术语经济律

一、引言

术语部件库是一个包含丰富信息的知识库，这些丰富信息有助于新术语的自动发现、术语的自动定义、术语概念体系的建立等相关研究工作[1]。目前，较大型的术语部件库很少见到报道，其主要原因是缺少相应的术语部件构成统计分析。为了进一步开展科技文献、论文的自动标引与自动分类，以及发现新的科技术语，迫切需要建设一个较大规模且具有专业领域特异性的术语部件库。

二、术语部件库建设的前期准备

为了更好地进行文本的科学自动分类与自动标引，必须要有一个来源可靠、分类科学的分词词典，以及方便合理的分词工具。术语部件对于建立按学科进行的自动分类与自动标引具有重要的作用。建设术语部件库是当今时代中文信息处理的迫切需要，也是为数千万读者进行快速方便的科学文献智能检索而提供了重要工具。

术语具有学科领域性鲜明的特点，是按学科分类的重要工具。由于术语大部分由术语部件所组成，因此术语部件中含有重要的语义信息，可以用于科技文献的自动摘要、关键理论与信息的自动抽取和分析。国家有关部门对术语数据库的建设制定了一系列建设标准与规范，而术语部件库建设规范就是一项重要的参考资料。

1. 术语部件库的数据来源

术语部件库需要对术语数据库中的术语进行解析，将多词术语按条目进行切分与标注，在此基础上进行术语部件的提取。

术语部件库的建设离不开术语数据库。对术语数据库的要求是权威性、规模性，以及具有领域特异性。

术语数据库选用了全国科学技术名词审定委员会网站发布的术语数据电子文本，以及中国知网获得授权发布的中国规范术语，以保证术语部件来源的权威性。数据库的电子文本通过多年的复制、粘贴，获得了基本可靠的原始术语数据库。获得的基本原始数据，需要净化编辑不规范、有问题的术语词汇。

2. 术语的净化与预处理

出版的术语词典以及发布的术语文件是众多专家的心血结晶，是多年建设的成果。但术语库的建设是一项持续的工作，总有些许的瑕疵，在有些问题上也有不同的见解与观点分歧。下面就术语数据库净化与预处理的几个问题予以说明。

1）术语中的字母词

关于术语中的数字与字母词，已有多篇文章进行了讨论论述。在部件库的建设中，对数字与字母词做如下处理：对术语中的全角、半角混用词，在不改变原有词义的情况下，采用全角化处理，以保证分词的准确性。

2）术语中的标点符号词

对于发布的术语含有标点符号，在国家标准《信息处理用现代汉语分词规范》的分词原则[2]第一项就指出空格或标点符号是计算机中的分词单位标记。如果将带有标点符号的词按标点符号切分，将违背术语部件与术语相关的含义。因此，在术语部件库建设中，对含有标点符号的术语词应根据具体情况处理。

术语中的标点符号问题比字母词问题更严重。绝大多数分词软件都无法将使用标点符号连接的词汇进行准确分词。

术语中的标点符号又分为中文标点符号与英文标点符号，也需要根据具体情况进行相应处理。

标点符号词举例：

(0,2) 插值 [数学](0,2) interpolation

0#[数学]zero-sharp

1-(2- 吡啶基偶氮)-2- 萘酚 [化学]1-(2-pyridylazo)-2-naphthol, PAN

面部〖KF(〗2〖KF)〗比例 [医学]facial square root 2 proportion

3）术语中的特殊字母词

将术语统一转化为全角汉字符号，然后使用 UTF-8 编码，就可以处理包括中韩日全部象形文字的数据。但对于希腊字母，却只有双字节的内码数据。因此对于含有希腊字母的术语词，分词时也要特殊处理，将其转化为 ANSI 码处理。保留术语中的标点符号，不进行分词；对术语中的全半角混用，一律改为全角字符；对术语条目中出现的空格，一律删除；对中文标点符号中的半角连接号，一律改为全角的连接号；全部的英文字母与标点，一律采用全角中文字母表示。

三、术语部件库建设中的分词

如上文所述，中文分词已有国家标准，但目前为止，标有词性的专门分词词典还没有公开出版。其中最大的难点是词与字的定义，因为绝大多数汉字具有词义，几乎是一字一词。而分词原则是以中文信息处理为目的，分成单个汉字显然脱离中文分词作用的初始意愿。规范中明确指出了通过其他领域进行参考、补充与细化的问题。

《信息处理用现代汉语分词规范》[2]中有“一律切分”“不予切分”“应予切分”“按习惯形式切分”

等多种规定。没有完整的词表，这些切分原则会有不同解释。

《术语部件库的信息描述规范》[1]中指出，结合紧密、生成能力强、使用稳定的语言片段也可以看作是术语部件。但是，紧密程度和生成能力强的度量标准也不好界定，也可以说是两可之间。

因此，关于分词的准确界定依然有许多问题需要讨论。山西大学刘开瑛在《中文文本自动分词和标注》[3]一书中指出了分词规范的一些问题。例如，对于“每年”一词是否要切分的问题等，推荐规范与《现代汉语词典》相矛盾。

1. 本次术语部件库建设过程中的分词标准

（1）遵循国家标准分词规范，以双字词为核心的原则。本文涉及的术语部件库的建设，采用词组型分词，把多词术语词的分词分到最小词组长度后不再切分，即使他们是单字术语词组成的双字词组也不再切分。例如，“基”是单字术语词，“体”是单字术语词，而“基体”是合成术语新词，在化学、细胞生物学、植物学、航天科技、冶金学、人体组织学等多个学科中使用，且具有不同的英文译文和含义。因此，对于这类双字词不再切分，即术语部件库的部件最小字长为2，也就是双字词。双字术语部件词加前缀或后缀可形成新的术语部件，分词后的术语构成一个二叉树，可与其他术语部件构成树图，可以进一步分析术语的结构与类型。

（2）以多词术语部件构成原则为依据。采用单字词术语和双字词术语作为种子术语，参与新术语部件的发现与扩充建设的原则。

由1个字或2个字组成的规范术语词加上其他汉字，则构成新生术语。所加部分一定是术语部件，可以是字，也可以是词。因此，每个多词术语的生成均可以切分为单字术语＋单字术语、单字术语＋构成术语单字等几种模式。

在分词原则中，二字词或三字词，以及结合紧密、使用稳定的二字或三字词组一律称为分词单位。按此原则，二字词与三字词作为分词的基本单位，参与多词术语中部件的度量与计算。在涉及分词歧义的情况下，适当收入四字以上的部件词。中外人名与机构名不受字数限制。

2. 本文涉及的几个概念的定义

（1）分词粒度。在冯志伟《现代术语学引论》[4]中，分词粒度称为术语长度。一个术语部件词为一粒，称作粒度为1。一个术语部件所含有汉字的个数称为粒长。例如，“汉字/信息/处理”的部件数是3，则称术语部件粒度为3，每粒的粒长均为2。可以说，汉字信息处理有三个术语部件词。

（2）术语部件粒长。术语部件按规定原则不再切分时，单个术语部件的汉字的字数称为粒长。不称之为字长是因为要与计算机科学技术专业中的字长概念相区别。

（3）缀。缀是指以术语中助词为主要成分的单字词。参与术语组词的称为缀，缀有前缀、中缀、后缀三种。

已有大量实例表明术语部件中的基本部分可多次加词构成新部件。这些部件不再切分，以避免部件失去专业属性，影响特定领域中术语部件的分析与应用。这类部件可成为核心部件词的扩充部件，加前缀、后缀组成新部件。此类部件大部分粒长为3。

分词过程中产生的中缀可以合并到前面或后面，构成新的术语部件。

（4）术语部件黏度。术语部件黏度是指术语部件构成新术语词的能力。构词越多黏度越大，对构词数目取对数，取频次的常用对数作为术语黏度的定义。可以定量分析术语部件的生成能力。频次1000 的术语黏度为 3，100 条的为 2，10 条的为 1，只有一条的为 0，只在一个术语条目中出现。

这样就明确定义了术语部件生成术语的能力级别，常用术语部件黏度大于或等于 1，少用术语部件黏度小于 1 且大于 0，罕用术语部件黏度等于 0。将术语部件的生成能力予以定量描述，也对应组成能力十条以上（常用），几条（少用），一条（罕用）的概念。

按此标准，可以分组计量，从而发现术语部件分布的客观规律与数学模型。

3. 分词词典的建设理据与过程

根据多词术语的定义，可完全正确切分多词术语。例如，拆出一个部件词，其余部分仍是多词词组或单个部件词。

根据冯志伟介绍的术语生成机制 [4]，取双字术语词作为新术语部件发现的种子术语，参与分词与新词发现。

4. 术语部件库的形成过程

以两万双字词术语为种子词开始建设，对约 243 000 词条的术语数据库按专业进行切分，分词程序包含着新术语部件的产生和发现模块，每分词一次就生成新词备审文件，审查后补充进入分词词典，再次分词。

使用扩充新部件词后的分词词典再次进行分词，会再次出现新部件，如此循环，直至不再出现术语新部件为止。

接着，对不再生成新词的术语库进行单字分析，分别通过前缀、中缀、后缀的处理，组成一些以基本核心部件词为主的扩充部件，如非＋线性构成非线性。如此反复运算，最终获得十万词汇的术语部件，构成科技术语部件总库。而且对每个专业分别单独建立部件词表，以获得具有专业领域属性的术语部件频次数据，用于科技文献的自动标引与自动分类研究。

一般术语数据库，需要按以上分词过程进行 5~6 次。

编写了术语库分词与新部件发现程序软件，分词软件采用正向最大分词方法，从第 12 字开始进行切分比对，逐步减少递归处理。在种子术语部件库的基础上，对字数大于 3 的术语进行分词。

术语分词后，如果有连续的单字，则合并为预选新词，经人工甄别后入库。对散落的单字，除语法词外，进行与上下部件归并的粘连操作。

四、分词结果与术语部件库的信息描述

对 243 000 条的术语数据库进行按专业分词，建立了术语部件库。分词产生 103 000 条术语部件。按频次黏度定义结果如表 1 所示。

表 1 按频次黏度定义结果

种类	数量	占比
常用术语部件（黏度 ≥ 1.0）	6 646 个	占 6.41%
少用术语部件（1 > 黏度 >0）	33 675 个	占 32.48%
罕用术语部件（黏度为 0）	63 349 个	占 61.10%

由表 1 数据可以看到，术语频次曲线的长尾现象，即有大量的部件词只使用一次。各专业罕用词均在 60%~80%。常用词约占 1%~6%。罕用术语部件约占 70%，覆盖 30% 的词次；一般与常用部件约占 30%，覆盖 70% 的词次，即总词次的 70%。这个规律也可以称为部件频度分布的 3-7 规则。

罕用部件词量大，而且专业领域特异性明显，对文件详细分类的精确度有重要作用。常用部件使用频度高（表 2），对于发现术语新词和文本分类具有重要意义。

表 2　术语部件库频次最高的 50 个词

系统 [3331]	试验 [1686]	细胞 [1313]	控制 [1260]	资源 [1206]	系数 [950]	结构 [930]	作用 [903]	模型 [897]	装置 [888]
分析 [873]	生物 [865]	效应 [845]	测量 [829]	材料 [810]	时间 [809]	蛋白 [730]	数据 [722]	函数 [653]	土壤 [651]
空间 [632]	环境 [596]	反应 [594]	设计 [573]	曲线 [570]	因子 [569]	基因 [561]	方程 [559]	理论 [555]	信息 [552]
化学 [547]	技术 [518]	管理 [516]	植物 [508]	神经 [508]	电流 [503]	信号 [500]	强度 [496]	设备 [485]	复合 [485]
综合征 [477]	电子 [470]	纤维 [469]	自动 [464]	温度 [459]	保护 [452]	工程 [449]	免疫 [448]	处理 [442]	电压 [439]

注：①部件库由 243 000 条术语数据生成，生成术语部件 103 000 条。
②方括号内的数字为频次数据

获取各专业、各领域的术语部件词表后，需要进行各方面标注。主要的标注工作如下：

（1）词的语法属性标注。按国家标准标注语法词性。在无法确定的情况下，使用计算机辅助词性标注加人工校对的方法。

（2）词的专业属性。研究专业分布频次与向量分布。

（3）词的部首属性。研究术语部件字部首与术语部件词的相关性，如鸟部、鱼部、骨部等。

（4）词的黏度（术语构成能力）属性。研究术语部件词构成术语的能力与模式。

五、术语部件库的统计分析

1. 分析术语部件库的经济指数

按术语经济指数定义与冯志伟介绍的“术语形成的经济律”计算方法 [4]，对 58 个专业术语部件库进行经济指数计算，表 3 是部分专业的数据计算结果。

表 3　部分专业的术语经济指数

专业	术语条数	部件词数	经济指数 E（条 / 词）	平均长度 L	构成能力 F
化学	5861	4868	1.2039	2.1769	2.6209
数学	8856	5359	1.6525	1.9279	3.1860
天文学	2275	2172	1.0474	1.6782	1.7578
物理学	8259	6078	1.3588	1.7539	2.3833
化学工程	2161	2003	1.0788	1.6288	1.7573
自动化	1898	1290	1.4713	2.0990	3.0883

2. 分析术语部件的词频分布规律

根据术语部件词表与在术语库的使用频度，可以研究术语部件构成规律。采用五种数学曲线按专业对数据进行计算 [5]。计算表明以幂函数拟合效果最好。这里根据齐夫定律（Zip*f*'slaw）将部件按频度排序，词频与序号的关系是离散的，近似用非线性回归转化为线性回归的方法予以计算。

使用美国语言学家马丁·裘斯（Martin Joos）对 Zipf 公式提出修正的双参数词频定律[6]

$$Y=AX^{-B}$$

式中，Y 表示频次；X 表示单词排序号；B 表示指数；A 表示系数。对各个专业分别进行回归计算。对等式两边取对数后化为直线方程进行最小二乘法拟合。对计算结果进行比较分析，部分专业术语部件词频规律方程如表 4 所示。

表 4　部分专业术语部件库的频次曲线数学模型

专业	词频曲线模型		
数学	R=−0.9667	A=4.9610	B=0.8250
电工学	R=−0.9615	A=3.9870	B=0.7832
电力	R=−0.9597	A=3.0229	B=0.7321
机械工程	R=−0.9611	A=3.5930	B=0.7713
计算机科学技术	R=−0.9671	A=6.7293	B=0.8780
自动化	R=−0.9708	A=6.5100	B=0.8140

注：① R 为相关系数。

3. 术语部件库之间的相关系数

哪些专业术语部件库之间相同的部件较多？采用术语部件词构成的方向向量来计量。这是科技文献聚类分析的重要参考数据。使用向量距离的度量方法[7]，应用余弦定理对术语部件词表的向量距离进行计算，结果如表 5 所示。按词表建立向量，计算不同专业之间的距离（相关系数），夹角角度为 0°，余弦值为 1，距离为 0，数据越小，距离越大。通过表 5 可以看出，电力专业与电工学专业，计算机科学技术与自动化专业具有较高的相关系数，共用了较多的术语部件。

表 5　专业之间术语部件的相关系数（余弦距离）

专业	相关系数
电力 – 电工学	0.695 406
电力 – 船舶工程	0.422 879
电力 – 航空科技	0.356 032
计算机科学技术 – 自动化	0.647 202
计算机科学技术 – 通信科技	0.587 544
计算机科学技术 – 地理信息系统	0.482 845

4. 进行科技文献自动标引与自动分类

以术语部件库的术语条目作为主题词与关键词，是把文献中涉及专业属性的最敏感部分进行提炼。实践表明，应用术语部件库可以进行自动标引，并有利于计算机辅助信息检索，为用户提供相关词组群的检索词汇，也会为科技术语审定提供参考。

由于部件是术语数据库的精华提炼，可以对文件中的术语在各专业的向量分布进行概率统计分析，从而为相关学科的检索和新的术语分类提供参考依据。例如，通过文献的生物学词频概率和电子学的词频概率，发现涉及生物电子学的新词。

六、构建一个由术语部件表达知识与概念的语义网

概念是人类知识的基本单元。通常一个概念对应一个自然语言的单词或词组。如果对术语部件库进行进一步的深入研究，可以考虑构建以部件词为核心的科技术语词网以及术语工程专家系统。建立在网络环境下适用的术语知识组织系统，运用知识本体的理论和方法研究术语，并进一步理解知识的内涵与相互关系，为学习科技术语知识提供便利工具，为建立术语概念体系提供依据和参考。

七、结语

术语部件库的建设是术语工作的重要组成。无论采用何种方法与何种工具，最终形成的部件库将殊途同归。初步建成了含有十万词汇的术语部件库，但这项工程还远未结束，还有大量的属性标定与词汇审校工作。部件库也需要专家学者的进一步审定，建成的部件库词表经过审定后可以资源共享，为更多的科技人员研究术语提供参考，或可避免低水平的重复劳动。

术语部件是对浩瀚术语数据的凝缩与集中，做好术语部件库的建设具有重要意义。仅以笔者的数年实践抛砖引玉，期望术语部件库的研究、数据挖掘能得到更多仁人志士的重视，为中国术语的规范推广与应用做出贡献。

参考文献

[1] 中华人民共和国国家质量监督检验检疫总局. 术语部件库的信息描述规范GB/T 19102-2003 [S]. 北京：中国标准出版社，2003.

[2] 中华人民共和国国家质量监督检验检疫总局. 信息处理用现代汉语分词规范GB/T 13715-92 [S]. 北京：中国标准出版社，1992.

[3] 刘开瑛. 中文文本自动分词和标注[M]. 北京：商务印书馆，2000：3-33.

[4] 冯志伟. 现代术语学引论（增订本）[M]. 北京：商务印书馆，2011.

[5] 陈魁. 应用概率统计[M]. 北京：清华大学出版社，2000：255-260.

[6] 冯志伟, 胡凤国. 数理语言学[M].北京：商务印书馆，2012: 269.

[7] 吴军. 数学之美[M]. 北京：人民邮电出版社，2012: 127-135.

简评R. 泰默尔曼的《走向术语描述的新道路：社会认知方法》

邱碧华
（全国科学技术名词委事务中心，北京，100717）

摘　要：当今社会认知术语学的代表人物，比利时女学者R.泰默尔曼所著的英文术语学著作《走向术语描述的新道路：社会认知方法》一书，是她在自己十几年术语学教学和研究实践的基础上，从社会认知的角度，对传统术语学理论思想进行的再思索。自2000年出版以来，在西方术语学界引起很大反响，被誉为"在社会和人类科学领域中开创了新局面、引人深思的术语描述的新方法"。本文旨在简单介绍此书的主要内容，对这部书的术语学理论价值进行粗浅评论。以期与读者共勉。

关键词：传统术语学五大原则；单义性；多义性；分类和命名；比喻模型；社会认知方法

自20世纪80年代起，比利时女学者R. 泰默尔曼就开始对术语问题进行研究和关注。1986年，她在国际术语信息中心 (Infoterm) 受过培训[1]。她基于自己的教学和研究实践，从社会认知的角度对传统术语学理论思想进行了反思，对术语的形成、术语形成的动态过程以及术语管理等进行了独到的研究。虽然，世界著名术语学家、国际术语研究所（International Institute Für Terminologie Forschung, IITF）所长、维也纳大学教授G. 布丁依照科学哲学的判断标准，对R. 泰默尔曼的术语学思想进行评估之后，认为它还够不上是真正科学的理论[2]，但她的思想成果无疑给术语学理论的集体性研究注入了生机勃勃的活力。《走向术语描述的新道路：社会认知方法》（*Towards New Ways of Terminology Description: The Sociocognitive Approach*）这本书，是作者继1998年的博士论文《标准化之外的术语：生命科学中的语言和分类》（*Terminology beyond Standardization: Language and Categorisation in the Life Sciences*）之后，对于生命科学中的术语问题进行的更为深入的研究，于2000年出版[3]。写作目的在于提出一种术语学研究的新理论和方法，以求克服以维也纳学派为代表的术语学传统理论思想中所存在的明显局限性。

根据R. 泰默尔曼的观点，传统术语学思想（她在书中用大写首字母的"Terminology"代表传统术语学）实际上阻碍了术语的产生、术语定义的形成，甚至妨碍了与术语相关的概念在概念系统中的合理放置。她的这一论点在这本书的不同语境下不断重复，几乎成了贯穿此书的中心思想。书的第一章的题目是"从标准化原则到术语学的科学化研究"，她对传统术语学的主要原则（她归为五大原则）和其缺点进行了评论：

（1）名称学的视角（视概念为独立于语言的外部世界的一部分，然后通过术语定名）。

（2）概念需要明确清晰的命题假设，可以安置在具有逻辑或者本体结构的概念系统中（术语系统要把含糊不清和重叠的内容剔除出去，术语系统要有设计好了的上位词和下位词的结构；而实际上许多类别的界线并不清晰，不能按本体论或者逻辑方法进行绝对划分）。

（3）按概念对术语进行定义（虽然有内涵定义、外延定义和“部分—整体”的定义之别，但更常用对概念进行有含义的内涵定义，而实际上内涵定义并不令人满意）。

（4）对“单义性”的要求（这意味着每个概念只应该被唯一的一个术语定名，一个术语也只应该对应一个概念，实际上这样就把同义现象和多义现象给排除掉了）。

（5）倡导“共时性”（传统术语学不关心术语的发展演变和词的形成过程，传统术语学对新术语的形成过程漠不关心，而新词的产生却是在现实时空中、在科技文本和专家话语中常出现的现象，术语的含义及其对它们的理解都是发展的）。

作者在此得出的结论是：“人们对术语学研究的兴趣被对标准化的兴趣阻碍了”[3]，追求术语的“单义性”是不现实的，在现实情况下，多义词和同义词的存在都是很典型的现象。她责备传统术语学是“西方人惯有的客观主义思维模式”[3]，这种教条仅描述物质世界孤立的对象客体，而忽略“人类具有理解和想象的能力”这一事实，忽略了它们对术语的产生和发展应该起到的影响作用；她认为这种教条忽略了“术语”在语言层面应该具有的交流（交际）特征。作者在第一章对传统术语学一直持批评语调，她说：“维斯特及其后继者，采用语言工程、语言规划和语言标准化的手段、把术语学折腾成了进行术语描述的教条化原则，这是产品标准化的结果，隐含着社会 - 经济的动因”[3]。按照她的观点，国际术语信息中心的建立 [其中一个职能是作为国际标准化组织术语分委员会（ISO TC37）秘书处]、放在那里的指导术语工作的标准化文献，都是对术语学进行实用主义处理的产物。

作者在第一章也对当今“不同的术语学学派”进行了描述和评价：欧洲传统术语学家认为，术语分析从概念开始，概念是表达对象客体内在特性的思维单元或者要素；其意思可以被清晰界定，它可以脱离语言而存在。而加拿大术语学家对此持反对意见，认为“术语”是术语分析的起点。传统术语学家要在“概念”和“术语”间做清晰划分，强调“概念系统”优先。他们相信，术语定名的是在逻辑上规定的概念，它们可以被放置在以“逻辑和本体关系”构建的系统当中。与索绪尔的结构主义语义学相反，传统术语学家认为，人们可以把术语从文本和话语环境中脱离出来、从与科技领域及其专门语言生长和重建相关的社会认知过程中脱离出来进行研究，甚至当科技领域的研究范式发生变化时，对术语的这种孤立性研究状态还是一成不变。而对此观点，加拿大、斯堪的纳维亚半岛上的术语学家们以及布拉格术语学派的学者们则持反对意见。作者在这一章又提到不少对传统术语学维也纳学派持批评意见的学者的名字，如 J. C. 赛杰（J. C. Sager）、P. 魏森霍费尔（P. Weissenhofer）、B. 扎瓦达（B. Zawada）、P. 斯瓦内普尔（P. Swanepoel）、M. T. 卡布雷（M.T.Cabré）、I. 迈耶（I.Meyer），以及加拿大社会术语学的代表人物 F. 戈丹（F. Gaudin）、J. C. 布朗热（J. C. Boulanger），还有日本学者影浦京（Kyo Kageura）。作者用专门一节对这些学者对传统术语学所持的批评观点逐一进行了阐述比较。作者得出的结论是：“……以标准化为导向的传统术语学需要扩充它的范围。”[3]“……传统术语学需要对术语进行研究的描述性原则和方法。”[3]

在该书的第二章，作者开始阐述自己的“术语学新命题”，提出了自己的替代性论点：“四个关键性问题：概念化 / 分类、命名或者词汇化、比喻模型、分类的历时性研究。”作者用作支持论点的实验性资料 , 取自于她熟悉的“生命科学”学科这一语料源。为完成她的博士论文，她对这一学科领域 , 尤其是其分支领域“生物技术”（biotechnology）中术语的产生和变革进行过深入的考察和研究[4]。她在此为描述性的社会认知术语学勾画了应有的理论原则和方法论，介绍了社会认知术语学的理论基础（如诠释学、现代术语学的一体化模型），指出“社会认知术语学把关于科技世界的知识看成是经验性的；我们对这个世界的许多理解和认识是可以体现的，这是人类感官知觉的结果……（也是）推理的结果……”[3]，“语言是分类的一种手段”；“现代术语学应该持这样的理念：人类不仅仅只是感知客观世界，他们也具有在思想中创造类别的能力。人类思想中的这些类别往往具有原型结构[3]”。作者在本章谈到，生命科学专家们运用形象化的语言对其创造性的思想进行描述（如运用比喻和借代手法），更有助于人们对此学科领域特有现象的深入理解；作者采用历时性的分类研究方法，对生命科学中“剪接”（splicing）这个词汇进行追踪发现，这种“具有原型结构”的词条比较灵活，究其原因，则是在这类术语的演变中，生命科学专家们运用了多义机制和比喻模型所导致的。因此，作者得到的结论是：“……（传统术语学解决不了的问题）借助认知主义的描述和解释框架，则可迎刃而解。”[3]

在该书的第三章中，作者展示了她的新方法论“从概念的传统定义到理解单元的模板”。她以几句重要的陈述开头：“术语学应该把‘理解单元’而不是把‘概念’作为需要定义的项目”，“需要用‘模板’对传统定义进行补充甚至把它替代掉，因为‘模板’在描述灵活和模糊的理解单元时更加适用”，“类别（categories）是所有按传统术语学的原则无法描述的理解单元。在类别之间及其内部，存在着原型结构（prototype structure）[1]”。作者从生命科学领域找出一些原型的例子，指出对“内含子”（intron）这个实体、对产生“印迹”（blotting）这一活动和对集合类别“生物技术”等的定义，并不是起源于对孤立概念所作的外部规定，而是从一个生命科学专家 E. M. 萨瑟恩（E. M. Southern）的学术写作中慢慢演化出来的[3]。作者认为，作为理解单元（unit of understanding），它们都有一个原型结构，可以变化，我们可以把其看成是基于认知模型的“理解类别”（categories of understanding）而对其进行解释。为了下好定义，人们也有必要对理解单元的历史进行考察，作者在这章就举了“生物技术”这个概念（或者理解单元）的定义是如何发展的例子。

这一章体现了作者在生命科学领域所具有的精深知识，这一点是一般语言学家难以做到的。

在书的第四章，作者讨论了“单义性和多义性”这一关键性问题，提出了以下两个命题：

（1）当一种新现象刚被发现时，为了对它进行清晰的定义和描述，人们自然首先会去追求“单义性”…… 但为了更好和更深入地理解这一“理解单元”，人们自然会采用语言的“意义延伸机制”（譬如比喻的手法），这就可能导致最初分配到这个“理解单元”上的术语的“多义性”。

（2）“单义性”是一种达到进行“无歧义”（unambiguous）推理和交流的理想状态，因此对于基于原型结构的“类别”（categories）而言，达到这种状态则是不现实的……（现实状态）有两种情况：①在特殊（专业）语言中，多义现象具有“功能性的”作用，它是人们寻求更精深的知识，达到更透彻的理解的自然结果……②（近似）同义词的产生，是人们在表达中追求精确的缘故，选择什么样的同义词，取决于信息发送者的观点或立场。

作者在这一章引用了一些例子，指出在生物技术这一分支学科中，像“cloning”这样的英文词就表现出很强的多义性，不仅指它最初的“无性繁殖”这一简单的含义。另外，像“萨瑟恩印迹杂交”就有一系列的英文同义词，如“Southern blotting”“Southern transfer”“Southern hybridisation”等，这些多义词和同义词在人们（学科专家或者外行）进行知识理解和学术沟通过程中起到了积极的“功能性”作用。

另外作者还附带提到：传统术语学及其推动的标准化活动，除了不赞成术语的比喻性用法之外，也不主张把“专有名词”作为术语成分，除非它们与术语的内涵之间有什么内在的联系，如涉及一位发明家或发现者等；但是作者发现，在遗传学领域里，由于学者们“错误地”照葫芦画瓢，从“Southern blotting”① 等这些带“Southern”的英文术语里，又衍生出“Northern blotting”“Western blotting”“Southern-western blotting”“North-western blotting”这些望文生义、似乎是“东、南、西、北”的遗传学英文术语。但是这样的定名却在遗传学领域为人们的学术交流带来了方便，这些术语也为大家所接受。作者认为，这一现象暗示着这些“专有名词”（如“东、南、西、北”）在术语形成或者“理解单元”的产生中具有强大的解释功能，所以传统术语学的教条原则是否依旧一成不变则有待商榷。

书的第五章的题目是“比喻模型对分类和命名的影响”。实际上，这一章是R.泰默尔曼此书的精华部分。作者在此给出了最重要的观点和实质性的论据，以论证在专家的思维理解过程中和特殊的文本环境下，在术语产生的过程中“比喻”所起的卓有成效的作用。自20世纪60年代以来，在符号学和语义学领域中，人们就惯于使用“比喻”手法去描述物质与精神世界在人头脑中的反映。“比喻”是一种具有普遍性的语义学特色，是一个“泛时性”（panchronic）的语言过程，它在所有的语言和文化中，在所有的时间点都可以起作用。R.泰默尔曼在此章节中对自20世纪80年代以来存在的有关“比喻”的理论作了简要回顾，特别强调了G.莱寇夫（G. Lakeoff）和M.约翰逊（M. Johnson）的理论。作者在此谈到传统术语学对待“比喻”的态度，指出在总体上不主张在形成术语时使用类比的认知原则。但是，R.泰默尔曼发现，在生物技术领域中，很多著名的遗传学术语却可以套用G.莱寇夫的“比喻性的理想化认知模型”（m-ICM）。其中包括对遗传信息的比喻性命名：“遗传物质（DNA）是一种语言；一个生物体的一套完整的单倍体遗传物质（基因组）是一个地图册；遗传物质是细胞的软件；遗传物质是一种胶卷……”[2] 作者还举了生物技术的一些术语分享了其他认知领域的术语语义的例子（所谓“语义相似性”）：“……信使RNA……携带信息……破译DNA编码……DNA编码给破译并被写成三个字母的‘单词’：‘codons’（密码子）……”另外，许多遗传学领域的术语是比喻性地借用了语言学中的术语，如“转录”（transcription）、“复制”（duplication/duplicate）、“翻译”（translation）、“（校对）纠错机制”（proofreading mechanism），等等。还有一些使用了比喻性手法的遗传学术语，则是从地理学领域来的：“人类DNA的详细地图”（map）、“遗传连锁地图”（genetic linkage map）、“遗传距离”（genetic distance）、“邻接克隆图”（contig maps/contigs）……对于“基因猎手”（gene hunter）的释义作者引用了这样几句话，说明其使用了典型的“比喻手法”：“就像探险家，当‘基因猎手’行走的时候，他们需要编辑染色体的‘地图’，他们需要在这上面记录下易于识别的‘陆标’（landmarks）和特殊基因的定位”[3]。

R.泰默尔曼在这一章巧妙地在“创造性的比喻”和“说教式的比喻”之间作了区分，同时她给出了专家学者们在自己的论著中如何使用“创造性比喻”的例子，说明“词汇化过程是有意识或者无意识进行类比思考的结果”[2]。专家手册也好，写给外行的科普性文本也罢，我们都可以找到使用“创造性比喻”的例子。作者认为，可以考虑把“比喻性模型”运用到术语编纂中来。第五章被西方评论家称赞为“最具多样性”的一章。

① 其实这里的“Southern”是来自生命科学专家E.萨瑟恩的姓——笔者注。

书的第六章题为“走向术语描述的新道路”，实际上是对前几章所做的语料分析的总结。

英语虽然不是 R. 泰默尔曼的母语，但她非常熟悉英文学术论文的写作方式，这应该与她在美国纽约州立大学学习过翻译学的人生经历有关。她在这本书里所体现的英文学术写作才华，得到了西方学术界的盛赞[5]。

西方一些学者认为[4]，此书的美中不足在于 R. 泰默尔曼在对以维也纳学派为代表的传统术语学进行批评时，没有提到对“nomenclature”（术语表）的理解。传统术语学只把“nomenclature”看成是术语的一种特殊情况，把它看成是只在一种分类系统中定名单义的术语。这样的理解是不全面的。此外，术语作为措词 / 语法单元（phraseological units）这一特点，在传统术语学那里，除了丹麦术语学家 H. 皮希特（H. Picht）对此关注外，也被丢在了一旁。R. 泰默尔曼在这本书中也未能提到传统术语学的这一缺陷。

R. 泰默尔曼的这部《走向术语描述的新道路：社会认知方法》发人深省，它是在传统术语学思想之外的一种新探索，为术语学理论的研究开辟了一片新天地。在西方社会和人类科学领域里许多术语的定名，都倾向于摆脱严格按照上位词和下位词顺序进行清晰排列的符号系统的束缚[4]，这一现状也促使人们要对旧有的术语学原则与方法进行新的再思考。从方法论的意义上讲，术语学的研究越来越呈现出跨学科、多样化和混合的趋势。从多种视角对术语学进行研究考察，必将促进这一新兴边缘学科集体性的发展。

R. 泰默尔曼女士目前在布鲁塞尔伊拉斯谟大学学院应用语言系担任翻译和术语学专业的教授，并在布鲁塞尔自由大学担任研究教授。自 2000 年这本书出版以来，她一直有新的理论贡献，特别是在跨文化和多语言情况下术语的动态发展、术语管理和术语的比喻研究等方面。可以说， 她是社会认知术语学的代表人物[1]，是当今世界术语学界颇具影响力的女术语学家之一。

参考文献

[1] De Sousa J. The interview with rita termmerman[EB/OL]. http://termcoord.eu/2014/02/interview-rita-temmerman/[2014-02-11].

[2] Budin G. A critical evaluation of the state-of-the-art of terminology theory [J]. IITF Journal, 2001, 12 (1-2): 7-23.

[3] Temmerman R.Towards New Ways of Terminology Description: The Sociocognitive Approach [M]. Amsterdam/Philadelphia: John Benjamins Publishing Company, 2000.

[4] Temmerman R. Questioning the univercity ideal. The difference between socio-cognitive terminology and traditional terminology[EB/OL]. http://www.academia.edu/851007/Questioning_the_univocity_ideal._The_difference_between_socio-cognitive_Terminology_and_traditional_Terminology[2015-01-13].

[5] Gläser R. Rita temmerman. Towards new ways of terminology description: the sociocognitive approach[EB/OL]. http://lexikos.journals.ac.za/pub/article/view/709/[2015-01-15].

论生成语言学学科术语缘起与变迁

刘昊博[1]，赵彦春[2]

（1 天津天狮学院，天津，301700；2 天津外国语大学外国语言文学文化研究中心，天津，300204）

摘　要： 生成语言学已发展近半个世纪，学科系统内部产生并修正了诸多理论，伴随产生了大量的生成语言学专业术语。本文力图从生成语言学的哲学背景、学科背景及其自身理论发展过程等方面，剖析其术语的缘起过程、学科来源和发展变迁，进而实现宏观而理性地梳理生成语言学学科内部术语。

关键词： 生成语言学术语；哲学基础；学科交叉；变迁

一、引言

自 1957 年乔姆斯基发表《句法结构》（*Syntactic Structures*）后，生成语言学（generative grammar）不断修正、变化、发展，不停顿地推进“第二次认知革命”。在近 50 年的发展历程中，生成语言学家创造了不同研究时期的大量生成句法术语。在 2000 年出版的《牛津语言学字典》（*Oxford Concise Dictionary of Linguistics*）中，有关生成语言学的术语词条接近全字典的 1/4，术语丰富程度可见一斑。由于创立者乔姆斯基深受哲学、数理逻辑等影响，生成语言学术语兼具有形式抽象化与借代具象化等特点，表现出与系统功能语言学或认知语言学等其他语言学分支流派术语的不同性。

理清生成语言学数量繁多的术语定名特点，首先需认清语言学术语的本质。索绪尔的《语言学教程》（*Course in General Linguistics*）中关于语言符号的解释语言符号是“由能指与所指组成的语言统一体”,“能指与所指的联系是任意的”①。其中，索绪尔的语言符号是能指与所指组成的语言统一体可视为语言学术语的本质性阐述。语言符号与切实可感可触的物理、数学符号不同，是仅在人的头脑中感知的抽象概念；同样，能指、所指均是抽象的概念并不具体反映现实生活的具象事物，即与现实世界不相关联，是系统内部自足的概念。在索绪尔的理论中，现实世界与语言系统具有同等地位。而生成语言学的研究对象正是人类抽象的语言知识系统，是语言的内在能力而不是言语的外在表现，因此它的相关术语和理论同样具有抽象性，与实在的物质世界生活关联性较弱，难免理解难度较高。不过，在分析生成语言学数目可观的术语时，仍可参照索绪尔关于语言符号本质性的阐述，寻求其发展的根源，探究其存在的充分必要性，辨析其术语表达特点。

作者简介：刘昊博，助教，地址为天津市武清开发区源泉路15号，邮编为301700，E-mail为laurelliu1415@126.com，联系电话为18920826075；赵彦春，教授，地址为天津外国语大学外国语言文学文化研究中心，邮编为300204。

① 原文是“语言符号连接的不是事物和名称，而是概念和音响形象。后者不是物质的声音，纯粹物理的东西，而是这声音的心理印迹，我们的感觉给我们证明的声音表象……我们建议保留用符号这个词表示整体，用所指和能指分别代替概念和音响形象”[1]。

二、生成语言学术语的哲学来源

探讨乔姆斯基生成语言学术语来源，必然应回归生成语言学的哲学思想。千百年来，从古希腊哲学家到近代西方哲学界都在一直追问人类知识的获得问题，即认识论问题，由此引发形成了两个截然对立的哲学派别——经验论和唯理论。对此，乔姆斯基认为语言的获得问题是整个认识论问题中的特殊案例。经验论主张知识的获得机制仅限于某些基本的外围处理机制（peripheral processing），仅能实现对经验性材料的初步性分析；唯理论则是通过挖掘人的心智过程试图解答认识论的问题，在经验论所谓的外围处理机制范围外，还存在着各种决定知识获得形式的内在性观念与原则。显然，生成语言学的心智主义哲学思想继承了西方唯理论或理性主义的主张，乔姆斯基的观点与笛卡儿、诺德、莱布尼茨、洪堡特等人的思想一脉相承。在 1987 年发表的 *Language in a Psychological Setting* 中，乔姆斯基再次指明，人类的语言机能是内在于心智的，因此对于语言的研究实际是对心智的研究，是最终回归到抽象水平上的针对人类大脑结构的研究。另外，语言是人类独有的心智活动，通过研究语言可以逐渐探索人类的整体心智活动本质。因此，语言学是认知心理学的组成部分，可归属于人类生物学。

学者吴刚曾将生成语言学的哲学基础深入分析后归纳后认为，它的语言哲学基础建立在实在论、自然主义与心智主义基础上，是西方传统哲学思想与科学观念的融合。明晰生成语言学系统的哲学思想与学科归属，便可更加彻底地理解繁多的生成语言学术语产生机制与本质来源。例如，心智（mind）、心智的（mental）、心智器官（mental organs）、心智哲学（philosophy of mind）等术语均源发于生物医学，但是在生成语言学的研究体系中，它们的内涵与外延产生规定性变化。乔姆斯基本人认为对于以上术语的理解不能沾有任何超自然、非经验的形而上学思想。例如，心智（mind）仅指世界的心智组成，而不必过分关注它的精准定义或是有关哲学本体论的承诺，是科学研究的实在对象。

再如，乔姆斯基认为人类的心智 / 大脑存在着由生物遗传而天赋决定的认知机制，并提出了决定构成人类语言知识系统的术语——语言机能或语言官能（language faculty），这一机能的初始状态（initial state）被认为是与生俱来的能力，是一种具有普遍性的先天机制，随即发展成为生成语言学广泛认知的普遍语法（universal grammar）。而生成语言学的个时期理论及相关创设的术语都是为努力推导与证明这一普遍性假设，并在句法自治的理想状态下充分描写这种语言获得机制。综上回归生成语言学系统的哲学思想基础，追踪该方向研究之本源后，我们不难发觉厘清不胜枚举的生成语言学术语便有根可依，有迹可寻。

三、生成语言学术语学科来源

人类的语言是一种极为复杂的现象，针对语言学的研究历年来都与心理学、生物学、神经学等多门学科有千丝万缕的联系。生成语言学的语言哲学基础建立于唯理论哲学家对认识论的哲学思辨思想上，而乔姆斯基提出的有关语言获得机制、语言生成机制等术语均与前人的相关学说有关联。而乔姆斯基本人所任职的美国麻省理工学院被誉为“世界理工大学之最”。1957 年《句法结构》的原型是乔姆斯基为该校本科生所授语言学课程的教案总结。因而在当年的教学环境与作者本人的学科背景影响下，生成语言学的理论中大量借鉴了数学、逻辑、计算机等既有术语概念。与其他语言学流派相比，生成语言学的术语充分体现了来源的多学科性。

对生成语言学略知一二的人们一定听过洪堡特的“语言是有限手段的无限运用”，乔姆斯基继承并发展了洪堡特的理论，并从数学上作了严格的论证，凝练成为生成语言学这一开创性语言学术语。在 1959 年的文章中，乔姆斯基明确交代了这一术语来自数理逻辑。另外，早期的生成语言学理论中，如标准理论（Standard Theory）时期，大量的术语甚至其语言学思想解释都与数学、逻辑密不可分。例如，生成语言学奠基性著作，乔姆斯基 1957 年的《句法结构》中将语言定义为“句子的无限集合”①，其中的“集合”便是借用数学集合论术语。其语言的定义可被理解为如果能够实现将有限的语言材料映射到无限的句子集合便形成了生成语法这种特殊的函数。

另外，生成语言学流派术语中具有明显科学性、逻辑性标记的术语是有关词语类别的研究。从标准理论时期直至更正修补到最简方案时期，乔姆斯基删减了许多理论及相关术语，如表层结构（surface structure）、深层结构（deep structure）、X-bar 等，但生成语言学的标志性研究图式——树形图结构（tree diagram）一直得到保留。它借鉴了数学与计算机规则应用的“层级”（cycle）与“层级结构”（hierarchy）的概念，同时“层级性”也成为形式句法研究区别于其他语言学句法研究的重要的标准。

有关词语类别的术语，生成语言学坚持采用“语类”（category）。语类的英语表达来源于逻辑学的“范畴”一词，而未使用语言学界已经广泛认可的词类、词性等术语，则表明了生成语言学家力图采用全新的研究视角，从数理逻辑方向对词语类别进行形式化的科学性研究。由此，产生了生成语言学中的 NP、VP 等实体性语类（substantial category）与 DP、IP 等功能性语类（functional category）。而这些语类不同于传统语法中语文学的词汇层面上词性划分，将具有某一语类区别性特征（distinctive features）的结构（如短语、小句等）均划归为该语类成分，反映了生成语言学家们对人类语言普遍性与本质性的研究出发点。

乔姆斯基的句法理论思想提出之处，生成语言学的研究重点为句法组成部分。但是在 20 世纪 60~70 年代与语义学展开了一场语义学论战后，便逐渐扩充研究对象并将语义学内容纳入到研究范畴，随即引入大量新鲜术语。另一个具有浓厚逻辑学背景的术语“逻辑式”（logical form）由此产生。同时，生成语法增加了语迹（trace）、移位（movement）、变量（variable）、控制（control）、约束（bind）、表层结构（surface structure）、深层结构（deep structure）等术语。这些术语的产生或借用都是为解决句子结构的语义解释问题，而某种程度上偏离了生成语言学创立之初的“句法自治”思想，也为后期最简时期的削减埋下伏笔。不过，我们仍要认清虽然本文所举的生成语法术语均借鉴了数学、计算机科学、逻辑学等学科的既有概念，但其所指已发生变化。它们被赋予了新的语言学含义与内容，与自然存在的实际言语词汇不相关，其理解需要复归生成语法自身理论，甚至回归至各种理论提出的缘起，才能给予正确理解与判定。

① 原文是“I will consider a language to be a set of finite or infinite of sentences, each finite in length and constructed out of a finite set of elements”[2]。

四、生成语言学术语的变迁

历经数十年发展，生成语言学理论从初期的句法结构理论、标准理论及其扩展（standard theory, and extended standard theory）、条件理论（conditions theory），到中期的原则参数研究方式阶段（Principles and Parameters），至最简方案时期（the minimalist program），不断自我更新、修正，以期达到最初提出的科学性、形式化、精简化的研究效果。单从宏观上观察上述几个阶段理论术语的变化，就可以发现生成语言学家们对于语言学研究思路的转变。“理论”（theory）是用来指代前期生成句法研究系统内部的研究成果和模式，但是乔姆斯基本人认为，该词有碍人们提出新观点、新主张，阻碍生成语言学的发展进步，随之出现的原则参数阶段便不再冠以“理论”。“原则与参数”成为一种全新的研究理念，摆脱了传统语言学观念的思想桎梏，也为生成语言学的发展提供了崭新的发展平台。随着生成语言学家对内在语言（internal language）的运算推导，对语言自身更为精简、有效的研究这一阶段成为生成语言学发展的必然，术语的更新、修正、删减也随之自然产生。

在这一阶段，一方面乔姆斯基取消了深层结构或D结构、表层结构或S结构，并分别详细阐明了取消的充分性与必要性；同时取消了X-bar的术语称呼，但在实际的句法结构研究中，X-bar依然实质性的存在，一定程度上暴露了术语及相关理论更新的不彻底性。另一方面，乔姆斯基提出了新的句法生成模式——合并（merge）和破裂（crash），同时伴随了一系列新的说明性术语，如延迟原则（procrastinate principle）、贪婪（greed principle）、强特征（strong feature）、弱特征（weak feature）、优化的（optimal）、选择（select）等。我们可以十分明显地发现，与之前相比，最简方案时期的生成语言学术语更贴合现实自然生活，与过去抽象化、形式化的表述风格略显不同。这些术语借用了隐喻的手法，语义理解更为直接、具象，不过科学性术语描写性、强制性色彩较强，无法统一判定标准，如“强”“弱”“优化”等，则无法保证术语的可靠性、科学性。当然，这一时期的新生术语依然存在借用大量数学、逻辑、计算机科学，甚至物理等理科的专业术语，包括位移（displacement）、位错（dislocation）、读数（numeration）、人类语言运算系统（human language commutation system）等类似术语。与前期借用的术语相同，这些术语仅具有同某些学科重合的称名，但其内涵已经被重新规定，所指与之前含义完全不同。

五、结语

很多生成语言学研究者并未对本学科术语的产生、发展、变化投入过多精力，如Lasnik就认为人们经常“试图把日常语言当做技术语言或者与此相反，把技术语言当做日常语言”。当然，在某个学科的术语研究时的确不应混砸理解现实语言与专业技术语言。然而，作为奉行理性主义哲学思想，呼吁理性复归的生成语言学研究者有义务对本系统内部的术语缘起、发展、变迁进行理性地梳理。我们希望可以切实地遵从乔姆斯基提出的“最简精神”，发现系统内部的冗余理论与术语，利用理性的奥卡姆剃刀——如无必要，勿增实体，斩减繁杂，精简方案，如同追求真理一般不断追求人类语言的共同逻辑模板。

参 考 文 献

[1] 费尔迪南・德・索绪尔. 普通语言学教程[M.]. 高名凯, 译. 北京: 商务印书馆, 1980: 101-102.

[2] Chomsky, N. Syntactic Structures[M]. The Hague: Mouton, 1957: 13.

[3] Chomsky, N. Language in a Psychological Setting: The Issue of Sophia Linguistica. [M].22. Tokyo: Sophia University, 1987: 50.

[4] Chomsky, N. The Minimalist Program[M]. Cambridge: The MIT Press, 1995: 1.

[5] Lasnik, H. Syntactic Structures Revised: Contemporary Lectures on Classic Transformational Theory[M]. Cambridge:The MIT Press, 2000: 410.

[6] 李曙光. Generate与generative grammar：生成语言学关键术语理论内涵及意义变迁[J]. 外语教学与研究, 2013(4): 495-504.

[7] 谭小平. 隐喻：生成语言学术语的孵化器[J]. 修辞学习, 2007(1): 18-20.

[8] 吴刚. 生成语法研究[M]. 上海:上海外语教育出版社, 2006 : 12.

中国地名命名的地理文化特征

凌德祥[*]

（上海交通大学国际教育学院，上海，200030）

提　要：中国幅员辽阔、历史悠久、民族众多。地名的命名充分反映了不同历史时期、不同地域的地理历史和社会文化，是人类历史文化的活化石和丰富的历史文化遗产。对中国地名文化资源充分认识和保护可以更好地继承和发扬中国的传统文化。本文研究了古今地名命名词语构成以及古今地名命名主要构成形式、特点和演变方式，揭示了古今地名中蕴含的丰富社会文化密码。

关键词：中国地名；构成形态；地理；文化

一、中国地名命名的词语构成特征

古今汉语词汇构成的最大特点之一就是词汇构成的单音节化，即词汇构成主要以一字词为主，多音节单纯词多为外来词。现代汉语词汇构成双音节化，即词汇构成以二字词为主，三音节词，特别是三音节及三音节以上的单纯词，多为外来词。汉语词汇构成特点也充分体现在古今地名的命名上。主要体现为以下几个方面。

1. 古代地名构成多以单音节词为主

中国地名最早多由单纯词构成，其中单音节一字词构成的地名多为汉语词，多音节单纯词（两字或两字以上）多为外来词。古代国名也多为一字词。后来称呼时多加上泛指的通名“国”“县”“州”“城”等。三国时期仍保留有冀州的“鄴”等一字地名。后世很多地名多为一字词加通名的“县”“州”“城”等。现在地名简称大多也源于古汉语。

大约从先秦开始，汉语地名逐渐多音节化，也有的早期的一字地名逐步作为泛指意义的通名，演变成为地名的主要构词要素。主要有“京”“江”“河”等。

2. 古代地名复合词构成的语序

先秦以后地名主要以二字复合词为主，三字及以上单纯词地名多为外来词。现代汉语地名或构词词干也多为复合的二字词或二字词加“省”“市”“县”“村”构成，四字及以上地名则多为外来词。

古代二字复合词构成的地名大多为地名加上“国”“县”“城”等通名。上古时，汉语词语构成的语序多为修饰语在前中心语在后，地名的语序与后世也有较大区别。复合词地名主要为“大名冠小名”语序，例如：

丘商、丘皇、丘莸、丘舆

＊　凌德祥（1953—　），上海交通大学国际教育学院教授，汉语国际传播研究会副理事长兼秘书长，国际命名学会、中国语文现代化学会常务理事。主要从事语言学、应用语言学、留学生教育研究。

城父、城告、城棣、城且、城颍、城麇、城濮

水潦、土涂、蓄水潦、积土涂、河漳

而现代汉语复合词地名则多为“小名冠大名”语序，如“丘商”和“河漳”等为现代的“商丘”和“漳河”等。

古汉语的“修饰语在前中心语在后”这一语序特点在现代方言中仍有保留。例如，南方方言“鸡公”实为“公鸡”。北方一些地名原为“鸡公山”，因形似“公鸡”而名。后期北方多因不解其意而改为“鸡冠山”。

安徽淮北地区有一小地名“城父”相传为项羽所建，后人多按现代语序误解为“城市之父”之义，其实与实际意义相差深远。根据古代汉语，“城父”应为今天意义上的“父城”，可能是项羽为怀念父亲及家乡亲人而建。而“上海”一名，其实可能最早的意思就是指“海上”，而很多人则多根据现代汉语的特征妄加猜测。由“上海”一名，可以再找寻是否还有“中海”和“下海”历史地名。

二、古今地名借用外来词语的主要形式

其实，今天的汉人非往日之汉人，今天的汉语也非往日之汉语。自古以来，中原地区一直就是多民族杂居，语言之间相互融合、影响。但古代外来词构成地名历经多年大多已经逐步“汉字化”，因此现在已很难看出其外来特征。只是“五四”运动以后，特别是改革开放以后，汉语才大量涌现“字母化”外来词。

一方面，古代汉语外来词语音译地名大多用汉字转写，由于年代久远，很多用汉字音译转写的地名，特别是半音译、半意译的外来词语，现在已很难看出其外来词语的特征了。例如：

“满洲里”（内蒙古），译自俄语。

“法库”（辽宁），源于满语。

“句容”（江苏），源于古越语等。

另一方面，早期的音译地名很多后来已逐步改为汉语音义兼译的意译形式、完全意译形式或添加汉语意译成分的半音译、半意译形式，主要有以下几种。

1）音义兼译形式

“康保”（河北）为蒙古语“康巴诺尔”汉字音译。

“包头”（内蒙古）为蒙古语“包克图”汉字音译。

还有很多地名音译词都直接改为汉化的意译词，如广西的横县（那郎），海南省的崖县（那门）、乐东县（只龙）、保亭县（打南、什南办）等地名。

2）意译形式

“胡硕（和硕）”为蒙古语音译，本意为旗帜，作为行政区划单位现在改意译为“旗”。

3）半音译、半意译形式

“藏布”为藏语音译，意为“江，较大的河流”，如“雅鲁藏布”。汉语改译加通名“江”，译为“雅鲁藏布江”。

“错”为藏语音译，意为“湖”。“纳木错”意为“天湖”，汉语翻译为“纳木错湖”。

“阿城”（黑龙江省），“阿”地名源于古女真语。

在“五四”运动以后，特别是改革开放以后，中国的地名命名受西方文化影响，外来词语逐渐增多，地名命名呈现“洋化”的“字母化”趋势。很多新建楼盘、小区命名借用或生造外来音译词语，甚至大量借用字母化命名的现象泛滥，这是从古到今汉语地名命名所仅有的现象，对汉语以及地名命名的健康发展非常有害。

三、中国河流主要命名特征

中国河流名称分布带有明显的“北河南江”的区域特征。北方地区多以“河”为主命名，南方地区多以“江”为主命名。黄河、长江之间地区多称“水”或“川”。

商朝时，“江”和“河”还主要作为“大水，大的河流”特指“长江”和“黄河”。“水”和“川”则作为河流的普通名词。

“水”和“川”命名区域主要分布在古代的中原文化圈。“水”，甲骨文为“”；“川”，甲骨文为“”，从字形上看两者都是河流的象形，字源上应为同源，可能是当时南北不同方言发音所致的分化。

黄河文明和长江文明兴起后，“水”“川”命名功能减弱，逐渐为泛指的“江”“河”所代替。

“河”由最早专指“黄河”逐渐作为泛指，主要用于黄河流域为中心的北方河流命名。“江”由最早专指“长江”逐渐作为泛指，主要用于长江流域为中心的南方河流命名。

“江”“河”均为形声字，两字的形成应晚于“水”和“川”。根据其声符的韵母均为开口度较大的元音判断，早先可能是根据“大水之轰大之声”而命名的。但字源上应有不同的来源。由于古代人们对语言和方言分得并不那么严格，可能是当时不同方言或语言区的人对“大河流”的不同说法。

现在中国境内的河流名称仍然保留这些痕迹。

中国淮河以北地区河流多以“河”命名，如“黄河”“淮河”“海河”“滹沱河”等。南方也有以“河”命名的河流，如海南的“万泉河”等，可能反映了这一地区历史上曾受到以黄河文化为代表的北方文明的影响比较大。

长江以南地区河流多以“江”命名为多，如“珠江”“黄浦江”“澜沧江”等。但东北地区则有“黑龙江”“松花江”和“鸭绿江”等，这些地区多为古代开发相对较晚的地区。这一地区河流以“江”命名，可能也反映了这一地区在开发之初曾受到长江文化为代表的南方文明的影响比较大。

以“水”和“川”命名的河流名称相对比较古老，其主要分布在陕西、山西、山东、河北、四川、湖北、湖南、江西等地区。现存以“水”和“川”命名的河流主要是一些入“河”、入“江”，被列为“江”“河”支流的水流。

以“水”命名的河流相对保留的多一些，大多在陕西、安徽、湖北、湖南、广东各省的交界处。

以“川”命名的河流多分布在中西部和西南的四川、湖北等地。“川”作为河流的泛指名称应该也非常古老。成语“川流不息”以及“子在川上曰：‘逝者如斯夫’”中的“川”均指“河流”，这些都证明至少在春秋战国时期，“川”仍常作为河流的泛指。

日本受中国唐文化的影响最大，其河流名称现仍多以“川”命名，这从另一个侧面印证了“川”在古代常用作河流泛指。

江西、安徽、浙江和福建等山区的河流（支流）也多以“溪”命名。根据其发音考证，与

“江”“河”元音发音开口很大、语音洪亮相比,“溪”的元音开口度小、语音细小，其原义就应指“细小水流”。

四、中国地名命名的地理文化特征

现代汉语的地名多来源于古代，古今地名命名有很多相同点，地名命名方式多有一定渊源。中国历史悠久、幅员辽阔，不同风土民情及丰富的多样性也必然体现在地名的命名上。中国现代地名的命名主要有以下几种方式及特点。

1. 以地理地貌特征命名

（1）直接根据地理地貌命名。主要有：

黑龙江、大横沟、青崖头、石崖只、窑子门、中岔口；

岭底、坡头、沙凹、红土坡、茌池、红崖底、象鼻山。

（2）地理地貌名作为地名命名构词要素。主要有：

沟、梁、峪、陵、丘、阜、畈、墩、乡、亭、聚、坞；

壁、垒、戍、堡、镇、铺、集、市、场、务、平、坪；

门、砭、碱、寺、塔、咀、店、渠、岭、湾、汇、垴；

川、场、窑、城、台、池、坳、屯坎、坟。

不同历史时期体现出地名命名的不同特点。

先秦时，华北平原作为政治文化中心，其地理地貌特点多为丘陵，因此此时地名多以“丘”“陵”“阜”命名。此后，由于黄河等河水漫流所挟泥沙淤平导致的地理地貌变化，“丘”也逐步从地名命名中消逝。

两汉时，以人的聚集地“乡”“亭”“聚”命名较多，表现了当时的地方基层行政制度。

六朝时由于豪族大土地所有制以及用于防御社会动乱等需要，“坞”“壁”“垒”“戍”“堡”等地名用字开始多用。

唐中叶以后，由于城市商业兴起，以集市为特点的“镇”“集”“市”等命名增多。

“州”的本义是“河道中的小岛（或称沙洲）、水中陆地”。《说文解字》：“州，水中可居曰州。周绕其旁。从重川。昔尧遭洪水，民居水中高土。或曰九州岛。”

帝尧最早曾根据“水中高土”的“州”，将全国划分为“九州岛”。但一直到秦汉时期，“州”的范围仍相当不确定。直到东汉末，“州”才开始成为郡以上一级行政区划。后来，“州”一直为行政区划概念。为区别于其本义，人们用加“氵”旁的“洲”代指原“水中陆地”之“州”。

中国现在凡作为行政区划“州”的命名，除“株洲市”和“满洲里市”用“洲”外，其他均用“州”。

2. 以家族、族群或人物姓氏命名

以血缘关系为纽带的宗法制度是中国传统文化的社会根基。因此，以姓氏或族群姓氏命名的村落或城市在中国地名中是最多、最常见的。宗法社会人们往往根据姓氏聚居，以姓氏作为地名命名的

主要依据。其主要命名方式为姓氏名加地理地貌或村（乡、县）名或行政区划名。

例如，“祁县”因春秋时晋国大夫祁奚食邑于此而得名。“稷山”（县），相传后稷曾于县境南陲的山中教民稼穑，后人称此山为“稷王山”，该地又因其山而得名“稷山”。现代也有因革命英烈左权和刘志丹而命名的“左权县”“志丹县”等。

3. 以动植物命名

主要如：苹果园、枣林沟、榆林垴、麻地沟、杨林窑、香草坪、柏石、芦芽沟、椿树底、檀山沟、杏树坡；有鹿峪、马乡、熊坪、鹤山、猫铺、豹川、羊泉、鳌头、骆驼道、獐儿坪、绵羊坡、虾蟆垴、狮子坪。

4. 以历史人文命名

源于神话故事：神泉、石佛、普贤、寺坪、禅房、佛堂、观音堂、罗汉堂、降香坪、狮子神、老石神、玉女峰、望夫。

源于历史人物或事件：如“闻喜”（县）位于山西省西南部，原名左邑县，因西汉元鼎六年（公元前 111 年），汉武帝刘彻经此地时，听到官军破南粤（今广东）的喜讯，遂改将此县改为“闻喜”。“灵石”（县），因隋文帝开皇十年（公元 590 年）挖河道时发现的古代陨石而得名。

5. 以方位加其他类别名称命名

方位词作为地名构词要素主要有：北坡、北社、北娄、北沟、北崖湾；东寨、东垴、东坪、东园、东坡、东山、东拦；南村、南沟、南河、南岭、南社、南流、南峪、南咀、南贝子；西村、西杜、西社、西湾、西峪、西掌、西坡、西垴、西山头；中兰、中庄、中社、中兴道、中心梁等。

中国古代因山之南能照到太阳，故称为“阳”，山之北则称为“阴”；儿水（河流）之北能照到太阳，则北为阳，南为阴。即“山南水北为阳，山北水南为阴”，“阴”“阳”也常用来做地名命名构词要素，如“洛阳”“江阴”“山阳”“华阴”等。但也有少数例外。例如，湖北“汉阳”历史上曾因在汉水之南而得名，后因汉水改道，由汉阳城的南面改到北面，而城市名称未变，所以就形成了一个特例。

五、中国地名历史演变的主要形态

1. 地名的合并命名

由于历史变革，中国地名多历经更改。目前，中国可能只有“邯郸”作为地名沿用三千年而未更改，算是非常特例。“邯郸”因邯郸山而得名，最早出现于古本《竹书纪年》。

合并地名主要是指在建制变更中，因两地名合并而成的新地名。主要如山西“临猗”（县）1954 年由原“临晋”“猗氏”两县合并而得名；内蒙古“乌海市”由“乌达市”“海勃湾市”合并而得名；山东省“淄博市”为“淄川县”“博山县”合称；安徽“东至（县）”也为“东流”“至德”合并后的名称；辽宁省“盘锦市”由盘山县升格，取“盘山”“锦州”各一字而成。

2. 地名的简称

由于中国地名繁多，地名较长、读写繁难，同音、同名现象也增多，为了便于识记区分，出现了中国特有的简称地名。以下面两类为例。

（1）全国现行34个省级政区的简称。京、津、冀、晋、蒙、辽、吉、黑、沪、苏、浙、皖、闽、赣、鲁、豫、鄂、湘、粤、桂、琼、渝、川或蜀、贵或黔、云或滇、藏、陕或秦、甘或陇、青、宁、新、港、澳、台。

（2）部分大中城市简称。宁（南京市）、穗（广州市）、肥（合肥市）、榕（福州市）、蓉（成都市）、并（太原市）、汴（开封市）、甬（宁波市）、浔（九江市）。

3. 城市地名命名变化

中国自古以来城市地名逐渐形成的以县、州、市等命名体系基本可以显示各类城市的规模和等级。一直到改革开放前，中国内地的城市命名基本上还是根据城市规模或等级以市、州（地区级）和县来命名的。

类似的政府机构命名也基本上依据“部”（中央）、司（部的下一级机构）/局（中央独立的司级单位或“市”的直接下属行政机构）/厅（省/自治区/直辖市下属机构）、处（司/局/厅的下属机构）、科（市级“局”或“处”的下属机构，“县”级政府或机构直接下属行政机构）、股（“县”级政府或机构“科”的直接下属行政机构）。

高等院校也基本根据规模和等级情况命名为“大学”（相对为综合类、下设有比较多学院和系科）、“学院”（学科相对单一，下设若干相近专业的系科）和“学校”（高等专科类）。

改革开放以来，特别是20世纪90年代以后，城市、政府机构以及高等院校等命名逐步“升级化”。而“市”的命名尤为泛滥。现在很多原先以“县”“州”或“城”命名的城市也纷纷改为“市”，或直接在原地名后加“市”。现在全国很多“市”都是由原来“县”“城”“州”演变而来。例如，安徽的“宣州市”原为“宣州”“宣城县”；“宿州市”原为“宿县”。

全国现在“市”至少可有省级、副省级、准副省级、正厅级、副厅级和处级六个等级区分。

（1）“省级”的直辖“市”。北京市、上海市、天津市、重庆市。

（2）所谓“计划单列”的副省级的“市”。例如：

东北地区：沈阳市、大连市、长春市、哈尔滨市；

华东地区：南京市、杭州市、宁波市、厦门市、济南市、青岛市；

华南地区：广州市、深圳市；

西南地区：成都市；

西北地区：西安市。

（3）准副省级的“市”。除了上述国家计划单列的其他所有省会城市，还有国务院批准的“较大城市”，一般为“准副省级”的“市”，如唐山市、大同市、包头市、鞍山市、吉林市、齐齐哈尔市、无锡市、淮南市、洛阳市等。

还有相当一部分城市长期由相当于“副省级”以上以及党委常委的官员兼任市委书记，该“市”实际享受副省级城市“待遇”，如苏州市、延吉市、烟台市、芜湖市、温州市、珠海市、三亚市、桂林市、宜昌市、延安市、格尔木市等。

（4）正厅级（一般地级）的“市”。例如，河北张家口市、山西晋城市、江苏徐州市、浙江绍兴市、安徽亳州市、福建泉州市、山东聊城市等。

（5）副厅级（省管县市）的“市”。例如，新疆石河子市、湖北天门市、河南汝州市、黑龙江绥芬河市、江苏昆山市等。

（6）处级（市管县市）的“市”。例如，河北辛集市、辽宁盖州市、吉林梅河口市、黑龙江阿城市、江苏锡山市等。

中国的政府机构也随着“市”的升级化而逐步都以“局”或“处”命名，“股”已绝迹，“科”极少，而“处”也“局”化。中国高等院校也逐步升级为“大学”化命名，“系”科也逐步为“学院”所代替。

命名本来是为了便于科学分类和简明区分。现代中国上述地名等命名的“混乱”状况可以说是史无前例的，古今中外也绝无仅有。这些并非现代汉语词穷所致，而恰恰是现代社会极其严重的“官本位”文化对地名命名极其恶劣的影响。非常有必要在今后制度改革基础上拨乱反正。

地名蕴含着丰富的民族历史地理文化，是民族的文化遗产。中国幅员辽阔、历史悠久、民族众多，地名的命名充分反映了不同历史时期、不同地域的地理历史和人文文化，是人类历史文化的活化石。对中国地名文化资源的充分认识和保护可以使我们更好地继承和发扬中国的传统文化。

参考文献

[1] 孟蓬生. 上古汉语的大名冠小名语序[J]. 中国语文, 1994(3): 301-307.

[2] 罗自群. 从汉语方言“鸡公”“公鸡”看动物名词雌雄南北异序的成因[J]. 方言, 2006(4): 378-384.

[3] 凌德祥. Opium的历史文化解读与中文名[J]. 中国科技术语, 2013(3): 34-36.

[4] 凌德祥. 东西方火的文明比较研究[A]. // 生命、知识与文明: 上海市社会科学界第七届学术年会文集（哲学・历史・文学学科卷）[C]. 上海: 上海人民出版社, 2009: 28-32.

[5] 凌德祥. 走向世界的汉语[M]. 北京：文化艺术出版社, 2006.

[6] 张洪明. 汉语河流词源考[J]. 颜洽茂, 邓风平, 译. 浙江大学汉语史研究中心简报, 1998(4)（原载Journal of Chinese Linguistics, Volume 26, Number 1 January）.

[7] 凌德祥. “汉字圈”の汉字の応用研究 [J]. 中国事情（日本）, 2008(17): 12-19.

[8] 凌德祥. 东方文明古国的振兴与汉语走向世界 [M]. 北京: 中国广播电视大学出版社, 2008.

第二部分

术语规范与标准化

学术名词统一工作委员会领导下的名词工作特点*

王 琪

（全国科学技术名词审定委员会，北京，100717）

摘 要：学术名词统一工作委员会领导下的名词工作具有以下特点：继承了民国时期名词工作的优良传统；遵循一定的审查原则；政府和有关机构高度重视名词工作；未将名词工作作为长期性工作；名词工作进展参差不齐；深受国际关系影响。

关键词：学术名词统一工作委员会；名词工作

一、引言

近代以来，科技发展日新月异，大量科技名词涌入中国。由于译名工作缺乏统一的标准，翻译者各行其是，一名多译的现象广泛存在，给科技发展和学术交流制造了很多不必要的障碍。为了规范学术名词，益智书会、博医会、中华医学会等民间组织，以及清政府、南京国民政府都先后设立了有关的名词机构，从事名词翻译审查等。这一时期的名词工作，不少学者已进行过深入研究。

新中国成立后，全国达到空前的巩固和统一，政治、经济、文化和教育事业也亟须统一。统一学术名词的要求正是适应这一情况，作为改革学术工作之一被提出来的[1]。政府高度重视这一工作，除“文化大革命”时期有所中断外，在学术名词统一工作委员会、中国科学院编译出版委员会、中国科学院自然科学名词编订室、全国自然科学名词审定委员会、全国科学技术名词审定委员会的领导下陆续组织开展了几百种名词及有关书籍的审定和翻译工作。学术名词统一工作委员会领导下的名词工作时期是其中一个重要阶段。总结这一时期的名词工作特点具有十分重要的意义。

二、关于学术名词统一工作委员会

1950 年 5 月，政务院文化教育委员会（简称“文委”）成立了学术名词统一工作委员会，下设自然科学、社会科学、医药卫生、文学艺术与时事名词五组。并再按学科分成小组和分组，由文委直接聘请全国有关专家为委员。

中国科学院（简称“中科院”）受文委之托，负责自然科学组工作。当时中科院设有计划、编译、联络三局，其中编译局①具体负责自然科学组名词工作，编订了一批自然科学名词。根据学术名词统一工作委员会成立时的计划，“工程、农学方面的名词由科学院与财经委协商办理”[2]，但由于

---

* 作者简介：王琪（1980— ），女，湖北武汉人，博士，全国科学技术名词审定委员会副编审，研究方向为术语学。E-mail：wangq@cnctst.cn。

① 1950 年 3 月 1 日，文委批准出版编译局更名为编译局，3 月 9 日中科院通知更名。中国科学院机关组织机构沿革表（1949—1993）. 中国科学院院史文物资料征集委员会办公室 . 院史资料与研究（内部资料），1993（2）：37-56.

种种原因，后来全部交与中科院。

医药卫生组由卫生部负责。20世纪50年代初期，卫生部卫生教材编审委员会编订了一系列名词，大部分交由人民卫生出版社出版。

社会科学组原定由出版总署负责，时事组原定由新闻总署负责，文学艺术组原定由文化部负责。这几个组没有名词有关文件、书籍出版，仅时事组整理了一份表格《世界各国国名首都名中英对照一览表》；音乐名词方面，拟了一份乐器译名。

1954年2月，中科院院务常务会议决定成立编译出版委员会，领导并规划全院的编译出版工作，并将编译局作为这个委员会的执行机构。同年8月成立了科学出版社作为中科院的出版机构，负责出版院内外的科学著作和译述。科学出版社成立后，以前编译局所担负的编译出版工作，除编订科学名词及其他某些工作由编译出版委员会的工作机构负责进行外，均交给科学出版社负责[3]。1954年9月文委结束。1955年11月15日，文委致函中科院，根据国务院的指示，文委撤销后，原由文委领导的学术名词统一工作委员会归中科院领导[4]。

三、名词工作特点

1. 继承了民国时期名词工作的优良传统

从指导思想来说，中央人民政府出版总署早在学术名词统一工作委员会成立前就提出："应就多年来原有工作基础继续进行，以免另起炉灶，多耗人力。但旧有工作之未孚众望，或缺漏不全者，则应加以彻底整理或补充。"[5]所以，从总体工作形式和工作内容来说，都是在原有基础上进行的。

从具体举措来看，全面接收和利用了有关名词资料。1950年6～8月，自然科学组从出版总署接收了一批稿件与资料，主要包括：名词稿件计38项；辞典稿计23 990张，又11本；名词（业经出版者）14种；名词卷宗13宗，簿册3本①。1950年的第一届医药卫生名词审查中，病理学名词小组"审查名词约二万余则，全部共三大部，第一部为前国立编译馆审定本，第二、第三两部为该馆原稿，均经一一删改增订，凡无大问题者，一律沿用旧名称"②。

2. 遵循一定的审查原则

（1）唯一性原则。名词工作主要涉及外文名的汉译问题。决定名只能有一个。学术名词统一工作委员会规定：一个名词若有一种以上的译名，均经审定合用者，应抉选其最适宜的译名为决定名，余均保留为参考名；而不能一并列为决定名，以最适宜者列于首位③。

（2）协调一致原则。首先，组与组之间进行协调。学术名词统一工作委员会规定，关于自然科学组与医药卫生组，在事工上应如何具体联系的问题，如比较解剖学与人体解剖学，生理学与比较生理学，此等名词的编订与审查可与卫生组协商，照以往办法办理④。其次，组内各科进行协调。1950年8月底举行的解剖组织胚胎学名词小组审查会议议定，属于某一科范围之名词，以遵照该本科所定

① 中央人民政府文化教育委员会档案：计委会（50）收计字第359号.
② 中央人民政府文化教育委员会档案：计委会（50）收计字第381号.
③ 中央人民政府文化教育委员会档案：计委会（50）收计字第359号.
④ 中央人民政府文化教育委员会档案：计委会（50）收计字第359号.

者为原则，其他各科除不得已外，不便另定他名。各科所定名词，如有出入或歧义，应请卫生部名词专家于整理时设法使之划一[①]。

（3）科学性原则。例如，1950 年 8 月底举行的生物化学名词小组审查会议议定，旧译名有错误者，必须另译适当名词[②]。1951 年 8 月下旬举行了第二届医药学名词审查会议，牙科学组的审查原则包括“凡采取之名词，应力求切合实际。排列方法，力求减少重复”[③]。

（4）系统性原则。首先，名词拟订尽量系统化。1950 年 8 月底举行的生物化学名词小组审查会议议定，同类名词译法要一致，并须照顾到整个系统的译法[④]。1950 年 11 月 19 日举行的音乐名词统一会议也商定，名词尽量系统化［如西洋拉弦乐器依顺序译为小提琴（violin）、中提琴（viola）、大提琴（cello）、最大提琴（contra-bass）等］[⑤]。其次，译音尽量系统化。1950年8月底举行的生物化学名词小组审查会议议定，同一冠首及语尾字译名以一律化为原则[⑥]。1950 年 11 月 19 日举行的音乐名词统一会议商定，译音最好能系统化（即同一音用同一字，如 li 译“利”，ri 译“瑞”，lo 译“洛”，ro 译“罗”等）[⑦]。

（5）尽量避免造字。例如，1950 年 8 月底举行的药学名词小组审查会议议定，译音名词，采用通俗易写的字避免创造新字[⑧]。1951 年 8 月下旬举行了第二届医药学名词审查会议，寄生物学组、牙科学组的审查原则都包括“尽量避免创制或创用新字”。医药卫生组召集人徐诵明在会议上也明确指出：“创造新字，须尽量避免”[⑨]。

（6）约定俗成原则。例如，1950 年 8 月底举行的解剖组织胚胎学名词小组、生物化学名词小组、病理学名词小组、细菌免疫学名词小组、药学名词小组审查会议都议定，从大众化甚已通用之名词如无错误，以不改为原则，尽量沿用旧名[⑩]。医药卫生组召集人徐诵明在1951年8月下旬举行的第二届医药学名词审查会议上指出，整理名词第一要通俗化。例如，“伤寒”一词，就学术上讲，虽不甚妥，唯以其通俗且已通用，故仍沿用它。但如“白喉”一词，如用于肠内炎症，则嫌不妥，故不宜迁就[⑪]。

3. 政府和有关机构高度重视名词工作

（1）政府高度重视名词工作。由时任政务院副总理、文化教育委员会主任、中科院院长的郭沫若担任学术名词统一工作委员会主任委员，邵荃麟、夏康农为副主任委员，丁燮林、竺可桢、潘光旦、艾思奇、翦伯赞、雷洁琼、贺诚、沈志远、纪坚博、蒋天佐、徐诵明、杨钟健、王子野 13 人为

① 中央人民政府文化教育委员会档案：计委会（50）收计字第 381 号 .

② 中央人民政府文化教育委员会档案：计委会（50）收计字第 381 号 .

③ 中央人民政府文化教育委员会档案：1951.10.9 卫教编字第 188 号 .

④ 中央人民政府文化教育委员会档案：计委会（50）收计字第 381 号 .

⑤ 中央人民政府文化教育委员会档案：音乐术语译名统一工作情况汇报（1951 年 7 月 13 日中央音乐学院研究部统一译名工作小组致学术名词统一工作委员会函，无字号标记）。

⑥ 中央人民政府文化教育委员会档案：计委会（50）收计字第 381 号 .

⑦ 中央人民政府文化教育委员会档案：音乐术语译名统一工作情况汇报（1951 年 7 月 13 日中央音乐学院研究部统一译名工作小组致学术名词统一工作委员会函，无字号标记）。

⑧ 中央人民政府文化教育委员会档案：计委会（50）收计字第 381 号 .

⑨ 中央人民政府文化教育委员会档案：1951.10.9 卫教编字第 188 号 .

⑩ 中央人民政府文化教育委员会档案：计委会（50）收计字第 381 号 .

⑪ 徐诵明处长致辞大旨 . 中央人民政府文化教育委员会档案：1951.10.9 卫教编字第 188 号 .

委员。

名词工作力图涵盖所有学科领域。起初设立了自然科学、社会科学、医药卫生、文学艺术与时事名词五组，虽然最终未能在所有学科全面铺开，但可见当初政府对这项工作的重视程度。

参与名词工作的，都是各领域著名科学家。例如，1950 年 5 月 2 日上午，中科院召开会议，讨论并确定的各科专家名单中，数学组有江泽涵、周培源、姜立夫、段学复、陈建功、许宝騄、华罗庚、闵嗣鹤、钱伟长、苏步青。近代物理组有王竹溪、王淦昌、吴有训、何泽慧、周培源、张宗燧、彭桓武、赵忠尧、赵广增、钱三强[6]。

（2）中科院大力支持名词工作。中科院设有计划、编译、联络三局，编译局主要主持科学论著的编译出版工作，编订、组织审查和出版自然科学技术名词是编译局的具体工作内容之一。

中科院不断地给予名词工作以人力支持。1950 年 6～8 月，自然科学组从事实际工作的人员起初仅 1 人，随后增至 3 人，后来又调派了临时工作同志 3 位①，业务上逐步进行分工，促进了工作进展；1953 年底，编译局名词室打字 3 人，抄写索引 8 人，编辑 3 人，下一年度的编制计划按现有人数保留②。短短三年间，名词工作人员从 1 人增至 3 人再增至 6 人，又增至 14 人，人员力量大增。承担具体名词工作的院所，也尽力给予人力支持。例如，1950 年 12 月 30 日，中科院心理研究所拟聘彭瑞祥协助心理名词编译工作，后经院长批准聘任为助理研究员③。

中科院邀请大批专家参与名词工作。根据学术名词统一工作委员会成立时的决议，各工作组内设各科工作小组，分别由各组正副召集人视必需与可能的条件酌定；如需邀请专家参加工作组，则由各工作组正副召集人提名。学术名词统一工作委员会成立前后，中科院即着手开展名词工作，陆续聘定了许多工作委员。各部门工作委员，一般由各有关学会及研究机构分别提名，经中科院遴选后，呈请文委审核聘定。仅 1950 年 5 月 8 日～7 月 11 日期间，中科院呈请文委核聘的委员就有 142 人④。这些工作委员，都是各学科知名专家，他们积极参与名词工作，充分保障了名词工作的质量。

4. 未将名词工作作为长期性工作

首先，学术名词统一工作委员会的工作人员均为兼职。沈阳工学院曾于 1950 年 6 月 23 日致函学术名词统一工作委员会，有意推荐本院资料室吴叔班同志（美国留学生，教育哲学博士，历任前国立编译馆编审，前东北大学教授等职）到学术名词统一工作委员会工作，该会表示无法接收，工作人员均为兼任，不设专职人员⑤。

其次，1950 年 4 月 6 日，文委第五次委务会议决定在文委领导之下组织“学术名词统一工作委员会”，并通过了统一学术名词的初步方案[2]。方案规定，“学术名词统一工作，方面极广，项目极繁，目前只能根据必要与可能条件，就自然科学、社会科学、医药卫生、文学艺术及时事等几部门的实际需要及原有工作基础，分期完成”。从这项规定可以看出，当时还没有将名词工作作为一项长期性工作，认为每期完成一些学科名词审定，数期之后，名词工作就能完成。

① 中央人民政府文化教育委员会档案：计委会（50）收计字第 359 号 .

② 编译局 1954 年编制计划 . 中国科学院办公厅档案：1954-05-001-21.

③ 中国科学院办公厅档案：1950-02-070-31.

④ 中央人民政府文化教育委员会档案：计委会（50）收计字第 359 号 .

⑤ 1950 年 6 月 23 日沈阳工学院致学术名词统一工作委员会函 . 中央人民政府文化教育委员会档案：文委（50）收总字第 3565 号 .

再次，中科院在《中国科学院六年来的编译出版工作报告》[3]（1956）中宣布“至此，自然科学方面的名词已大体编订完毕”。实际上，名词工作总是落后于科技发展的速度，新概念、新名词总是层出不穷，名词审定永远都是一项只有起点没有终点的工作；当时的名词工作内容还较为单一，只有中外文名称对照，没有涉及定义，所起到的作用还十分有限，工作内容还有广泛的拓展空间。

5. 名词工作进展参差不齐

1950 年 1 月初，化学纤维专家孙君立先生致函中央人民政府出版总署，提到了科学名词统一的问题。中央人民政府出版总署认为这一工作十分重要，但牵连广泛，不是哪个机构能独立担任的，因此函请文教委员会计划委员会研究处理。中央人民政府出版总署认为：“矫正过去侧重在自然科学部门名词统一工作的偏向，今后应扩展至社会科学及其他学术部门。”[5]从结果来看，自然科学组出版最多，1951～1955 年累计出版名词 40 种；其次是医药卫生组，出版了名词 10 余种；其他几个组基本没有名词出版。尽管初衷是做所有学科门类名词工作，最终并未能达成所愿。

6. 深受国际关系影响

因受国际关系的影响，名词工作向前苏联学习较多，名词工作也是为了更好地服务于社会。《植物生理学名词》（俄中对照试用本，商务印书馆，1954）、《俄中英化学化工术语》（中国科学院，1954）“前言”中均提及，要吸收苏联科学技术的先进经验，必须统一俄文科学技术名词的中文译名，所以“本局”（中科院编译局）自 1953 年起，决定以编订统一俄中科学名词为重点工作之一。

有的名词编订中部分参考了前苏联名词。如《动物生态学名词》（中科院，1955）序例中指出，世界动物区系名词，是参照苏联某某书的系统订出的中文译名。

有的名词的编订是以苏联名词为基础的。例如，《冶金学名词》（中科院，1955）等都在序例或前言中指出是以苏联的某部辞书为蓝本，译成中文作为草案加以审定完成的。

在学术名词统一工作委员会的领导下，出版了一批中文俄文对照名词。例如，《植物生理学名词》（俄中对照试用本，商务印书馆，1954）、《林业名词》（俄中对照试用本，中科院，1954）、种子植物学名词（俄中对照试用本，中科院，1954）、《园艺学名词》（俄中对照试用本，中科院，1955）、《土壤学名词》（俄中对照试用本，中科院，1955）等。

总之，学术名词统一工作委员会领导下的名词工作，既是对前国立编译馆名词工作的继承，也是新中国名词工作的初步探索。这一时期的名词工作实践，为新中国的名词工作奠定了深厚的基础，积累了丰富的经验，在名词工作史上具有重要意义。

参考文献

[1] 郭沫若. 天文学名词・序. 中国科学院编译局. 天文学名词[M]. 上海: 商务印书馆，1952：i-iv.

[2] 袁亮. 中华人民共和国出版史料：第二卷（1950）[M]. 北京：中国书籍出版社，1996：226-231.

[3] 中国科学院办公厅. 中国科学院六年来的编译出版工作报告[A]. 中国科学院年报1956[C]. 内部资料，1957：126-127.

[4] 中国科学院院史文物资料征集委员会办公室. 中国科学院史事汇要1955年[M]. 内部资料，1995：109.

[5]“学术名词统一工作委员会”组织经过概要 [J]. 文教简报. 1950(4)：35.

[6] 竺可桢. 竺可桢全集（第12卷）[M]. 上海：上海科技教育出版社，2007：87.

通信术语翻译标准化研究

于俊婷[1*]，刘伍颖[1]，易绵竹[1]，何宏业[1]，李　雪[3]
（1 洛阳外国语学院，河南洛阳，471003；
2 广东外语外贸大学语言工程与计算实验室，广东广州，510420；
3 解放军 62041 部队，吉林长春，130122）

摘　要：本文对通信术语翻译的标准化进行了研究，针对通信术语翻译中所存在的问题以及术语翻译标准化的重要性，探讨了几种方法以利于对通信术语进行标准化。其中最为重要的是译者自身要具有丰富的通信学知识和多语言的翻译学知识，了解该领域术语存在的语言差异，再者建立网络通信术语数据库、加强术语管理体制建设也对通信术语标准化起到了很好的督促作用。

关键词：通信术语；标准化；数据库；术语管理

一、引言

术语是学科内部的专门用语，是科学知识与理论的结晶，是学科构成的基本建筑材料。它承载着基本信息，是传递科技信息的关键词[1]；它集中体现和负载了特定学科领域的核心知识。任何一个学科的术语状况，都与这个学科的发展程度及其内部结构有关。例如，通信术语的变化在一定程度上反映了通信领域的发展变化。然而，科学的不断发展以及术语在学科间的交叉借用，导致术语在不同语言之间出现了不相同的情况，术语之间的翻译难度加大。在大数据时代，为了适应科技飞速发展的需要，只有将术语进行标准化、规范化，才能促进学科的发展，跟上时代的步伐。

二、通信术语翻译存在的问题

一个正确的科技名词，必须能简洁、明了、全面、准确地反映该名词的含义，即名词应该以定义为准，以求达到名副其实的目的[2]。在通信领域，术语的使用频度高、专业性较强；而且一些专有名词、术语、定义以及计量单位等经常使用缩写词或者缩略语表述。因此，术语翻译就会存在着许多不标准、不规范的问题。以下列举两种情况。

（1）意义相同，术语词汇不同。这种情况在各个领域的术语研究中普遍存在。如在汉语中，指形声字表音的术语有声旁、音旁、声符，相对应的还有形符、形旁、义符、义旁等。这类术语有时汉语内部都难分优劣。再如“官话、普通话”“中国话、汉语、中文”“词序、语序”“动宾结构、述宾结构”“词素、语素”“音系学、音韵学、音位学”“上下文、语境”等。通信领域，光通信（optical communication）与光波通信（light wave communication）同义，为其简称[3]，其含义均包括了“空间

---

* 作者简介：于俊婷（1984—），女，河北衡水人，博士研究生。研究方向为语音识别。E-mail：314201559@qq.com。

传播”与“光波导传输”两种方式在内，按传统习惯来说，就是包括“无线”“有线”两种通信方式。由于无线的光波通信方式受到气象条件、直线传播、衰减大、传播距离短，以及各种干扰的限制，故除少数特定用途外发展不大。现在取得迅速发展、有着广阔前景的光波通信，主要是有线传输方式，亦即“光纤波导通信”(optical fiber waveguide communication)，为了简便，亦称为“光纤通信”(optical fiber communication)。由此可见，“光通信”与“光波通信”同指包含了有线和无线两种通信方式；而“光纤波导通信”和“光纤通信”同指用光学纤维（简称光纤）构成光波导作为传输线路的一种光波通信方式，隶属于光通信。

（2）术语译名不统一。译者在引进某个术语的时候，或因找不到现成的词语表达，或因不同的译者使用了不同的词语，再或者因为学派不同以示区别，造成了术语译名不统一的现象。国内外很多书刊中常出现“多模色散”(multimode dispersion)，用来描述多模光波导中因各不同模的群速度不同而引起的波形变化，但也有将这种信号波形的恶化称为“多模失真”的[3]。熟悉其光学原理的专业人士很容易想到这两种说法是一致的，但是对于“门外汉”来讲可能就会一头雾水，“色散”与“失真”怎么会成了同义词？再如，英文“detector”一词按中国科学院颁布的物理学名词中的标准译名是：①检波器（电讯），②探测器[1]。而在光纤通信技术中，有人译为“光探测器”，还有“光检波器”“光电检波器”，但就其功能来讲，即起一个“解调”的作用，即从已调制的光波中通过光电转换，将光的变化转变成电的变化，从而检出原调制电信号来。按其传统意义来说，“解调”与“检波”同义，因此将其译为“检波器”更为贴切。“折射率”(index of refraction)一词也有科技书刊称其为“折射指数”，按照光纤截面折射率分布的不同，有两种不同的类型：“step index profile”（阶跃型）和“graded index profile”（渐变型），而一些书刊也将前者译为“突变型光纤”，后者译为“梯度型光纤”。对于“filter”一词，在信号研究领域译为“滤波器”，而在语言学领域同样的功能则译为“过滤器”。

三、通信术语标准化的重要性

术语译名不标准的现象给广大科技工作者和学习者的研究和阅读带来了诸多不便。对国内读者来说，通信领域面临着术语泛滥和术语译名混乱的问题。因此，对通信领域术语进行标准化、规范化迫在眉睫，从而提高译者的翻译效率，增强读者的可阅读性。

（1）对通信术语进行标准化是学科建设的基本要求。术语是通过语音或文字来表达或限定专业概念的约定性符号[4]。术语具有专业性、科学性、单义性和系统性等基本特征。术语是科学文化的产物，科学文化越发达，术语越丰富，术语的制定和规范化的问题也就越不容忽视。专业术语翻译的标准化是专业课程建设的重要课题。它对于专业学科的研究和发展，对于专业课程的国际交流，都有重要的意义。标准化是科学化的前提，也是学科成熟、现代化的标志。随着信息化的不断深入，通信术语的多语言翻译越来越受到学者的关注。没有统一、规范的标准化术语，就无法进行技术交流，当研究者面对不同语言的不同翻译术语时，交流尚且存在困难，学科建设就更无从谈起。

（2）通信术语译名标准、规范，有利于通信理论的交流和传播，有助于后备人才的培养。专业术语是表达和传递科学思想的媒介，一门学科的术语混乱，不但影响学术交流，而且可能使人对整个学科产生怀疑。任何学科领域的术语词汇应该是与概念体系相对应的始终一贯的术语体系。在信息社会，各领域的专业翻译是至关重要的。只有掌握该领域的语言特点及其表达手段，熟悉输出国语言文化背景，熟悉其民族语言习惯，熟练把握相应的翻译技巧，正确解读领域术语，才能准确表达原义，从而更好地促进专业领域的交流合作。

（3）在如今的信息时代，术语不一致将会给计算机处理造成很大的困难。随着计算机技术的不断发展和成熟，计算机正逐渐从数据处理走向人工智能，利用计算机进行自然语言处理、文字自动识别、自动翻译，术语的标准化、规范化是一项重大的问题。如果术语表示的概念不统一，计算机将无法进行逻辑判断。

四、通信术语翻译标准化的方法

任何一门学科都是由它所研究的一系列事实和表达这些事实的词语组成的。术语则是用来反映这些概念间相互关系的词或词组。通信术语具有术语的一般性特征，具有单义性、较强的专业性以及科技特性，是专业知识的浓缩，是该领域的重要组成部分。为了学术研究本身的精密性和准确性，首要的工作就是对所有的学术术语（尤其是经过翻译而来的术语）进行甄别、校正。因此，术语标准化是学科建设中的一项重要内容。通信术语翻译的标准化和规范化主要包括以下几个方面的内容。

（1）要对通信术语进行标准化，必须要求译者自身具有丰富的通信学知识和多语言的翻译学知识，了解该领域术语存在的语言差异，并且深刻了解国际标准化组织所制定的一系列标准术语及通信协议等，防止出现翻译术语与国际标准相悖的现象。译者应认识到，一个译名的确定不仅与它所要表达的概念有关，也与它在不同使用环境中的相关知识有关。不能孤立地看待一个术语，术语的出现总是与这一领域整体联系在一起的。例如，术语“cellular”在通信领域是指蜂窝系统（cellular system），主要是指移动网的组网形状像蜂窝煤一样，经历了第一代（1G）、第二代（2G）、第三代（3G），正在向第四代（4G）迈进；在生物学领域，“cellular”则指的是“细胞”。“station”一词在“base station”中指基站，而在“mobile station”中则指移动台。

（2）建立网络通信术语数据库对通信术语的标准化也是一项强有力的措施。从发展的角度来看，术语数据库在术语工作中是一个强有力的工具，它将在术语的标准化工作中发挥越来越大的作用[5]。此外，术语数据库也是翻译工作的有效工具，由于查询方便快速、新词术语能及时补充进去，并有防止术语混乱的功用，因而可以加快翻译速度、提高翻译质量。数据库具有信息量大、更新快的特点，学习者通过数据库获取信息既方便又快捷，因此利用网络采集、规范和推广术语是一种非常有效的途径。可以成立专门研究小组，长期从事术语标准化和收录工作，并将术语数字化，建立强大的术语电子语料库，通过与计算机网络相结合，实现通过计算机进行快速、灵活、准确和复杂的分析工作，提高翻译的速度和质量[6]。开发术语管理系统，采用术语动态识别技术将翻译中碰到的术语放到术语库中去，然后作动态和实时比较，若发现匹配则自动向译者指示，表示该术语的译文已有标准译法，译者接受即可[7]。当然，如果数据库中没有，译者也可另行翻译，建立自己的术语词表库，并利用网络将自建的词表从术语管理系统导出来，和其他译者共享，从而扩大自己的翻译资源。术语管理系统具有网络共享功能，译者可通过网络随时访问服务器上的术语库。利用术语管理系统可以打破时空限制，提高翻译效率，规范和统一术语翻译。

（3）加强术语管理体制建设。为了提高通信术语翻译的准确性，加强标准化程度，有必要加强术语管理体制建设。首先，要加强全国科学技术名词审定委员会的权威性，扩大其职权范围，增强及时获得新的术语信息、对新术语的翻译及时做出正确判决和处置、对术语误译和误用发挥有效监管和纠错的能力。其次，要严抓术语审定程序，要求委员必须广泛涉猎各学科领域的术语，对学科学术进展有较深的了解，提高自身的综合知识水平，高效快速地对新出现的术语进行审定面世。

五、结语

本文对通信术语的标准化进行了研究，针对通信术语翻译中所存在的问题以及标准化、规范化术语译名的重要性，探讨了几种方法以利于对术语进行规范。其中最为重要的是，译者要具有专业的通信知识和多语言的翻译学知识，了解该领域术语存在的语言差异，并且深刻了解国际标准化组织所制定的一系列标准术语及通信协议等；再者建立网络通信术语数据库、加强术语管理体制建设也对通信术语标准化、规范化起到了很好的督促作用。然而，还有一些标准化、规范化的方法有待探讨。比如，出版规范性质的通信术语词典，对一些有影响力的期刊和教材进行核审和常规性规范，深入探讨国际标准化组织对通信领域的术语的规范，也是通信工作者和研究人员使用规范和统一术语译名的有效方法，将在以后的工作中进行深入研究。

参 考 文 献

[1] 袁国威.俄语通信术语翻译研究[J]. 边疆经济与文化，2014 (4): 135-136.

[2] 何瑞清. 张小波. 谨防术语翻译的“张冠李戴”——以航海术语翻译为例[J]. 中国科技术语，2010 (5): 37-39.

[3] 龙赞易. 光波通信名词术语标准化刍议——兼评某些常用术语[J]. 光通信研究，1981 (4): 42-51.

[4] 曾剑平. 杨莉. 谈现代语言学中术语翻译的标准化[J]. 南昌航空工业学院学报 (社会科学版)，2004 (3): 62-65.

[5] 王媛. 初探科技术语翻译的网上语料库建设[J]. 电子测试，2013 (16): 163-164.

[6] 连小英. 语料库与语料库方法在术语翻译中的运用[J]. 福建医科大学学报 (社会科学版)，2012 (12): 60-63.

[7] 龚彦如. 李竹, 冯志伟. 英-汉计算语言学术语数据库[A] // 国家语言文字工作委员会语言文字应用研究所. 语言文字应用研究论文集[C]. 北京：语文出版社，1995.

试论化学物质蒙文命名规则

王太平

（内蒙古民族大学，内蒙古通辽，028000）

摘　要：《化学物质蒙文命名规则》（文中简称《规则》）是依据国际命名原则，以拉丁文名称为基础结合形成蒙文名词的蒙古语文规律，并在名词法中从拉丁文引进了“前缀”的新概念。因而此《规则》不仅对现有的3000多万种化学物质全面、系统、规范、彻底地进行蒙文科学命名，而且也能命名将来发现的化学物质。这样不仅丰富了蒙古语词汇，使其猛增3000多万种，而且因引进了“前缀”的新概念而发展了蒙古语法。

关键词：化学物质；拉丁文名称；IUPAC原则；蒙文命名规则；蒙文名词法；前缀；词汇

一、引言

“不知道事物的名称，就不会认识事物”。同样，不知道化学物质的名称，不仅不会认识化学物质，而且也不会利用化学物质。现已发现的化学物数量达3000多万种，而且也在不断发现新物质。例如，本作者在2001年出版发行《规则》一书时，化学元素才有109种，现已增至111种元素。其中110号元素（Ds）的拉丁文名称为darmstadtium，其英文名为darmstadtium，其汉文名为铋，其蒙文名拟定为[darmstadti][①]。因此，从[darmstadti]元素产生千千万万个新的物质。对这些新产生的物质，以往旧的蒙文命名法不仅不能完全命名，而且命名所得到的蒙文名称，一般会是科学概念性错误的蒙文名称。可是，这样旧的命名法已沿用了60多年，从未彻底改革过，这是很不正常的，不改革就意味着落后，落后就要吃苦头。所以，对以往旧的蒙文命名法，笔者依据IUPAC原则，对经过彻底改革而取得的新《规则》的重要性和主要内容进行如下解释和介绍。

二、蒙文命名新规则的依据及其作法

当前世界各国都依据国际纯粹与应用化学联合会（International Union of Pure and Applied Chemistry，IUPAC）制定的系统命名法（简称IUPAC原则），结合本国本民族的文字特点进行采用和命名。

1. IUPAC原则的发展史

IUPAC制定的IUPAC原则是从1892～1947年，经过55年的逐步完善而形成的。首先在瑞士日内瓦国际化学家会议上制定的系统命名法，称“日内瓦命名法”。然后1931年，在比利时的列日国际化学联合会（简称IUC），对日内瓦命名法进行修订、补充后，公布了系统命名规则，称“列日规则”。最后于1947年，在英国伦敦IUPAC上对日内瓦命名法和列日规则进行进一步修订、补充而变

① [darmstadti]为以国际音标标记的蒙文读音，以下同。

为当今更加完善并适合世界各国普遍采用的 IUPAC 原则。

IUPAC 原则的主要内容列举如下。

（1）元素符号是以元素的拉丁文名称的头一个或两个字母来定元素符号的。例如，镍元素的拉丁文名称是 niccelum，所以其符号为“Ni”。因此，世界各国制定本国本民族文字的元素名称时，都是依据元素拉丁文名称，结合本国本民族的文字特点进行采用和命名的。如上述“Ni”元素的拉丁文名称是 niccelum，所以其英文名为 nickel，其法文名为 nickel，其德文名为 nickel，其俄文名为 никель，其日文名为ニッテル，其汉文名为镍，其蒙文名是 [nikɛl]。

（2）表示分子中所含各元素的原子个数时，世界各国（除汉文外）都采用其拉丁文或希腊文数词表示。例如，一 [mono]、二 [di]、三 [tri]、四 [tetra]、五 [penta]、六 [hexa]、七 [hepta]、八 [octa]、九 [nona]、十 [deca]、十一 [undeca]、十二 [dodeca]、十三 [trideca]、十四 [tetradeca]、十五 [pentadeca]……这些外文数词用蒙文转写使用而不采用机械蒙译汉文数词。

（3）表示有机化合物分子中所含碳原子个数的数词 1～4 时，采用拉丁文或希腊文中习惯用词表示，5 以上时采用拉丁文或希腊文数词的词根表示。例如，甲（一碳）[met]、乙（二碳）[et]、丙（三碳）[prop]、丁（四碳）[but]、戊（五碳）[pent]、己（六碳）[hex]、庚（七碳）[hept]、辛（八碳）[oct]、壬（九碳）[non]、癸（十碳）[dec]、十一碳 [undec]、十二碳 [dodec]、十三碳 [tridec]、十四碳 [tetradec]、十五碳 [pentadec]……这些词用蒙文转写来表示分子中所含碳原子个数的数词。

（4）有些化合物的名称，往往直接采用拉丁文习惯名称代替（除汉文外）。这些词仍然用蒙文转写就可以了。例如，C_nH_{2n+2} 烷烃 alkane[alkan]、C_nH_{2n} 烯烃 alkene[alkɛn]、C_nH_{2n-2} 炔烃 alkyne[alkin]、C_6H_6 苯 benzene[bɛndzɛn]……

2. 化学物质汉文命名的发展史

对化学物质的汉文命名也是遵循 IUPAC 原则，结合汉文字特点进行命名的。1932～1980 年，近 50 年间多次公布实施汉文命名的原则和规则。例如，1932 年公布实施《化学命名原则》，1950 年公布实施《化学物质命名原则》，1960 年公布实施《60 年（原则）》，1980 年公布当前实施使用的《80 年（原则）》等。在这里特别赘述的是，参加制定《80 年（原则）》的与会化学家，会后提出关于化学物质汉文命名改革的两种设想：①在化学专业性强的书刊中直接采用其外文名称；②对化学物质外文名称用汉语拼音转写。因为以拉丁文等表音文字做基础而形成的 IUPAC 原则，用表意文字汉文来贯彻实施时，并不十分融洽，所以与会化学家提出上述两种设想和改革方案。但是，他们的设想及建议并未完全实现，而要贯彻实施 IUPAC 原则，他们就新创造了约 647 个汉字进行汉文命名。制造这些新汉字时，主要根据与拉丁文名称的读音相同或相近而找到的谐音汉字。举例如下。

1）制造化学元素的汉文名称有三种

（1）某些元素的名称，用固有汉字代替。例如，金、银、铜、铁、锡、铅、硫等。

（2）某些采用左形右声固有造字法，左右结构合体的形声字。例如，natrium（钠）、kalium（钾）、calcium（钙）、zincum（锌）、cobaltum（钴）。

（3）某些是会意造字。例如，碳、氢、氧、溴、硅。

2）对化学物质汉文命名有以下几种方法

（1）相应化学物质的分子中所含元素名称罗列并用化学介词连接而形成其汉文名称。例如，

NaOH 的分子中含有 Na（钠）、O（氧）、H（氢）三种元素，所以叫做氢氧化钠，其中“化”为化学介词。

（2）与某些国际通用习惯用词的读音相同或相近的一个或两个谐音汉字配以“口”字旁来命名。例如，furan 称呋喃、pyrrole 称吡咯、pyrazol 称吡唑、pyridine 称吡啶、oxa 称噁（氧杂之意）、aza 吖（氮杂之意）。

（3）对组成拉丁文名称的词根和词缀两个词素成分，会意而分别相应新造汉字来命名。例如，alkane、alkene、alkyne 三个词的词根都是“alk-”，相应造“烃”字代替；三个词缀分别是“-ane”“-ene”“-yne”，相应制造“烷”“烯”“炔”三个字代替。这样对 alkane、alkene、alkyne 三个词分别用汉文叫做烷烃、烯烃、炔烃。

3. 化学物质蒙文命名的现状

化学物质蒙文命名及其蒙文名词的使用也有 60 多年的经历。但是，在这 60 多年当中从未按 IUPAC 原则进行改革过。实际上原来形成的蒙文名词及其来源和依据是多元化的。例如：

（1）从拉丁文转写，如钠 [natri]、钾 [kali]、钙 [kaltsi]、氯 [hlɔr]、溴 [brɔm]、醇（类）[alkɔɔl]、甲烷 [mɛtan]、胺 [amin]、羰基 [karbɔnil]。

（2）来源于俄文的，如氮 [adzɔt]。

（3）从拉丁文错误转写的，如锗 [gɛrman]、异 [idzɔ]、元素 [əlɛmɛnt]、乙烷 [ətan]、电子 [əlɛktrɔn]、酰基 [asil]、醚 [ətɛr]、酯 [əstɛr]。

（4）新造的蒙文词，如碳 [nəgurəsudurugʧi]、氢 [ʊsʊdurugʧi]、氧 [xuʧildurugʧi]、烃 [nəgurugʧi]、化合物 [nigədburi]。

（5）固有蒙文词的不当使用，如基 [bulug]、根 [idʒagɔr]、氧化物 [isul]、醋 [sixir]、蛋白质 [ɔgɔrag]。

（6）绝大部分是机械汉译蒙文形成的名词，如金 [alda]、银 [muŋxu]、铜 [ʤəs]、铁 [təmθr]、锡 [ʧagan tɔgɔlga]、铅 [xara tɔgɔlga]、铝 [xuŋgən ʧagan]、硫 [xuxur]、硅 [ʧaxigɔr]、铂 [ʧagan alda]、汞 [muŋgun ʊsʊ]、锌 [ʧair]、碳水化合物 [nəgurəsu ʊsʊn nigədburi]、碱 [suldu]。

如上所述，化学物质蒙文名词的来源和依据是多元化的，所以化学物质蒙文名词变成了“大杂烩”蒙文名词。因此，这些蒙文名词，必然是不科学、不系统、不规范的“三不像”蒙文名词。这些“四不像”蒙文名词，60 多年前形成至今，从未彻底改革过，而且仍然在蒙文化学书刊中连篇累牍而泛滥成灾。对此笔者于心不忍，因而依据 IUPAC 原则，以拉丁文名称为基础，在蒙古语名词法中引进“前缀”之新概念，著出了新的《化学物质蒙文命名规则》。此《规则》是在蒙古族历史上从未有过的全新的命名规则，它不仅对现有的 3000 多万种化学物质全面、系统、规范、彻底地进行了蒙文科学命名，而且也能命名将来发现的化学物质。

三、新《规则》的主要内容及其书写技巧

1. 彻底改革旧的蒙文命名法的要点

（1）根据 IUPAC 原则，以往未经拉丁化的 17 种元素的蒙文名称，全部采用拉丁化的蒙文名称。例如，碳 [karbɔn]、氢 [hidrɔgɛn]、氧 [ɔksigɛn]、金 [aur]、银 [argɛnt]、铜 [kubr]、铁 [fɛr]、锡 [stan]、

铅 [plʉmb]、铂 [platin]、铝 [alʉmin]、锗 [gɛrmani]、锌 [dzink]、汞 [hidragir]、硅 [silik]、氮 [nitrɔgɛn]、硫 [sʉlfʉr]。如此拉丁化之后，元素蒙文名称都用一个蒙文词表示出来。但是以往铅、锡、铝、汞、铂等元素的蒙文名称都是复词性质的“名词”。这显然不是专用名词，而是对名词进行解释的词组。

（2）根据 IUPAC 原则，表示分子中所含各元素的原子个数的数词不用蒙文数词，而采用国际通用（除汉文外）的拉丁文或希腊文数词表示。例如，一 [mɔnɔ]、二 [di]、三 [tri]、四 [tɛtra]、五 [pɛnta]、六 [hɛksa]、七 [hɛpta]、八 [ɔkta]、九 [nɔna]、十 [dɛka]、十一 [ʉndɛka]、十二 [dɔdɛka]、十三 [tridɛka]、十四 [tɛtradɛka]、十五 [pɛntadɛka]。对这些汉文数词也不能机械地译为蒙文数词，而是直接采用国际通用的拉丁文或希腊文数词的蒙文注音数词。

（3）有机化合物分子中所含的碳原子个数，1～4 时用拉丁文或希腊文习惯用词代替，5 个以上时用拉丁文或希腊文数词的“词根”代替。例如，甲（一碳）[mɛt]、乙（二碳）[ɛt]、丙（三碳）[prɔp]、丁（四碳）[bʉt]、戊（五碳）[pɛnt]、己（六碳）[hɛks]、庚（七碳）[hɛpt]、辛（八碳）[ɔkt]、壬（九碳）[nɔn]、癸（十碳）[dɛk]、十一碳 [ʉndɛk]、十二碳 [dɔdɛk]、十三碳 [tridɛk]、十四碳 [tɛtradɛk]、十五碳 [pɛntadɛk]。汉文表示的甲、乙、丙……分别是一碳、二碳、三碳……词组，所以不能把它们机械地汉译为蒙文。

2. 用新《规则》书写蒙文名词的技巧

以分子为标准的物质总称叫做化学物质，因为分子是保持物质化学性质的最小微粒。又因为分子是由元素的原子组成的，所以所谓 3000 多万种化学物质，换言之则是 3000 多万种分子。因而命名某种化学物质就等于命名某种分子。元素的蒙文名称全部采用拉丁化的蒙文名称之后，对分子（或化学物质）进行蒙文命名时，必然以其拉丁文名称为基础来命名，这是符合 IUPAC 原则的合理命名法。例如，KOH 分子由 K 钾 [kali]、O 氧 [ɔksigɛn]、H 氢 [hidrɔgɛn] 三种元素组成，因此由这三种元素的名称或其词根组合成该化学物质的蒙文名称也是必然的。例如，KOH 氢氧化钾 [kalihidroksid]（[kali] 钾—[hidr] 氢[①]—[ɔks] 氧—[id] 化物）。如此，从术语学角度用 100 多种元素的名称或其词根，可以给 3000 多万种化学物质（或分子）进行蒙文命名。这犹如 26 个英文字母，可以拼写出所有的英文词一样。另外，上例 [kalihidrɔksid] 中的 [kali]、[hidr]、[ɔks] 和 [id] 相当于蒙文词中的“音节”。所以，读蒙文名词时，按音节的“节奏”读出，否则不太精通化学知识的读者很难确切读出它的蒙文读音。

3. 化学物质蒙文名词的前缀、词根、后缀（或词缀）

在蒙古语起源的化学物质名词极为罕见的客观情况下，只能依据其拉丁文名称，结合蒙古语名词法中引进的“前缀”之新概念对化学物质进行蒙文科学命名。

1）部分前缀词

在传统蒙古语名词法中形成名词的词素成分中，只有词根和词缀（或后缀）两个成分，没有前缀这个成分。但是，在化学物质的拉丁文等外文名词的词素成分中，除了词根和词缀等成分，还有前缀这个成分。所以，将拉丁文等外文名词用蒙文转写时，引进了“前缀”成分，以此区别同类化合物

① [hidr] 和 [ɔks] 分别是氢 [hidrɔhen] 和氧 [ɔksigen] 元素名称的词根。

之间的不同结构、组成和类别。举例如下。

（1）区别同分异构体的前缀词。常见的同分异构体的前缀词有以下三种，如正 –[nɔrmal-]、异 –[isɔ-]、新 –[nɛɔ] 三种。例如，C_5H_{12} 戊烷 [pɛntan]，其三个异构体分别为 $CH_3CH_2CH_2CH_2CH_3$ 正戊烷 [nɔrmalpɛntan]、$CH_3CH(CH_3)CH_2CH_3$ 异戊烷 [isɔpɛntan]、$C(CH_3)_4$ 新戊烷 [nɛɔpɛntan] 等结构不同的三个异构体。

（2）一种元素产生的无机酸其组成不同时，就可采用偏 [mɛta]、原或正 [ɔrtɔ]、焦 [pirɔ]、连或次 [xipɔ]、过或高 [pɛr]、重 [di]、叠 [xidər]、雷 [fʉlmin]、连多 [pɔli] 等前缀词来区分它们。例如：

H_2SO_4	硫酸 [sʉlfʉr xʉʧil]
H_2SO_2	次硫酸 [xipɔsʉlfʉr xʉʧil]
$H_2S_2O_7$	焦硫酸 [pirɔsʉlfʉr xʉʧil]
$H_2S_xO_6$	连多硫酸 [pɔlisʉlfʉr xʉʧil]
H_3PO_4	磷酸 [fɔsfɔr xʉʧil]
HPO_3	偏磷酸 [mɛtafɔsfɔr xʉʧil]
$HClO_3$	氯酸 [hlɔr xʉʧil]
$HClO_4$	高氯酸 [pɛrhlɔr xʉʧil]
H_2CO_3	碳酸 [karbɔn xʉʧil]
H_4CO_4	原碳酸 [ɔrtɔkarbɔn xʉʧil]
HOCN	氰酸 [tsijan xʉʧil]
HONC	雷酸 [fʉlmin xʉʧil]
HN_3	叠氮酸 [xidərnitr xʉʧil]
H_2CrO_4	铬酸 [hrɔm xʉʧil]
$H_2Cr_2O_7$	重铬酸 [dihrɔm xʉʧil]

（3）在同类物质中，据其结构和组成不同而分成小类时，以不同前缀词来分小类。例如：

脂环烃 [alitsikalk]（[ali] 脂 –[tsik] 环 –[alk] 烃）

杂环烃 [alagtsikalk]（[alag] 杂 –[tsik] 环 –[alk] 烃）

桥环烃 [xʉərtsikalk]（[xʉər] 桥 –[tsik] 环 –[alk] 烃）

螺环烃 [ʃɔragtsikalk]（[ʃɔrag] 螺 –[tsik] 环 –[alk] 烃）

集合环烃 [xɔragtsikalk]（[xɔrag] 集合 –[tsik] 环 –[alk] 烃）

稠环烃 [sixalʧatsikalk]（[sixalʧa] 稠 –[tsik] 环 –[alk] 烃）

为了对化学物质的蒙文名词更加蒙文化而尽可能地使用蒙文固有词汇做前缀词，如上例中的 [alag]、[xʉər]、[ʃɔrag]、[xɔrag]、[sixalʧa] 等。

2）部分词根

化学物质的数量庞大、种类繁多、结构复杂，所以它们的名词词根也是多种多样的。主要有以下几种类型。

（1）以元素的名称或其词根做化学物质名词的词根。例如：

碳化物 [karbid]（[karb][①] 碳 –[id] 化物）

铁化物 [fɛrid]（[fɛr] 铁 –[id] 化物）

钙化物 [kaltsid]（[kalts] 钙 –[id] 化物）

氯化物 [hlɔrid]（[hlɔr] 氯 –[id] 化物）

硫化物 [sʉlfid]（[sʉlf][②] 硫 –[id] 化物）

氯化钠 [natrihlɔrid]（[natri] 钠 –[hlɔr] 氯 –[id] 化物）

（2）以烃名称做词根。例如：

C_nH_{2n+2}	烷烃 [alkan]（[alk] 烃 –[an] 烷）
C_nH_{2n}	烯烃 [alkɛn]（[alk] 烃 –[ɛn] 烯）
C_nH_{2n-2}	炔烃 [alkin]（[alk] 烃 –[in] 炔）
CH_3OH	甲醇 [mɛtanɔl]（[mɛtan] 甲（烷）–[ɔl] 醇）
CH_3CH_2OH	乙醇 [ɛtanɔl]（[ɛtan] 乙（烷）–ɔl] 醇）

（3）表示有机化合物分子中碳原子个数的数词做词根。例如：

CH_4	甲烷 [mɛtan]（[mɛt] 甲 –[an] 烷）
CH_3CH_3	乙烷 [ɛtan]（[ɛt] 乙 –[an] 烷）
$CH_2{=}CH_2$	乙烯 [ɛtɛn]（[ɛt] 乙 –[ɛn] 烯）
$CH{\equiv}CH$	乙炔 [ɛtin]（[ɛt] 乙 –[in] 炔）
$CH_3CH_2CH_3$	丙烷 [pɔrpan]（[prɔp] 丙 –[an] 烷）
$CH_3CH_2CH_2CH_3$	丁烷 [bʉtan]（[bʉt] 丁 –[an] 烷）
$CH_3(CH_2)_3CH_3$	戊烷 [pɛntan]（[pɛnt] 戊 –[an] 烷）
$CH_3(CH_2)_4CH_3$	己烷 [hɛksan]（[hɛks] 己 –[an] 烷）
$CH_3(CH_2)_5CH_3$	庚烷 [hɛptan]（[hɛpt] 庚 –[an] 烷）
$CH_3(CH_2)_6CH_3$	辛烷 [ɔktan]（[ɔkt] 辛 –[an] 烷）
$CH_3(CH_2)_7CH_3$	壬烷 [nɔnan]（[nɔn] 壬 –[an] 烷）
$CH_3(CH_2)_8CH_3$	癸烷 [dɛkan]（[dɛk] 癸 –[an] 烷）
$CH_3(CH_2)_9CH_3$	十一碳烷 [ʉndɛkan]（[ʉndɛk] 十一碳 –[an] 烷）
$C_9H_{20}CH{=}CH_2$	十一碳烯 [ʉndɛkɛn]（[ʉndɛk] 十一碳 –[ɛn] 烯）
$C_9H_{20}C{\equiv}CH$	十一碳炔 [ʉndɛkin]（[ʉndɛk] 十一碳 –[in] 炔）
$C_{12}H_{26}$	十二碳烷 [dɔdɛkan]（[dɔdɛk] 十二碳 –[an] 烷）
$C_5H_{10}O_5$	戊糖 [pɛntɔs]（[pɛnt] 戊 –[ɔs] 糖）
$C_6H_{12}O_6$	己糖 [hɛksɔs]（[hɛks] 己 –[ɔs] 糖）

3）部分词缀（或后缀词）

在传统蒙古语名词法中行成名词的词缀（或后缀词），只有行成名词的功能，而没有独立词意。但是，化学物质名词的词缀不仅含有行成名词的功能，而且都含有独立的词意。例如，[–id]（化物）、

① [karb] 是碳 [karbɔn] 的词根。

② [sʉlf] 是硫 [sʉlfʉr] 的词根。

[–an]（烷）、[–ɛn]（烯）、[–in]（炔）、[–at]（根）、[–il]（基）、[–ɔl]（醇）、[–al]（醛）、[–ɔ]（羧）、[–amin]（胺）、[–ɔs]（糖）。

（1）化合物 [kɔmbʉnd] 一词是总称，表示具体化合物的词缀是 [–id]（化物），在命名具体化合物时，以相关名词连缀 [–id] 来命名。例如：

（2）$NaCl$　　氯化钠 [natrihlɔrid]（[natri] 钠 –[hlɔr] 氯 –[id] 化物）

$NaOH$　　氢氧化钠 [natrihidrɔksid]（[natri] 钠 –[hidr] 氢 –[ɔks] 氧 –[id] 化物）

C_nH_m 碳氢化合物 [karbɔhidrid] 的简称叫做烃 [alk]。在烃类化合物中主要包括 C_nH_{2n+2} 烷烃 [alkan]、C_nH_{2n} 烯烃 [alkɛn]、C_nH_{2n-2} 炔烃 [alkin] 等三类化合物。在这三类化合物中，表示其具体化合物的词缀分别是 [–an] 烷、[–ɛn] 烯、[–in] 炔等。例如：

$CH_3CH_2CH_2CH_3$　　丁烷 [bʉtan]（[bʉt] 丁 –[an] 烷）

$CH_2{=}CHCH_2CH_3$　　丁烯 [bʉtɛn]（[bʉt] 丁 –[ɛn] 烯）

$CH{\equiv}CCH_2CH_3$　　丁炔 [bʉtin]（[bʉt] 丁 –[in] 炔）

$CH_3(CH_2)_{10}CH_3$　　十二碳烷 [dɔdɛkan]（[dɔdɛk] 十二碳 –[an] 烷）

$CH_2{=}CH(CH_2)_9CH_3$　　十二碳烯 [dɔdɛkɛn]（[dɔdɛk] 十二碳 –[ɛn] 烯）

$CH{\equiv}C(CH_2)_9CH_3$　　十二碳炔 [dɔdɛkin]（[dɔdɛk] 十二碳 –[in] 炔）

（3）在化合物分子中所含的原子团总称为基团 [radikal]。这个原子团，若以电价 [ɛlɛktrɔn walɛnt] 与其他组分结合者称为根 [–at]；若以共价 [kɔwalɛnt] 与其他组分结合则称为基 [–il]。分别举例说明如下。

①后缀词：[–at] 根。常见的根 [–at] 是酸根 [xʉʧilat]（[xʉʧil] 酸 –[at] 根）。在无机盐 [inɔrganigat]、有机盐 [ɔrganigat] 和酯 [ɛstɛr] 三类化合物分子中都含有相关的酸根 [xʉʧilat]，所以命名这三类化合物时，都使用同一种词缀 [–at] 来命名。

a. 无机盐 [inɔrganigat]（[inɔrganig] 无机 –[at] 盐 / 根）的命名。H_2CO_3 碳酸 [karbɔn xʉʧil] 分子中的 CO_3^{2-} 叫做碳酸根 [karbɔnat]（[karbɔn] 碳（酸）–[at] 根）阴离子 [anijɔn] 与 Ca^{2+} 阳离子 [katijɔn] 结合生成属盐类化合物 $CaCO_3$ 碳酸钙 [kaltsikarbɔnat]（[kaltsi] 钙 –[karbɔn] 碳（酸）–[at] 盐 / 根）。例如，碳酸钙是由金属钙（Ca^{2+}）的名称和碳酸根（CO_3^{2-}）的名称结合而形成其盐（碳酸钙）的蒙文名称。其他盐类化合物也都由金属原子和相关酸根结合而成，所以它们的命名与上例相同。例如：

H_2SO_4　　硫酸 [sʉlfʉr xʉʧil]

SO_4^{2-}　　硫酸根 [sʉlfʉrat]（[sʉlfʉr] 硫（酸）–[at] 根）

Na_2SO_4　　硫酸钠 [natrisʉlfʉrat]（[natri] 钠 –[sʉlfʉr] 硫（酸）–[at] 根）

HNO_3　　硝酸 [nitr xʉʧil]

NO_3　　硝酸根 [nitrat]（[nitr] 硝（酸）–[at] 根）

KNO_3　　硝酸钾 [kalinitrat]（[kali] 钾 –[nitr] 硝（酸）–[at] 根）

b. 有机盐 [ɔrganigat]（[ɔrganig] 有机 –[at] 盐 / 根）的命名。R—COOH 羧酸 [karbɔksil xʉʧil] 分子中的 $R—COO^-$ 叫做羧酸根 [karbɔksilat]（[karbɔksil] 羧（酸）–[at] 根）。若羧酸根阴离子和 Na^+ 阳离子结合，则生成 R—COONa 羧酸钠 [natrikarbɔksilat]（[natri] 钠—[karbɔksil] 羧（酸）–[at] 盐 / 根），它属于有机盐 [ɔrganigat]。其他有机盐举例如下：

R—COOH 羧酸 [karbɔksil xuʧil]

R—COO^- 羧酸根 [karbɔksilat]（[karbɔksil] 羧（酸）–[at] 根）

R—COOK 羧酸钾 [kalikarbɔksilat]（[kali] 钾 –[karbɔksl] 羧（酸）–[at] 根[①]）

H—COOH 甲酸 [mɛtanɔ xuʧil]（[mɛtan] 甲（烷）–[ɔ] 羧 –[xuʧil] 酸）

H—COO^- 甲酸根 [mɛtanɔjat]（[meɛtan] 甲（烷）–[ɔ] 羧 –[j]–[at] 根）

H—COONa 甲酸钠 [natrimɛtanɔjat]（[natri] 钠 –[mɛtan] 甲（烷）–[ɔ] 羧 –[j]–[at] 根）

CH_3—COOH 乙酸 [ɛtanɔ xuʧil]（[ɛtan] 乙（烷）–[ɔ] 羧 –[xuʧil] 酸）

CH_3—COO^- 乙酸根 [ɛtanɔjat]（[ɛtan] 乙（烷）–[ɔ] 羧 –[j]–[at] 根）

CH_3—COOK 乙酸钾 [kaliɛtanɔjat]（[kali] 钾 –[ɛtan] 乙（烷）–[ɔ] 羧 –[j]–[at] 根）

c. 酯 [ɛstɛr] 的命名。R—COO—羧酸根 [karbɔksilat] 与—CH_3 甲基 [mɛtil]，用共价键结合而生成酯类化合物，即羧酸甲酯 [mɛtilkarbɔksilat]（[mɛti]l 甲（基）–[karbɔksil] 羧（酸）–[at] 酯 / 根）。

从上述无机盐、有机盐和酯等三类化合物分子组成中都含有相关酸的酸根 [xuʧilat]。所以命名它们时，都采用相应酸根做词缀 [–xuʧilat] 来命名。其后缀词都是 [–at]。

②后缀词 [–il 基]。从化合物分子中去掉原子或原子团而剩余不显电荷的基团 [radikal] 叫做该化合物的基 [–il]。具体命名时，以相应化合物的名称或其词根连缀 [–il] 来命名。例如：

a. 部分烃基（R—）[alkil]（[alk] 烃 –[il] 基）。

C_nH_{2n+1}— 烷烃基 [alkanil]（[alkan] 烷烃 –[il] 基）

RCH_2— 烷基 [anil]（[an] 烷 –[il] 基）

C_nH_{2n-1}— 烯烃基 [alkɛnil]（[alkɛn] 烯烃 –[il] 基）

RCH═CH— 烯基 [ɛnil]（[ɛn] 烯 –[il] 基）

C_nH_{2n-3}— 炔烃基 [alkinil]（[alkin] 炔烃 –[il] 基）

RC≡C— 炔基 [inil]（[in] 炔 –[il] 基）

CH_3— 甲基 [mɛtil]（[mɛt] 甲 –[il] 基）

CH_3CH_2— 乙基 [ɛtil]（[ɛt] 乙 –[il] 基）

$CH_3CH_2CH_2$— 丙基 [prɔpil]（[prɔp] 丙 –[il] 基）

$CH_3(CH_2)_2CH_2$— 丁基 [butil]（[but] 丁 –[il] 基）

CH_2═$CHCH_2CH_2$— 丁烯基 [butɛnil]（[butɛn] 丁烯 –[il] 基）

CH≡CCH_2CH_2— 丁炔基 [butinil]（[butin] 丁炔 –[il] 基）

$CH_3(CH_2)_3CH_2$— 戊基 [pɛntil]（[pɛnt] 戊 –[il] 基）

$CH_3(CH_2)_4CH_2$— 己基 [hɛksil]（[hɛks] 己 –[il] 基）

$CH_3(CH_2)_5CH_2$— 庚基 [hɛptil]（[hɛpt] 庚 –[il] 基）

$CH_3(CH_2)_6CH_2$— 辛基 [ɔktil]（[ɔkt] 辛 –[il] 基）

$CH_3(CH_2)_7CH_2$— 壬基 [nɔnil]（[nɔn] 壬 –[il] 基）

$CH_3(CH_2)_8CH_2$— 癸基 [dɛkil]（[dɛk] 癸 –[il] 基）

① 在 [ɔ] 和 [a] 两个元音字母之间用辅音字母 [j] 连接而书写，因为在蒙文书写规则中，若两个元音连缀，必须中间夹着辅音书写。

$CH_3(CH_2)_9CH_2—$　十一碳基 [ʉndɛkil]（[ʉndɛk] 十一碳 –[il] 基）

$CH_3CH═CH—$　丙烯基 [prɔpɛnil]（[prɔpɛn] 丙烯 –[il] 基）

$CH_2═CHCH_2—$　烯丙基 [ɛnprɔpil]（[ɛn] 烯 –[prɔp] 丙 –[il] 基）

$CH_3C≡C—$　丙炔基 [prɔpinil]（[prɔpin] 丙炔 –[il] 基）

$C_3H_5—$　环丙基 [tsiklɔprɔpil]（[tsiklɔ] 环 –[prɔp] 丙 –[il] 基）

b. 部分芳基（Ar—）[aril]（[ar] 芳 –[il] 基）。Ar—H 称芳烃 [arɛn] 或 [arɔmatig]（[ar] 是 [arɛn] 的词根），Ar—叫做芳基 [aril]（[ar] 芳 –[il] 基）。其他芳基举例如下：

$C_6H_5—$　苯基 [fɛnil] 或 [bɛndzɛnil]（[fɛn][1] 苯 –[il] 基或 [bɛndzɛn] 苯 –[il] 基）

$C_{10}H_7—$　萘基 [naftil]（[naft][2] 萘 –[il] 基）

$C_{14}H_9—$　蒽基 [antril]（[antr][3] 蒽 –[il] 基）

$C_6H_5CH_2—$　苄基 [bɛndzil]（[bɛndz][4] 苄 –[il] 基）

$CH_3C_6H_4—$　甲苯基 [mɛtilfɛnil]（[mɛtil] 甲（基）–[fɛn] 苯 –[il] 基）

$C_6H_5CH_2—$　苯甲基 [fɛnilmɛtil]（[fɛnil] 苯（基）–[mɛt] 甲 –[il] 基）

c. 烃氧基 [alkɔksil]。

—O—　氧基 [ɔksil]（[ɔks] 氧 –[il] 基）

RO—　烃氧基 [alkɔksil]（[alk] 烃 –[ɔks] 氧 –[il] 基）

$C_nH_{2n+1}O—$　烷烃氧基 [alkanɔksil]（[alkan] 烷烃 –[ɔks] 氧 –[il] 基）

$RCH_2O—$　烷氧基 [anɔksil]（[an] 烷 –[ɔks] 氧 –[il] 基）

$C_nH_{2n-1}O—$　烯烃氧基 [alkɛnɔksil]（[alkɛn] 烯烃 –[ɔks] 氧 –[il] 基）

$RCH═CHO—$　烯氧基 [ɛnɔksil]（[ɛn] 烯 –[ɔks] 氧 –[il] 基）

$C_nH_{2n-3}O—$　炔烃氧基 [alkinɔksil]（[alkin] 炔烃 –[ɔks] 氧 –[il] 基）

$RC≡CO—$　炔氧基 [inɔksil]（[in] 炔 –[ɔks] 氧 –[il] 基）

C—O—C　桥氧基 [xʉθrɔksil]（[xʉθr] 桥 –[ɔks] 氧 –[il] 基）

$CH_3O—$　甲氧基 [mɛtɔksil]（[mɛt] 甲 –[ɔks] 氧 –[il] 基）

$CH_3CH_2O—$　乙氧基 [ɛtɔksil]（[ɛt] 乙 –[ɔks] 氧 –[il] 基）

d. 酰基 [atsil]。RCO—叫做酰基 [atsil]，它是总称。命名具体的酰基时，在相应化合物名称中以连缀酰基 [–ɔil] 来命名。例如：

H—CO—　甲酰基（或称醛基）[mɛtanɔil] 或 [fɔrmil]（[mɛtan] 甲（烷）–[ɔil] 酰基）

$CH_3—CO—$　乙酰基 [ɛtanɔil]（[ɛtan] 乙（烷）–[ɔil] 酰基）

$CH_3—CH_2—CO—$　丙酰基 [prɔpanɔil]（[prɔpan] 丙（烷）–[ɔil] 酰基）

e. 羧基 [karbɔksil]。

—C　碳基 [karbil]（[karb] 碳 –[il] 基）

—COOH　羧基（或碳氧基）[karbɔksil]（[karb] 碳 –[ɔks] 氧 –[il] 基）

---

① [fɛn] 是苯的俗称。

② [naft] 是萘 [naftalɛn] 的词根。

③ [antr] 是蒽 [antradzn] 的词根。

④ 苄是 [bɛndz] 的谐音汉字。

═C═O	羰基（或酮基）[karbɔnil]（或 [ɔnil]）]（[karb] 碳（或羰）①–[ɔn] 酮 –[il] 基）
—R—COOH	羧烃基 [karbɔksilalkil]（[karbɔksil] 羧（基）–[alkil] 烃基）
—CH_2—COOH	羧甲基 [karbɔksilmɛtil]（[karbɔksil] 羧（基）–[mɛtil] 甲基）

f. 硫基 [sʉlfil]。

—S—	硫基 [sʉlfil]（[sʉlf]② 硫 –[il] 基）
—SH	巯基（或氢硫基）[hidrsʉlfil]（[hidr] 氢 –[sʉlf] 硫 –[il] 基）
ArS—	芳硫基 [arilsʉlfil]（[aril] 芳（基）–[sʉlfil] 硫基）
C—S—C	桥硫基 [xʉθrsʉlfil]（[xʉθr] 桥 –[sʉlfil] 硫基）
—S—S—	二硫基 [disʉlfil]（[di] 二 –[sʉlfil] 硫基）
—S—S—S—	三硫基 [trisʉlfil]（[tri] 三 –[sʉlfil 硫基）
—S_n—	多硫基 [pɔlisʉlfil]（[pɔli] 多 –[sʉlfil] 硫基）

g. 氨基 [aminɔ（amminil 或 adzil）]。

NH_3	氨 [ammɔnija] 或 [ammin]
NH_2—	氨基 [aminɔ]（[amminil] 或 [adzil]）
—NH—	亚氨基 [iminɔ] 或 [iminil]
NH_4^+	铵基 [ammɔniʉmil]（[ammɔniʉm] 铵 –[il] 基）
NH_2—CH_2CH_2—	氨基乙基 [amminilɛtil]（[amminil] 氨基 –[ɛtil] 乙基）
CH_3—NH—	甲氨基 [mɛtilamminil]（[mɛtil] 甲（基）–[amminil] 氨基）
CN—	氰基 [tsijanil]（[tsijan] 氰 –[il] 基）
NC—	异氰基或胩基 [isɔtsijanil] 或 [karbilamminil]③（[isɔ] 异 –[tsijanil] 氰基或 [karbil] 碳基—[amminil] 氨基）。注意，胩 [karbilamin]（[karbil] 碳（基）–[amin] 胺）是碳基胺之意。
C_6H_5—NH—	苯氨基 [anilinil]④ 或 [fɛnilamminil]（[fɛnil] 苯（基）–[amminil] 氨基）
—N═N—	偶氮基 [dinitrɔgɛnil]（[di] 偶 –[nitrɔgɛn] 氮 –[il] 基）

h. 卤（素）基 [xalɔgɛnil]。

X	卤素 [xalɔgɛn]
X—	卤（素）基 [xalɔgɛnil]（[xalɔgɛn] 卤素 –[il] 基）
F—	氟基 [flʉril]（[flʉr] 氟 –[il] 基）
CI—	氯基 [hlɔril]（[hlɔr] 氯 –[il] 基）
Br—	溴基 [brɔmil]（[brɔm] 溴 –[il] 基）
I—	碘基 [iɔdil]（[iɔd] 碘 –[il] 基）

③后缀词 [–ɔl] 醇。R—OH 和 Ar—OH 两种化合物分子结构中的—OH 基团 [radikal] 叫做羟基（或氢氧基）[hidrɔksil]（[hidr] 氢 –[ɔks] 氧 –[il] 基）。含有羟基（—OH）的化合物（如 ROH 和

① 羰是碳的仿声造的字。
② [anilin] 是苯胺的俗称。
③ 胩是 [karb] 碳的谐音汉字。
④ 酚是 [fɛn] 的谐音汉字，[fɛn] 又是苯的俗称。

ArOH）的总称为醇（类）[alkɔɔl]。命名这类化合物时，以相应烃的名称连缀醇 [–ɔl] 来命名。在这里特别指出的是，在汉文化学中，羟基直接连在芳环上时特称酚 [fɛnɔl]（[fɛn] 苯 –[ɔl] 醇），酚是苯醇 [bɛndzɛnɔl]（[bɛndzɛn] 苯 –[ɔl] 醇）的俗称（酚是 [fɛn①] 的谐音汉字）。因为它的官能团仍然是羟基（–OH），所以用蒙文命名时，都以相应含碳的烃名称后缀醇 [–ɔl] 来命名。例如：

$R—OH$	烃醇 [alkɔl]（[alk] 烃 –[ɔl] 醇）
$Ar—OH$	芳醇 [arɛnɔl]（[arɛn] 芳 –[ɔl] 醇）
$C_nH_{2n+1}—OH$	烷烃醇 [alkanɔl]（[alkan] 烷烃 –[ɔl] 醇）
$RCH_2—OH$	烷醇 [anɔl]（[an] 烷 –[ɔl] 醇）
$C_nH_{2n-1}—OH$	烯烃醇 [alkɛnɔl]（[alkɛn] 烯烃 –[ɔl] 醇）
$RCH{=}CH—OH$	烯醇 [ɛnɔl]（[ɛn] 烯 –[ɔl] 醇）
$C_nH_{2n-3}—OH$	炔烃醇 [alkinɔl]（[alkin] 炔烃 –[ɔl] 醇）
$RC{\equiv}C—OH$	炔醇 [inɔl]（[in] 炔 –[ɔl] 醇）
$CH_3—OH$	甲醇 [mɛtanɔl]（[mɛtan] 甲（烷）–[ɔl] 醇）
$CH_3CH_2—OH$	乙醇 [ɛtanɔl]（[ɛtan] 乙（烷）–[ɔl] 醇）
$CH_3CH_2CH_2—OH$	丙醇 [prɔpanɔl]（[prɔpan] 丙（烷）–[ɔl] 醇）
$CH_3CH_2CH_2CH_2—OH$	丁醇 [bʉtanɔl]（[bʉtan] 丁（烷）–[ɔl] 醇）
$CH_2{=}CHCH_2CH_2—OH$	丁烯醇 [bʉtɛnɔl]（[bʉtɛn] 丁烯 –[ɔl] 醇）
$CH{\equiv}CCH_2CH_2—OH$	丁炔醇 [bʉtinɔl]（[bʉtin] 丁炔 –[ɔl] 醇）
$CH_3(CH_2)_{10}—OH$	十一碳烷醇 [ʉndɛkanɔl]（[ʉndɛkan] 十一碳烷 –[ɔl] 醇）
$CH_2{=}CH(CH_2)_9—OH$	十一碳烯醇 [ʉndɛkɛnɔl]（[ʉndɛkɛn] 十一碳烯 –[ɔl] 醇）
$C_6H_5—OH$	苯醇或苯酚 [bɛndzɛnɔl] 或 [fɛnɔl]（[bɛndzɛn] 苯 –[ɔl] 醇或 [fɛn] 酚 –[ɔl] 醇）

④后缀词 [–al] 醛。R—CHO 分子中的—CHO 基团叫做醛基 [fɔrmil]，含有醛基化合物的总称叫做醛（类）[aldɛgid]。醛类中具体化合物的命名与醇类化合物的命名相似，在相应含碳的烃名称中以连缀醛 [–al] 来命名。例如：

$H—CHO$	甲醛 [mɛtanal]（[mɛtan] 甲（烷）–[al] 醛）
$CH_3—CHO$	乙醛 [ɛtanal]（[ɛtan] 乙（烷）–[al] 醛）
$CH_3CH_2—CHO$	丙（烷）醛 [prɔpanal]（[prɔpan 丙烷 –[al] 醛）
$CH_2{=}CH—CHO$	丙烯醛 [prɔpɛnal]（[prɔpɛn] 丙烯 –[al] 醛）
$C_6H_5—CHO$	苯甲醛 [fɛnilmɛtanal]（[fɛnil] 苯（基）–[mɛtan] 甲（烷）–[al] 醛）

⑤后缀词 [–ɔ] 羧。R—COOH 分子中的—COOH 基团叫做羧基 [karbɔksil]，含有羧基化合物的总称叫做羧酸 [karbɔksil xʉʧil]。羧酸类具体化合物的命名与醇和醛两类化合物的命名相似，以相应含碳的烃名称连缀羧 [–ɔ]，再加酸 [xʉʧil] 字来命名。例如：

$H—COOH$	甲（烷）酸 [mɛtanɔ xʉʧil]（[mɛtan] 甲烷 –[ɔ] 羧 –[xʉʧil] 酸）
$CH_3—COOH$	乙（烷）酸 [ɛtanɔ xʉʧil]（[ɛtan] 乙烷 –[ɔ] 羧 –[xʉʧil] 酸）

① 酚是 [fɛn] 的谐音汉字，[fɛn] 又是苯的俗称。

CH_3CH_2—COOH　丙（烷）酸 [prɔpanɔ xʉʧil]（[prɔpan] 丙烷 –[ɔ] 羧 –[xʉʧil] 酸）

CH_2═CH—COOH　丙烯酸 [prɔpɛnɔ xʉʧil]（[prprɔɛn] 丙烯 –[ɔ] 羧 –[xʉʧil] 酸）

C_6H_5—COOH　苯甲（烷）酸 [fɛnilmɛtanɔ xʉʧil]（[fɛnil] 苯（基）–[mɛtan] 甲烷 –[ɔ] 羧 –[xʉʧil] 酸）

HOOC—CH_2CH_2—COOH 丁二酸 [bʉtandiɔ xʉʧil]（[bʉtan] 丁（烷）–[di] 二 –[ɔ] 羧 –[xʉʧil] 酸）

⑥后缀词 [–ɔs] 糖。$C_n(H_2O)_m$ 化合物叫做碳水化合物，简称醣（或糖类）[saxarɔs]。命名糖类具体化合物时，以相应分子中表示碳原子个数的数词或相关俗名连缀糖 [–ɔs] 来命名。例如：

$C_5H_{10}O_5$　戊糖 [pɛntɔs]（[pɛnt] 戊 –[ɔs] 糖）

$C_6H_{12}O_6$　己糖 [hɛksɔs]（[hɛks] 己 –[ɔs] 糖）

$C_5H_{10}O_5$　核糖（戊糖的俗名）[ribɔs]（[rib] 核 –[ɔs] 糖）

$C_6H_{12}O_6$　葡萄糖（己糖的一种旋光异构体）[glʉkɔs]（[glʉk] 葡萄 –[ɔs] 糖）

$(C_6H_{10}O_5)_n$　淀粉（糖）[granʉlɔs]（[granʉl] 淀粉 –[ɔs]（糖）

$(C_6H_{10}O_5)_x$　纤维素（糖）[tsɛllʉlɔs]（[tsɛllʉl] 纤维素 –[ɔs]（糖）

⑦后缀词 [–amin] 胺。R—NH_2 化合物叫做胺 [amin]，命名这类具体化合物时，以相应烃基 [alkil] 或烃名称连缀胺 [–amin] 来命名。例如：

CH_3—NH_2　甲胺 [mɛtilamin] 或 [mɛtanamin]（[mɛtil] 甲基 –[amin] 胺 或 [mɛtan] 甲烷 –[amin] 胺）

CH_3CH_2—NH_2　乙胺 [ɛtilamin] 或 [ɛtanamin]

C_6H_5—NH_2　苯胺 [fɛnilamin] 或 [bɛndzɛnami] 或 [anilin]

⑧后缀词 [–ɔn] 酮。R—CO—R 化合物的总称叫做酮（类）[kɛtɔn]，酮分子中的 ═C═O 基团 [radikal] 叫做酮基（或羰基）[ɔnil(或 karbɔnil)]（[karb] 碳 –[ɔn] 酮 –[il] 基）。酮类化合物的系统命名法是，以包括羰基碳原子数的相应烃名称连缀酮 [–ɔn] 来命名。例如：

CH_3—CO—CH_3　丙酮 [prɔpanɔn]（[prɔpan] 丙（烷）–[ɔn] 酮）

四、结语

IUPAC 原则在 50 多年间经过公布实施《日内瓦命名法》《列日规则》并对这些命名法及规则进行多次修订、补充，逐渐完善而适合当今世界各国普遍采用的 IUPAC 原则。

化学物质汉文命名法也是遵循 IUPAC 原则，结合汉文字特点进行汉文命名的。

化学物质蒙文命名法和蒙文名词也经历了 60 多年的历程。这 60 多年中从未依据 IUPAC 原则进行过彻底改革，所以不仅不能命名庞大数量的化学物质，而且用旧的命名法所获得的蒙文名词往往是科学概念性错误的“四不像”蒙文名词。所以必须对旧的蒙文命名法进行彻底改革，否则就意味着落后，落后就要吃苦头。因此，本作者以彻底改革的精神，抛开以往旧的命名法，严格遵循 IUPAC 原则，以拉丁文名称做基础，在蒙古语名词法中引进“前缀”的新概念而著出了对所有化学物质全面、系统、规范进行蒙文科学命名的新《规则》。

蒙文化学命名新《规则》的优越性和旧命名法的缺欠及弊端比较如表 1 所示。

表 1　新旧命名法比较

化学式	汉文名称	蒙文新名称	蒙文旧名称
C	碳	[karbɔn]	[nəgʉrəsʉdʉrʉgʧi]
C_nM_m	碳化物	[karbid]	[nəgʉrəsʉdʉrʉgʧidʉ nigedbʉri]
C_nO_m	氧化碳	[karbɔksid]	[nəgʉrəsʉdʉrʉgʧi in isʉl]
CO	一氧化碳	[karbɔnmɔnɔksid]	[nəgʉrəsʉdʉrʉgʧi in daŋisʉl]
CO_2	二氧化碳	[karbɔndiɔksid]	[nəgʉrəsʉdʉrʉgʧi in taxɔr isʉl]
—COOH	羧基	[karbɔksil]	[karbɔksil bʉlʉg]
—CO—	羰基	[karbɔnil]	[karbɔnil]
H_2CO_3	碳酸	[karbɔn xʉʧil]	[nəgʉrəsʉ xʉʧil]
CO_3^{2-}	碳酸根	[karbɔnat]	[nəgʉrəsʉ xʉʧil ɔn ijagɔr]
R—COOH	羧酸	[karbɔksil xʉʧil]	[karbɔksil xʉʧil]
R—COO^-	羧酸根	[karbɔksilat]	[karbɔksil xʉʧil ɔn ijagɔr]
C^+	碳正离子	[karbɔkatijɔn]	[nəgʉrəsʉdʉrʉgʧi in aragaijɔn]
C^-	碳负离子	[karbɔjanijɔn]	[nəgʉrəsʉdʉrʉgʧi inbilig ijɔn]
C_nH_m	碳氢化合物	[karbɔhidrid]	[nəgʉrəsʉ ʊsʊdʉrʉgʧi in nigədbʉri]
$C_n(H_2O)_m$	碳水化合物	[karbɔnʊsʊnid]	[nəgʉrəsʉ ʊsʊn nigədbʉri]

从表 1 中不难看出，新《规则》命名的新名词的词根都相同，为单词名词，具有简单易懂、便于记忆等优越性。但原命名的旧名词的词根都不相同，为复词名词，具有复杂难懂、难于记忆等缺欠和弊端。对新旧两个系列名词对比分析如下：

（1）使碳（C）元素的拉丁文名称（carbonium）用蒙文转写为 [karbɔn] 时，从碳元素产生的各种化合物蒙文名称的词根都相同，如 [karbɔn] 或 [karb]。并且几个汉字组成的名词，都用一个蒙文词书写出来。同时，这些名词很自然变成同一系列的系统的蒙文名词。可是，用旧的命名法，从碳 [nəgʉrəsʉdʉrʉgʧi] 产生的各种化合物蒙文“名词”的词根都不相同，如 [nəgʉrəsʉdʉrʉgʧi]、[nəgʉrəsʉ]、[karbɔnil]、[karbɔksil] 等几种。并且不仅一个名词由几个蒙文词表示，而且名词中还用了 [in]、[ɔn]、[nɔ]、[tɔ]、[dʉ] 等几种格助词。这样变成了不是化学专用名词而对它们进行解释的词组。

（2）从表中还得知，旧的命名法是牵强附会、生搬硬套、机械汉译蒙文所得到的蒙文“名词”。例如，化合物 [nigədbʉri]、氧化物 [isʉl]、一 [daŋ]、二 [taxɔr]、基 [bʉlʉg]、根 [ijagɔr]、阳 [araga]、阴 [bilig]。如此，化学物质蒙文名词就变成了杂乱无章、无规律可循的东西，只能逐个死记硬背了。这样的所谓名词，不仅普通人的脑子记不住几个词，而且连“爱因斯坦”的脑子也记不住多少词。实际上抛开以往机械汉译蒙文的不良作法，要充分发挥蒙文名词法具有的灵活性，充分应用在元素蒙文名称全部拉丁化之后，由它产生的各种化合物的蒙文名词，很自然地会变成具有科学性、系统性和规律性的蒙文名词。这样只要掌握其规律，就不需要花费更多的时间去死记硬背了。

（3）在表 1 中新旧命名法所得到的两个系列名词中，具有统一的相同名词，只有 [karbɔnil] 和 [karbɔksil] 两个名词。从而得知，旧的命名法是把这两个名词，在有机化学中，从拉丁文名词用蒙文转写而形成的名词。在旧名词系列中，其他的名词在无机化学中，机械汉译蒙文形成的“名词”（实际是罗列蒙文词的词组）（请见表 1 中旧名词系列）。这样在同一种化学科学中前后名词的不统一、不规范、不科学而造成化学名词的混乱状态，甚至科学概念性错误名词泛滥成灾。例如，H_2CO_3 碳酸的旧名称叫做 [nəgʉrəsʉ xʉʧil]，此蒙文词再译回到汉文时，就变成炭 [nəgʉrəsʉ] 酸。可是碳和炭两个汉字具有完全不同的化学概念。即碳是单纯的元素名词，而炭是几百种物质的混合物的名词。这样用旧的命名法所获得的蒙文名词，犹如童话中的“皇帝新装”露着屁股，变成人们的笑柄。

参 考 文 献

[1] 王太平. 化学物质蒙文命名规则[M]. 通辽：内蒙古少年儿童出版社，2001.

[2] 王太平. 化合物的根或基的蒙文命名规则探讨[J]. 科技术语研究，2001, 3(4): 20-22.

[3] 王太平. 关于脂环烃的蒙文命名研究[J]. 内蒙古民族大学学报，2001(2).

[4] 王太平. 关于化学物质蒙文命名原则与实践[J]. 蒙古语文，2003(4).

[5] 王太平. 关于化学物质蒙文命名规则的简介[J]. 蒙古语言文学，2004(4).

[6] 王太平. 化学物质外文名称蒙译规则探讨[J]. 民族译坛，2004(4).

语言学术语“泛时”内涵探微
——专业化和大众化语境中的双重偏离

车　飞[*]

（达州职业技术学院师范系，四川达州，635000）

摘　要： 学术界对《普通语言学教程》文中简称《教程》中“泛时”观的理解有偏差，有多达八种误读。各类辞书收录共八部，释义六部但有两种不同释义，术语释义的准确性有待商榷。通过对“泛”义的古汉语历时提取、“普—方—古”三角验证、汉外对比，指出“泛”之义为“不指定”。“泛时”是语言研究的假想方法，为一种归谬法，认为语言在任何时间和任何地方都会发生变化。其处于一种超时空的状态，可以任意穿越，呈现时空断层性特点，既不属于共时，又不属于历时，而与共时、历时相对。一个个因摈除了时空、社会等因素而显得杂乱无章的任意性构成了泛时。高译本该节译文较为晦涩、汉英该族词汇大量对译致使义项泛化、专业化语境中的误读、大众化语境中的显潜误读及低语用频率效应是其谬解四大动因。对语言事实进行“泛时”研究没有价值。

关键词：《普通语言学教程》；历时；共时；泛时；释义；误读

一、引言

“泛时”是索绪尔《教程》[1] 中的一个语言学术语。诸学者对该术语的认识一直存在偏差，对“泛时”的理解多达八种，且主流解读有明显泛化倾向。词典则有两种解释：其一释作“[语]演变缓慢的”[2] 其二释作“表示一种语言学研究方法，即研究跨时期的、不属于某一发展阶段的语言的规律性”[①][3]。

本文拟据此进行如下事实验证：一是重新回归著作源文本，再咬嚼原著阐述“泛时”一节的含义；二是简要梳理诸学者的语言研究“泛时”观，分析他们“泛时语言学”的本质；三是对汉语“泛”的义项进行全方位考察，找出“泛时”中“泛”的准确义；四是大规模考察众多权威性辞书对“泛时”一词的收录及释义情况；五是尝试对“泛时”进行术语再释义；六是分析造成谬解的原因；七是对今后的“泛时”研究做一个前瞻性思考。

二、英文版本对“泛时”的解释

《教程》最初版本是法文版。英语、法语共属于印欧语系、屈折语类型，为亲属语言，加之中古

---

* 作者简介：车飞（1987—　），男，云南省永善县人；黑龙江大学文学院语言学及应用语言学硕士，现为达州职业技术学院师范系教师。主要研究兴趣：汉语语言应用及规范。

① 《现代语言学词典》（2000：255）和《新编语言学词典》（2007：602）中解释为“……对语言的泛时研究认为，语言的规律性是不受语言随时间推延而发生演变所制约的”，换了一种表述方式，实质仍与以上释义相同。

英语时期吸收了很多法语词汇，两者的区别较小；汉语属于汉藏语系、孤立语类型，与印欧语系的差别很大。汉译本译文晦涩以及与原著义有偏离的情况在所难免。英语作为世界上使用人数最多的语言以及在大陆作为汉语以外使用范围最广的外语，可接受度较好。因此，我们采用英语版的原著进行“泛时”考察。

“泛时”一节原文如下：

Is There A Panchronic Viewpoint?

Up to this point the term law has been used in the legal sense. But cannot the term also be used in language as in the physical and natural sciences, i. e. in the sense of relations that are everywhere and forever verifiable? In a word, can not language be studied from a panchronic viewpoint?

Doubtless. Since phonetic changes have always occurred and are still occurring, this general phenomenon is a permanent characteristic of speech;it is therefore one of the laws of speech. In linguistics as in chess (see pp. 88 ff.) there are rules that outlive all events. But they are general principles existing independently of concrete facts. When we speak of particular,tangible facts, there is no panchronic viewpoint: Each phonetic change, regardless of its actual spread, is limited to a definite time and territory; no change occurs at all times and in all places; change exists only diachronically. These general principles are precisely what serve as a criterion for determining what belongs to language and what does not. A concrete fact that lends itself to panchronic explanation cannot belong to language. Take the French word *chose* ‘thing’: from the diachronic viewpoint it stands in opposition to the Latin word from which it derives, *causa*; from the synchronic viewpoint it stands in opposition to every word that might be associated with it in Modern French. Only the sounds of the word considered independently (*Šọz*) are susceptible of panchronic observation, but they have no linguistic value. Even from the panchronic viewpoint *Šọz*, considered in a chain like *Ün Šọz admirabla* ‘an admirable thing,’ is not a unit but a shapeless mass; indeed, why *Šọz* rather than *oza* or *nŠọ*? It is not a value , for it has no meaning. From the panchronic viewpoint the particular facts of language are never reached[4].

这段英文的主要意思是：语言研究存在泛时状态。以语音为例，如果用泛时的观点来看，语音的变化不受时间和地点的限制，可以在任何时间、地点发生。但从这种研究角度解释的事实是不属于语言研究范畴的。因为语音变化的实际情况非“泛时”，而是历时存在着的。可以看出，索绪尔的“泛时”观跟语言的任意性有一定关系，不过这种任意性杂乱无章，既无理据佐证又无数据支撑。

三、诸学者语言“泛时”观的评与析

（一）国外学者的观点

泛时 = 历时研究＋共时研究

在 World ebook Library 电子图书数据库、ELSEVIER(SD) 爱思唯尔电子期刊全文数据库、Wiley

期刊数据库、剑桥大学出版社期刊数据库、Frontiers系列期刊数据库、国外标准数据库、德国Springer公司期刊数据库中输入关键词“panchronic”，未发现相关的研究文献①。在英国Taylor & Francis期刊数据库里搜索到Gunnar Persson（贡纳尔·佩尔松）的一篇文章——*Think in a Panchronic Perspective*，我们只能看到其文章的开篇部分，通过馆际互借也没有搜索到结果。不过在该文的“Introduction”里我们基本可以了解其“泛时”思想，这里摘录该部分原文：

> A “panchronic” study of a linguistic problem is a kind of hybrid between the diachronic and synchronic approaches. The purpose of such a study may be to highlight historical factors which, though still relevant, have become obscured and are therefore easily overlooked in a purely synchronic study of phenomena in Modern English.[5]

这段话的意思是：对一个语言学问题进行“泛时”研究，是一种把历时路径和共时路径相结合的方法。不过，如果把这种方法用于现代英语中的一个纯粹属于共时的现象中，其结果尽管可能会突出历时方面的情况，但仍然会遮蔽甚至忽略历时方面的相关因素。该文的“泛时”观为：

泛时 = 历时研究+共时研究。

（二）国内学者的观点

在“中国知网”数据平台输入“泛时”关键词，总共显示431条结果。按学科分类，“中国语言文字”出现181条，“外国语言文字”出现38条。直接在标题中使用“泛时”的文献有5条，称之为显性运用。通过筛选，我们发现还有18条文献在研究中运用了“泛时”观，称之为潜性运用。

1.“泛时”的显性运用

共时与历时研究的结合 + 普遍适用于各种语言的规律

最先对语言研究的“泛时”观有敏锐嗅觉的当推陈保亚。陈保亚实际上是在论述共时与历时的对立统一关系，“共时中蕴含着历时，历时构建于共时之中”[5]这一论断也准确。其文中最后一个部分说：“索绪尔共时与历时的划分导致了由历时语言学向共时语言学的转向，我们现在又面临新的转向：泛时语言学。泛时语言学认为共时与历时必须有机地结合起来，在研究共时系统的同时参考历时因素，在研究历时演变的同时以共时结构为基础……”[5]另外，该文还在注释“⑱”对“泛时”作了如下补充：“索绪尔也提到‘泛时（panchronique）’这一术语，他指的是普遍适用于各种语言的规律，和我们这儿的‘泛时’一词意义不同”[5]。

总体来看，陈保亚对索绪尔“泛时”观的理解是指“普遍适用于各种语言的规律”以及“共时研究与历时研究的有机结合”，这是对作者原意的曲解。这也成为后来诸多持语言学“泛时”观的学者所遵循的“泛时语言学”本体论观点。

我们发现还有4篇文章的文题直接显性语用“泛时”，且所载刊物都具有一定的领域内知名度。

郝书阁对“语法化”进行共时与历时的综合观照，将语法化的历时与共时研究并重，称作“语法化的泛时性研究”[6]，并未脱离陈保亚的“泛时”观[7]。

① 有关外文文献的查找与搜集，因为个人学识所限，可能渠道有些狭隘。不过以上这些外文数据库的涵盖范围都相当广，得出的结论应该是可信的。

方欣欣在文章第三个部分切入“词义借用的泛时性”，借用王宁关于汉语词汇研究的观点，通过语音、文字系统、词义古今借用的差别来探讨词义，其研究方法本质上亦是同时观照共时与历时[8]。

吕军伟通过对现代汉语名量结构的考察，发现对其进行历时研究的力度不够导致有所偏废。单从其“泛时”视角分析，其对汉语名量结构的考察只是在注重共时、历时双向互动的同时，增加了历时研究的力度和广度而已[9]。

王磊也认为“泛时”是指同时兼顾历时研究与共时研究两个方面[10]。

裴文则从“泛时”观的提出者进行逆向探源，逐一分析语言学家拉波夫（William Labov）、马丁内（André Martinet）的“泛时”观，最终也用一种包容的态度看待语言研究[11]：“对语言的研究，我们可以采用历时的观点，也可以采用共时的观点，同时还可以大而化之采用泛时的观点，这其间并没有本质上的差异，只是对同一事物观察的角度不同而已。”[11]的实质与以上五位学者是相同的。

概括起来，以上六位研究者语言研究的“泛时”观可以归纳为“把共时研究与历时研究紧密结合起来研究语言事实”。

2.“泛时”的潜性运用

1）“泛时”（中性）为广泛的、普遍性的共时研究

袁家骅[12]“以汉语和壮语的描写语法为根据，试图运用泛时的结构类型学原理对这两种语言的体词组合进行分析……”按照结构类型学的定义来理解：“结构类型学就是按照语言的结构特征（即该语言结构方面的本质特征）对各种语言现象进行整理，并使之系统化。”[13]

王德春提到：“语义学的研究打破了传统的局限，一方面向纵深发展，一方面向广度进军，对语义的本质、结构、形式化等问题进行了探讨。这样的研究打破了历时的局限，着重研究共时和泛时的语义现象；打破了词义的界限，小至微观层次的义素分析，大至宏观结构的话语意义研究，范围相当广泛。”[14]

王红生指出古汉语虚词的泛时研究主要有两种表现：“一是体现在这一时期的综合的语法专著或教材中……一是体现在虚词研究成果的虚词词典中[15]。”

马清华：“以交通乘用概念的理据为例，通过多语系随选语言及汉藏语系不同语族语言的泛时对比……进一步证明了理据的场约束原理”[16]。

2）“泛时”（中性）为超越空间性

李冬开篇便提出：“词语的形式与意义之间没有必然的联系，它们之间的关系是约定俗成的——这就是现代语言学原则之一：词语的无理据性。词语的无理据性可以从共时性、历时性和泛时性的角度得到证明……三、泛时性：同样是树，英语用 /tri:/，法语用 /arbr/（arbre），等等。”[17]

3）“泛时”（中性）为主观评价性、无时间性

万莹认为，否定副词“不”具有“泛时性”或“无时性”，即“能受‘不’否定的动词即使其意义的内部过程结构有时间性，在受‘不’否定时其时间性也会丧失”。这里“泛时”等同于“无时”[18]。

朴汀远指出“不”在时间轴上没有界线，具有“泛时性”[19]。

4）“泛时”（中性）是共时与历时的结合

聂志平指出：陈保亚先生“认为共时中有历时，历时中有共时，建立所谓的‘泛时语言学’，也并没有超越索绪尔对语言的认识”。[20]

5）“泛时”（贬义）为超时间性、忽略历时差异的共时研究

陈宝勤指出，“现行古汉语语法著作一般都视‘而后’‘而况’‘而且’‘然而’为表示承接、递进、转折关系的合成连词，视‘而已’为表示限止语气的合成语气词，视‘既而’‘俄而’为表示短暂时间的合成副词。我们认为，这是以泛时观来认识这些语法现象的……本文试以上古（周秦两汉）……近古（晚唐五代宋元明清）……现代具有代表性的文学作品……对其逐一进行共时与历时的考察分析，探究其发展与演变”[21]。

郭锡良结论里说到道，“综观《马氏文通》以来的虚词研究，大多是以‘文言’作为对象，把一两千年的语言资料，当做一个平面系统来处理。这是一种泛时的研究方法，难免带来某些不足和失误。因为虚词和虚词系统都是随着语言的发展而产生、形成和发展变化的，只有把历时的追本溯源和共时的系统分析结合起来，才能把古汉语的每个虚词和各个时期的虚词系统彻底弄清楚……”[22]这其间的“泛时”暗含贬义色彩，为“忽略历时差异的超时间性”。

李铁根认为“认定性否定具有泛时性，不受时间制约”[23]，主要表达人的主观意识。

张富翠指出，“出版于1898年的马建忠的《马氏文通》……但其中最受人批评的一个问题是，将先秦文献一直到唐朝韩愈的作品放在一个平面上来研究，跨度达1000多年，而忽略了其中的变异。这实际上是一种泛时的语言观。其他国家的语言研究与汉语的研究的情况也比较相似。而真正引导语言研究走出泛时的误区，走上科学的研究道路的，是索绪尔和他的《普通语言学教程》”[24]。

李建平提出“以泛时为主的草创时期主要集中在对量词的命名以及对其词性认识的研究上”[25]，“泛时”与郭锡良、张富翠[21]的观点相同。

袁毓林提及“2.3 关于词类的泛时、跨语言的可比性……关于词类的跨时代、跨语言的可比性”[26]，认为“泛时”是“跨时代”的，也就是超时间性。

帅志嵩指出，“共时和历时是相对而言的，为了使观察更加显豁，在这里，我们把整个中古都看成一个平面。因此，本研究属于泛时（panchronic）研究”[27]。

6）“泛时”（贬义）为掺杂着共时因素和历时因素的不同平面

万献初指出“萧该《汉书音义》同义异音83条……有师承不同、古今音不同、方音不同、雅俗音不同、注音人认识不同等，掺杂着共时因素和历时因素，其异音往往不在同一平面而具有泛时性特点”[28]。

7）“泛时”（中性）为不确定的时间起止点

张雪平认为，“从外在时间特征上看，这两种句子（惯常句、能力句）所述事件都具有[泛时]特征，即它们所述事件在客观时间轴上没有确定的时间起止点，而是表达整个时间轴或时间轴上的一大段中所发生的事情”[29]。

8）“泛时”（中性）表示“一些时间特征不明显的社会现象所表现出来的一种稳定的共性特点”

小田从文学视角指出，“所谓‘泛时性’，或称‘贯时性’，指一些时间特征不明显的社会历史现象，在以千万计的年代里少有变迁，以其稳定的性格，体现了人类社会生活的共性……越抽象的社会事实，越接近人类的自然本性，泛时性越明显；越具体的社会事实，越趋向生活实在，历时性越显著……泛时性淡化了历史现象的时空感，并非不承认这种现象的时空坐落，也并非抛开自然时间的概

念天马行空，而是根据社会现象的性质确认了一种认识方法”[30]。

泛时真就如上所说吗？其到底处于一种什么样的状态？是否属于以上八种观点之一？一系列的疑问接踵而至。在索绪尔推崇的二重性的价值系统里，出现了一个难以辨明的三岔路：一条通往历时，一条通往共时，一条通往泛时。

为何大家对“泛时”的理解都各有殊异呢，这大概是对“泛”义的理解有偏差之故。我们必须在“泛”的所有义项中提取出最能反映该术语语言学本质的那个义项。

四、“泛”字考释

对“泛”字义项的究考遵循大三角“普—方—古”交互验证的研究原则[31]。通语类词典的考察涉及“普”“古”两角，可以进行“以古证今”的验证；方言学词典的考察则可以进行“以方证普”的验证。

（一）汉语通语类词典之“泛”义

《说文解字》：“泛，浮也，从水乏声。孚梵切。”[32]《常用汉字源流字典》中有5个义项：①漂浮：泛舟 | ②不深入；不切实：泛交 | ③透出；冒出：脸上泛出微笑 | ④泛滥：黄泛区 | ⑤普遍，广泛：宽泛。其中义项①同步引申出比喻义②和③，义项④又引申出义项⑤。[33]

辞书类中，《汉语大字典》对“泛”字的解释最为清楚，共有三个读音。音一为 fàn：“《广韵》孚梵切，去梵敷。谈部。”共有8个义项，比以上义项多“漫不经心”“古代指古琴通过特定弹奏法发出的轻清之音”“机关的枢纽”3个义项；音二为 fàng：“《集韵》方勇切，上腫非。”义为“覆，翻”；音三为 fà：“《广韵》房法切，入乏奉。”义为“水声”。[34]

由此可见，古代“泛”字的义项多达10个，到现在义项已经缩减至5个，而且只保留了音“fàn”[35]。

纵观以上义项，中性义项居多，有“漂浮”“透出”“普遍 / 广泛”“古琴弹奏发出的轻微之音”“机关枢纽”“覆”“水声”等7个义项，占70%；剩余皆为贬义义项，即“不深入 / 不切实”“泛滥”“漫不经心”等3个义项，占30%。接下来我们试从训诂学的角度，对已有义项作一穷尽性的列举并归类。目标辞书为《故训汇纂》[36]，共有42个条目，读音有二，与《汉语大字典》中的前两音相同：音 fàn 有36个条目，音 fàng 有6个条目。经分类，共有如下义项，见表1。

表1 《故训汇纂》中“泛”字义项分类

读音	义项	条目序号	援例	感情色彩
音一：fàn	1. 浮也	㉒㉒㉓㉔㉕	～漾	中性
	2. 流儿	②	～涨	中性
	3. 泛滥也	③	《玄应音义》卷二十二“汎成”注	贬义
	4. 成而滓浮泛泛然，如今宜成醪矣	④⑤⑥⑦	一曰～齐	贬义
	5. 轻儿	⑧⑰	千翼～飞浮	中性
	6. 舟行也	⑨	含凄～庆川	中性
	7. 驶疾也	⑩⑱⑳㉑	《玄应音义》卷二十二“～长”注	中性

续表

读音	义项	条目序号	援例	感情色彩
音一：fàn	8. 贬也	⑪	夫～驾之马	贬义
	9. 普也	⑫	《玄应音义》卷二十二“汎成”注引《广雅》	中性
	10. 溥（广大）也	⑬	～览周王传	中性
	11. 不指定也	⑭	流～	贬义
	12. 无的之辞	⑮	～之为言	中性
	13. 以常语问之，不切责也	⑯	～以问建	中性
	14. 普遍之貌也	⑲㉘	～～乎若四方之无穷	中性
	15. 上浮之义	㉖	～～填填从高游	中性
	16. 平貌	㉗	～～乎万物有余（王冰注）	中性
	17. 充满之象	㉙	～～乎万物有余（张志聪集注）	中性
	18. 言多也	㉚	～浮	中性
	19. 波急声	㉛	泡溲～睫	中性
	20. 摇荡也	㉜	～漾	中性
	21. 皆水鸟浮游儿	㉝	沈淫～滥	中性
	22. 群游于水上也	㉞	～滥乎其上	中性
	23. 水上游浮反复儿	㉟	或～潡于潮波	中性
	24. 浮光貌	㊱	露彩方～豔	中性
音二：fàng	25. 本作覂，覆也	㊲㊳㊴㊵㊶㊷	大命将～	贬义

结合表 1，共有义项 25 个，其中中性义项 20 个，占 80%；贬义义项 5 个，占 20%。仍然是偏贬不偏褒。

（二）汉语方言类词典之“泛”义

共考察方言词典共 31 部①，其中带有“泛”字词语的词典共 13 部，见表 2。

表 2　收录“泛”字及相关词语的方言类词典

序号	词典	条目及义项	页码	感情色彩
1	《长沙方言词典》	[泛] 前加成分，表示程度很深：～亮的	228	褒义
2	《哈尔滨方言词典》	[泛酸] 指胃酸过多而上涌	273	贬义
3	《西安方言词典》	[泛] 使发酵：嫌面没起发酵咧，再～一会儿	208	中性
4	《徐州方言词典》	[泛] 后加成分，用于表示积极意义的单音形容词“灵”“活”“整”“厚”，凑足音节	272	褒义

① 考察的方言词典由于资源搜集条件限制没有全部涉及，未作考察的有桂阳、雷州、牟平、梅县、东莞、萍乡、黎川、万荣、西宁、福州、成都、于都、昆明等 13 地。后文我们发现“泛”的准确义项就在通语类词典中，这里为了保证研究的全面性，作“以方证普”验证。本文考察的 31 部方言词典如下：

鲍厚星、崔振华、沈若云等《长沙方言词典》（1998），尹世超《哈尔滨方言词典》（1997），王军虎《西安方言词典》（1996），苏晓青、吕永卫《徐州方言词典》（1996），沈明《太原方言词典》（1994），温瑞政、张光明《忻州方言词典》（1995），周磊《乌鲁木齐方言词典》（1995），张成才《西宁方言词典》（1994），李树俨、张安生《银川方言词典》（1996），贺巍《洛阳方言词典》（1996），刘村汉《柳州方言词典》（1997），钱曾怡《济南方言词典》（1997），赵日新《绩溪方言词典》（1993），吴成虎《维西汉语方言词典》（2007），张文轩、莫超《兰州方言词典》（2009），周长楫《厦门方言词典》（1998），李如龙、潘渭水《建瓯方言词典》（1998），颜清徽、刘丽华《娄底方言词典》（1998），王世华、黄继林《扬州方言词典》（1996），熊正辉《南昌方言词典》（1995），鲍士杰《杭州方言词典》（1998），汤珍珠《宁波方言词典》（1997），曹志耘《金华方言词典》（1996），张慧英《崇明方言词典》（1998），刘丹青《南京方言词典》（1995），朱建颂《武汉方言词典》（1995），颜森《黎川方言词典》（1995），陈鸿迈《海口方言词典》（1996），汪平《贵阳方言词典》（1994），蔡国璐《丹阳方言词典》（1995），覃远雄、韦树关等《南宁平话词典》（1997）。

续表

序号	词典	条目及义项	页码	感情色彩
5	《太原方言词典》	[泛酸水]吐酸水	171	中性
6	《乌鲁木齐方言词典》	[泛酸]（胃里）发酸：我底胃不行，喫上啥都～呢	239	中性
7	《银川方言词典》	[泛常]平常（副词）：他～不在背地说人的闲话	226	中性
8	《济南方言词典》	[泛外]食物被水浸泡后膨胀变形； [泛饱]日常生活里多指食物被水浸泡后边的白而大：干粮掉水里，泡～哂	215	贬义
9	《厦门方言词典》	[泛]随便，马虎（多重叠）：做人着较～咧 [泛泛代]比喻马马虎虎，得过且过，不计较得失	193-194	贬义
10	《宁波方言词典》	[泛$_1$]经久变色。[泛$_2$]好；熟练。[泛登]好；熟练。“泛登”与“泛”的区别在于前者有名词的性质而后者是纯粹的形容词	133	泛$_1$：贬义 泛$_2$：褒义
11	《崇明方言词典》	[泛]恶心，想呕吐：肚皮里～来[肚子很难受（想吐）]	94	贬义
12	《黎川方言词典》	[泛田]泥沼田，其中有很泛时烂泥坑，会泛出气泡	113	中性
13	《武汉方言词典》	[泛刁]放刁，用恶劣的手段或态度跟人为难：你莫跟我～	241	贬义

表2共有义项14个，褒义3个，贬义6个，中性5个，同样是偏贬不偏褒。

结合《教程》关于“泛时”观一节的论述，三家译本都译作“一个借助于泛时解释的具体的事实是不属于语言的”（译文选用裴文译本第106页，高名凯译本第138页、刘丽译本第219页），“泛时的观点从来就不会触及到语言特有的事实”（裴文译本第106页）。很明显，对语言进行泛时研究没有价值，贬义义项似乎更符合其术语内涵。这些贬义义项中到底哪一个可作为“泛时”之“泛”义呢？

五、“泛时”辞书收录情况综观

考察的辞书类型有汉语综合性辞书、双解类辞书、外外类辞书、语言学类专门辞书四类，总共48部。

汉语综合性辞书共考查了15部①，无一收录“泛时”。

双解类辞书共22部②，分为两类。一类是汉外类词典，共5部（其中汉英类4部，汉法类1部），未收录“泛时”；一类是外汉类词典，共17部。其中英汉类10部，仅有《现代英汉综合大词典》（2002年版第1676页）收录“panchronic a. 泛时的”；法汉类7部，共有3部收词：《新世纪法汉大词典（缩印本）》（2006年版第1915页）、《新法汉词典》（2006年版第709页）均收词“panchronique”解释为“[语]演变缓慢的”，《法汉大词典》（2002年版第2498页）收词“panchronique”，解释为“a.

① 以较为权威的词典为语源工具书，包括《新修康熙字典》（1988）、《中国大百科全书》（语言文字）（1988）、《汉语大词典》（1990）、《语言文字百科全书》（1994）、《中华字海》（1994）、《辞海》（语词分册）（1997）、《汉语正序、倒序多用词典》（2001）、《康普顿百科全书．文化与体育卷》（2005）、《现代汉语分类大词典》（2007）、《辞源》（2009）、《新华词典》（2009）、《现代汉语大词典》（2009）、《中国译学大辞典》（2011）、《现代汉语词典》（第6版）（2012）、《新华字典》（2012）。

② 1. 汉英类词典：《汉英综合大词典》（上、中、下卷）（2004）、《汉英大词典》（第3版）（2010）、《新汉英实用百科词典》（2000）、《汉英古今常用语汇词典》（2005）；汉法类词典：《简明汉法词典》（1999）。

2. 英汉类词典：《现代英汉综合大词典》（2002）、《远东英汉大辞典》（1977）、《英汉辞海》（1987）、《蓝登书屋韦氏英汉大学词典》（1997）、《不列颠百科全书：国际中文版》（12）（1999）、《21世纪大英汉词典》（2002）、《柯林斯英汉双解学习词典（精编版）》（2007）、《朗文当代英语大辞典（英英・英汉双解）》（2005）、《新英汉词典》（第4版）（2009）、《牛津高阶英汉双解词典（第7版）》（2009）。

3. 法汉类词典：《新世纪法汉大词典（缩印本）》（2006）、《新法汉词典》（2006）、《法汉大词典》（2002）、《新法汉常用词词典》（2007）、《新编法汉汉法词典》（2000）、《拉鲁斯法汉双解词典》（1999）、《罗贝尔法汉词典》（2003）。

1 . [语] 演变缓慢的。2. [生] 未进化的 [指石鳖，螺旋虫等]”。

外外类辞书共 4 部①。其中英英类辞书 3 部，法法类辞书 1 部，均未收词。

语言学类专门辞书共 7 部②。共有 4 部收录，3 部释义：《语言学和语音学基础词典》(1992 年版第 150 页) 英汉部分收录了 “panchronistic tendency (泛时性倾向)” 但未作解释；《语言学词典》[37] 收词 “panchronisch” 解释为 “泛时的 [希 pan 意为 ‘全部’,‘所有’，chrónos 意为 ‘时间’]。F. de Saussure 语言学术语，表示一种语言学研究方法，即研究跨时期的，不属于某一发展阶段的语言的规律性。”《现代语言学词典》[37] 收录并解释如下：panchronic，泛时，解读为：“F. de Saussure (1916) 使用的术语。如同共时 (synchronic) 和历时 (diachronic) 一样，泛时也是指语言研究的一种方法，对语言的泛时研究认为，语言的规律性是不受语言随时间推延而发生演变所制约的。”《新编英汉语言学词典》[38] 与《现代语言学词典》[37] 收录的释义相同。这三部释义词典对 “泛时” 的解释实质是相同的，不过《语言学词典》[36] 的释义更明易一些。收词情况见表 3。

表 3　各类词典收词数量与比例情况

词典类型			总数	收录数量		
				“泛时”	“panchronic”③	“panchronique”
汉语综合类			15	0	0	*
双解类	汉外类	汉英类	4	0	0	*
		汉法类	1	0	*	*
	外汉类	英汉类	10	*	1	*
		法汉类	7	*	*	3
外外类	英英类		3	*	0	*
	法法类		1	*	*	0
语言学类专门辞书			7	0	4	0
总计			48	0	5	3
比例 / %			100	0	约 10.41	约 6.25

注：“*” 表示该词不属于所属词典收词类型

综上可以得出结论：“泛时” 的法语源词为 “panchronique”，释义为 “演变缓慢的”，仅有 3 部法汉类词典收录；英文原词为 “panchronic”，只有一部英汉类收录，汉英、英英词典里均未收录，语言学类专门词典收录极少 (4 部)，有 2 部释义但颇为迂回。收词比例总量仅占约 16.67%，释义辞书总量更是可怜的 12.50%，该词翻译研究以及正确释义尚处于混沌阶段。

---

① 英英类：《剑桥国际英语词典》(2001)、《牛津高阶英语词典 (第六版 · 英语版)》(2004)、《新韦氏国际词典和英语学习国典》(2011)；法法类：《罗贝尔法语大词典》(法法版) (2012)。

② 《语言大典》(1990)、《朗文语言教学与应用语言学词典》(2005)、《新编英汉语言学词典》(2007)、《语言学名词》(2011)、《语言学和语音学基础词典》(1992)、《现代语言学词典》(2000)、《语言学词典》(2003)。

③ 我们发现该词外文收录拼写不一致：《语言学和语音学基础词典》(1992 年版第 150 页) 英汉部分用的 “panchronistic”。后缀 “-ic” 可放在一些名词后构成形容词，表示 “……的，具有……特性的”，词缀 “-istic” 表形容词，由 “-ist+ic” 构成。这里应该是错误所致。《语言学词典》[34] 用的 “panchronisch” 是德语形式，“-isch” 是德语后缀的标志之一。在此把它们都算作 “panchronic” 形式作收词计算。

六、“泛时”正名及释义设想

重新回归原著文本，《教程》中关于“泛时”观的解读已经明显地指出了语言的泛时性研究没有价值。由此便可确示标榜着“泛时”论题的语言学探索无价值意义。若以含有歧解的语言学术语作学术创新之用，危害可能会很大。

裴文[10]有一例非常精彩：“地球公转的同时亦在不停地自转，若因公转与自转的不可分离性而采用‘泛’的观点，那么自转形成的日夜和公转形成的四季等事实在理论上就会变得模糊，只剩下‘旋转’这个恒定态。”语言研究也同此例所阐明的道理一样，共时之于历时相当于自转之于公转，自转、公转叠加的旋转相当于“泛时”观，如此混搭只会将研究从清晰变为模糊，意在说明用“泛时”观进行语言研究的不合理性，共时与历时研究的结合不等于这两者的叠加。

来看一个汉语的例子。如“飞翔”这个词，它实质上只是一个具有能指（概念）和所指（音响形象）的语言符号。从历时观点看，它来自古汉语并与之对立；从共时观点看，它跟现代汉语里一切可能与它有联系的要素（语音、语义、语法、修辞等）相对立。只有抽取出来的词语的声音本身——“fēi xiáng”能加以泛时的考察，若把它看作是一个新创造的词，我们赋予它的语音形式可以是任意的（不是固定的、定形的），如“fāng xiáng、qǐ tiào、kāi xīn”等语音形式。但这种考察没有语言学的价值，选择“fēi xiáng”这个读音是经社会群体约定俗成后被普遍接受的“飞翔”所附带的语音形式，无理据可讲但可通过数据（全民通用性）来证实。它的那些可能的任意形式（如“f ā ng xiáng、qǐ tiào”）只不过是我们一厢情愿的想法而已，只要它附着于“约定俗成”之后，便与“泛时”无缘了。语音上既然如此，词汇的演变、语法规则的更迭也当不是泛时的。

综上所论，“泛”之义项可取表 1 中“11. 不指定也”之义。

本文第三部分中，持“超时间性、忽略历时差异的共时研究”观点的郭锡良先生，虽然没有指出“泛时”的正确释义，但意识到“泛时”并不等于“历时的追本溯源和共时的系统分析结合”，是很有见地的。

基于此，参考《现代语言学词典》[37]的定义，我们试对“泛时”进行重新释义：“F. de Saussure（1916）使用的术语，法语源词为‘panchronique’，英文原词为‘panchronic’。泛时为语言研究的假想方法，是一种归谬法①[39]。‘泛’，意为不指定。对语言的泛时研究认为，语言在任何时间和任何地方都会发生变化，即可以任意‘穿越’，不具备时空的稳定性。其处于一种超时空的状态，呈现时空断层性特点，既不属于共时，又不属于历时，而与共时、历时相对②。一个个因摈除了时空、社会等因素而显得杂乱无章的任意性构成了泛时。”

由此可见，在严格术语意义上讲，对语言事实进行“泛时”研究没有意义。把“共时研究与历时研究相结合”简缩成“泛时”也不科学。

① “归谬法”是通过假定被反驳论题为真，然后据此必然推出荒谬的结果，从而确定被反驳的论题为假的反驳方法。[37]

② 衷心感谢马彪教授在授课时启发解答了“泛时”的内涵问题，指出泛时“处于一种超时空的状态，不受某一段时空的限制，既不属于共时，又不属于历时，而与共时、历时相对”，把泛时与共时、历时的对立明显区分开来。我们这里尝试再向前走半步，作进一步阐释，尽量使释义更具体一点。

七、造成“泛时”理解偏差的原因

（一）译学视野下的原因

一是中译本译文的问题。《教程》的中译本主要有三部：高名凯译本、刘丽译本和裴文译本①。高名凯译本是高校及研究者广泛采用的译著，裴文译本市面上较难买到。综合三家译本的译文流畅度，刘丽译本该节内容较为通畅，措辞接受度和简明性都较好。高名凯译本使用度高，不过在一些地方有些晦涩和不恰当，如把“outlive”译作“长寿的”（刘丽译作“长久的”），把“……is not a unit but a shapeless mass”译作“……而是一个没有定形的、无从划分界限的浑然之物”（刘丽译作“……而只是毫无形状的一堆杂乱符号”）等，选词有待商榷、句子衔接程度稍欠缺。索绪尔普通语言学的理论本身就比较抽象难懂，如果译文不流畅的话，就会让普通的语言学学习者理解更加困难。还有一个因素是：人们对同节译文较流畅的裴文译本和刘丽译本的知晓度不高，较难在比较中甄别“泛时”一节的具体术语内涵。

二是汉英该族词大量对译致使义项泛化。汉语中“泛 -”族词和英语中的“pan-”族词存在大量对译情况。“泛 -”族词有如“泛测地线、泛冲积扇、泛大陆、泛大洋、泛对角、泛短程线、泛非主义、泛古陆、泛古洋、泛黄酸、泛流行病、泛美联盟、泛美开发银行、泛美世界航空公司、泛美主义、泛宇宙论”②等，这里的“泛”义是“包含、普遍”之义。“pan-”族词有如“pan-geodesics（泛测地线）、pan-fan（泛冲积扇）、Pangea（泛大陆）、Panthalassa（泛大洋）、Pan-Anglican、pan-celt、pan-Christian、pan-diatonicism”等，“pan-”意为“Of, pertaining to or including all of or the whole of, or (spec.) all the parts of a continent or a racial, ethnic, or religious group”③。“泛—”与“pan-”之间广泛采用借译的手法，把这些泛化的“泛”义项类推于“泛时”上，造成错误理解的化石化。

（二）专业化语境中的误读

现有辞书对语言学界“泛时”的研究不够深入，收词稀少且释义同样有误，本文第五部分考察得出共有八部词典收录“泛时”、“panchroninc”或“panchronique”，有四部词典释义不过有两个义项。《新世纪法汉大词典（缩印本）》（2006 年版第 1915 页）、《新法汉词典》（2006 年版第 709 页）、《法汉大词典》（2002 年版第 2498 页）均收词“panchronique”，都解释为“[语] 演变缓慢的”；而《语言学词典》[34]解释为“泛时的 [希 pan 意为‘全部’，‘所有’，chrónos 意为‘时间’]。F. de Saussure 语言学术语，表示一种语言学研究方法，即研究跨时期的，不属于某一发展阶段的语言的规律性”。这两种释义是完全不同的。“泛时”的释义未得到统一使诸词典各用其义。

---

① 裴文译本为江苏教育出版社 2002 年出版的。关于版本的介绍可见申小龙《〈普通语言学教程〉精读》（第 335 ～ 336 页）“后记”中所述：“一种是高名凯 1963 年根据原书法文第三版译出，由岑麒祥参考 1933 年的俄译本和 1960 年的英译本校订，叶蜚声再根据原文和英、俄、日译本校订，商务印书馆于 1980 年出版，后经南京大学法语教授程曾厚提出百余条修改意见，于后来再版时又作了修改……另一种是裴文 2001 年根据原书法文第五版即最后版本译出，译本参考了原书前四个版本和高名凯的中译本，并吸收了前人方光焘等的中文选译本和高名凯全译本的成果，语言较为晓畅。”

② 参见吴光华 . 汉英大字典（第 3 版）. 上海：上海译文出版社，2010：460-461.

③ ［英］特朗博（Trumble, W. R.），［英］史蒂文森（Stevenson, A.）编《牛津英语大词典》（简编本）（*Shorter Oxford English Dictionary*）. 上海：上海外语教育出版社，2004：2079. 影印本 .

（三）大众化语境中的显潜误读与低语用频率效应的影响

本文第三部分显性运用中认为“泛时”是“共时与历时的结合”，潜性运用中对“泛时”内涵的理解则多达八种。另外，“泛时”一词出现的著、文、使用范围和倾向性都极小，在成果浩如烟海的人文社科领域总共才出现这24份相关文献资料。显性误读的高凸显性、高流通性加剧了潜性误读。外加与之相关的专业性学术应用和规范性辞书释义都有误，人们崇尚权威的认知心理容易让原本错误的解读在脑中形成思维定势，产生趋误语境频率联想[40]。

这样一来，辞书释义、学者理解义两者各行其是、各用其义，难以统一，并且都与原著意义明显背离。具有规范性作用的词典并未从“泛”的诸多义项中找到与“泛时”中“泛”字相对等的义项，造成这种双重误读的尴尬局面，使理解出现断层。

八、“泛时”研究前瞻

本文通过对“泛”义的古汉语历时提取、“普—方—古”三角验证、汉外对比以及该术语内涵的再挖掘，表明汉语丰富的词义为该术语的含义提供了正确的解释，努力尝试了“本土化”的一个方面：外国语言学的本土化探索。启发我们将“研究植根于汉语泥土，理论生发于汉语事实”[41]的迫切性，要敢于在大量汉语语言事实的铺陈下批判性地吸收从国外引介进来的理论。反向印证了中国语言学在树立本土文献意识的基础上也可以“领着说”，进行国际化探索。

由全国科学技术名词审定委员会审定公布的《语言学名词》（2011年）共收词2939条，没有将“泛时”收录，不能不说是个遗憾。我们对此有两点启发：一是建议语言学名词“泛时”中“泛”之“不指定”义项能够在相应词典中被收录或者得到更正。二是对语言事实进行所谓的“泛时”性考察没有任何语言学价值，应该到此画一句号。

展望今后的研究，主要有两条出径：一是重新甄选一个新术语代替旧汉译名“泛时”，以区别于同类族词，结合“泛”之“不指定”义，似可译作“任时”。二是沿用原术语名“泛时”，将“泛时”置于术语学研究视野下，按照术语定名的原则①[42]，把该术—语的内涵和外延解释得相对更加准确，兼顾其字面含义和学术含义，综合采取“是”定义（Ist-定义）（是什么）与“应该”定义（Soll-定义）（应该是什么）[43]实现该术语释义的更精确化，这是该术语得以进入相应词典的必由之路，也是语言学名词审定的重要参照标准。

参考文献

[1] 费尔迪南·德·索绪尔. 普通语言学教程[M]. 高名凯，译.北京：商务印书馆，1980：137-138.

[2] 徐和瑾.新法汉小词典[M]. 上海：上海译文出版社，2007:709.

[3] 哈杜默德·布斯曼. 语言学词典[M]. 陈慧瑛，译. 北京：商务印书馆，2003：384-385.

[4] 索绪尔. 普通语言学教程[M]. 刘丽. 译. 北京：九州出版社，2007： 218-220.

[5] Persson G.Think in a panchronic perspective[J].Studia Neophilologica, 1993(65)：3-18.

[6] 陈保亚. 论语言研究的泛时观念[J]. 思想战线，1991(1)：53, 54, 56.

① 冯志伟[40]提出术语定名需遵循“专业性、约定俗成性、单义性、科学性、理据性、简明性、能产性、稳定性、系统性、确切性、国际性”11条原则。

[7] 郝书阁. 语法化的泛时性研究[J]. 外语学刊，2000(3)：47-51.
[8] 方欣欣. 词义借用的不对称与泛时性[J]. 汉语学报，2005(1)：87-92.
[9] 吕军伟. 泛时视角下的汉语名量结构诸问题分析[J]. 天中学刊，2012(3)：102-106.
[10] 王磊. 空间语式的泛时研究[D]. 重庆：西南大学，2010.
[11] 裴文. 索绪尔：本真状态及其张力[M]. 北京：商务印书馆，2006: 176, 182.
[12] 袁家骅. 汉状语的体词向心结构[J]. 民族语文，1979(2)：113.
[13] 商振哲. 结构类型学的对象和方法[EB/OL]. http://blog.tianya.cn/blogger/post_read.asp?BlogID=1016268&postID=9759984[2007-05-27].
[14] 王德春. 论语义的逻辑演算[J]. 外国语（上海外国语学院学报），1983(3)：45.
[15] 王红生. 元代以来的古汉语虚词研究[D]. 乌鲁木齐：新疆大学，2006: 93.
[16] 马清华, 滕心怡. 理据的场约束及系统运筹——以交通乘用概念的理据为例[J]. 华文教学与研究，2012(2)：56.
[17] 李冬. 汉英词语理据比较[J].外国语（上海外国语学院学报），1988(6)：1.
[18] 万莹. 否定副词“不”和“没（有）”的比较研究[D]. 武汉：华中师范大学，2001: 22.
[19] 朴汀远. 否定副词“不”“没有”研究[D]. 上海：复旦大学，2010: 25.
[20] 聂志平. 索绪尔语言理论中的两组区分与争议[J]. 青海师范大学学报（哲学社会科学版），2002(4)：123.
[21] 陈宝勤. 试论“而后”“而已”“而况”“而且”“既而”“俄而”“然而”[J]. 沈阳大学学报（哲学社会科学版），1994(3)：59.
[22] 郭锡良. 古汉语虚词研究评议[J]. 语言科学，2003(1)：97.
[23] 李铁根.“不”、“没（有）”的用法及其所受的时间制约 [J]. 汉语学习，2003(2)：1-2.
[24] 张富翠. 时间观与语言研究——索绪尔《普通语言学教程》时间观述评[J]. 西南民族大学学报（人文社科版），2004(9)：326-327.
[25] 李建平. 百年来古汉语量词研究述评[J]. 天水师范学院学报，2005(3)：71.
[26] 袁毓林. 对“词类是表述功能类”的质疑[J]. 汉语学报，2006(3)：18.
[27] 帅志嵩. 中古汉语“完成”语义范畴的表达体系[J]. 南开语言学刊，2010(1)：72.
[28] 万献初. 萧该《汉书音义》音切考辨[J]. 古汉语研究，2009(3)：13.
[29] 张雪平. 现代汉语非现实句的语义系统[J]. 世界汉语教学，2012(4)：454.
[30] 小田. 论“社会时间”——依托于丰子恺笔下的村妇考察[J]. 河北学刊，2007, 27(2)：108-110.
[31] 邢福义. 汉语语法三百问[M]. 北京：商务印书馆，2009：256-257.
[32] 许慎，徐铉. 说文解字[Z]. 北京：中华书局，2009：233.
[33] 刘钧杰, 李行健. 常用汉字意义源流字典[Z]. 北京：华语教学出版社，2009：133-134.
[34] 汉语大字典编辑委员会. 汉语大字典（第2卷）[Z]. 武汉，成都：湖北辞书出版社，四川辞书出版社，2001：1569.
[35] 中国社会科学院语言研究所词典编辑室. 现代汉语词典（第6版）[Z]. 北京：商务印书馆，2012：163.
[36] 宗福邦，陈世铙，萧海波.故训汇纂[Z]. 北京：商务印书馆，2003：1231.
[37] 布鲁斯曼. 语言学词典[Z]. 陈慧英，译. 北京：商务印书馆，2003：384-385.
[38] 戴维・克里斯特尔. 现代语言学词典[Z]. 沈家煊，译. 北京：商务印书馆，2000：255.
[39] 戴炜华. 新编英汉语言学词典[Z]. 上海：上海外语教育出版社，2007：602.
[40] 南开大学哲学逻辑学教研室编著. 逻辑学基础教程[M]. 天津：南开大学出版社，2003：220.

[41] 邹韶华. 语用频率效应研究[M]. 北京：商务印书馆，2007：40.

[42] 邢福义. 语法问题献疑集[M]. 北京：商务印书馆，2009：526.

[43] 冯志伟. 现代术语学引论（增订本）[M]. 北京：商务印书馆，2011：34-41.

[44] 欧根・维斯特. 普通术语学和术语词典编纂学导论[M]. 邱碧华，译. 北京：商务印书馆，2011：69.

$PM_{2.5}$与“细颗粒物”：术语译名规范推荐的大众传播学思考*

时　闻
（南京大学外国语学院，江苏南京，210046）

摘　要：随着我国各项事业国际化发展进程的加快，新事物、新概念如雨后春笋般涌现。大量外语词汇和专业术语的不断输入，对现代汉语的词汇及术语系统产生了诸多影响。术语译名及其在大众传播领域的规范使用问题逐步受到学界的重视。国家语言文字工作委员会颁布的“第一批推荐使用外语词中文译名表”引发了全社会各领域人士的积极探讨。本文从大众传播学相关理论出发，探讨了术语跨语应用的传播学特点，并以环境科学领域术语 $PM_{2.5}$ 的译名变化为例进行了较为深入的思考。本文认为，术语译名规范的推荐会对译语既有词汇系统、术语系统和知识系统产生积极作用。但在大众传播语境下，术语译名规范的具体应用也应考虑术语跨语传播的过程性动态特征并采取相应的实践策略。

关键词：$PM_{2.5}$；细颗粒物；术语译名规范；大众传播

一、引言

随着我国对外开放与国际交流的不断深化，中外语言文化的碰撞与交汇也进入了前所未有的活跃时期。在大众传播时代，大量承载新思想、新概念的外来术语借助媒体信息不断涌入，被我国社会各阶层大众所理解和接受。在此过程中，外来语词的使用情况日趋复杂并在一定程度上影响到我国的语言生活状况。是否应该加强，以及如何加强外来语词的规范应用已经成为一个全社会共同关注的语言问题。对此，国家语言文字工作委员会于 2013 年 9 月审议并正式通过了包含 AIDS（艾滋病）、E-mail（电子邮件 / 电邮）、IQ（智商）和 $PM_{2.5}$（细颗粒物）等 10 组词在内的“第一批推荐使用外语词中文译名表”（以下简称“推荐译名表”，见表 1），推荐在社会生活各个领域使用规范的外语词及中文译名，并计划于 2014 年相继发布第二批、第三批译名表。《人民日报》也于 2014 年 4 月发表了《外来语滥用，不行！》一文，态度鲜明，立场坚定。但实际上，对于究竟如何规范并使用这些推荐译名，社会各界仍众说纷纭，莫衷一是。笔者通过仔细观察，发现“推荐译名表”所含 10 组词分别来自经济、科技、通信、环境等多个与大众生活密切相关的领域，且均为某一专业领域的术语。术语译名的规范应用问题确实重要，值得研究。本文作者借鉴大众传播学理论，探讨了术语跨语应用的传播学特点，并以环境科学领域术语“$PM_{2.5}$”在汉语传播媒介中的应用过程变化为例，进行较为深入

* 本文所用语料全部来自《参考消息》官方网站 2011 年至今的新闻报道，主要媒体包括：参考消息网、国际先驱导报、新华网、中国新闻网、国际在线、经济参考报、人民网、外交部网站、东南网等。

的探讨，以期为汉语术语系统的规范建设与发展提供借鉴。

表 1　第一批推荐使用外语词中文译名表

序号	外语词缩略语	外语词全称	中文译名全称	中文译名简称
1	AIDS	acquired immunodeficiency syndrome	艾滋病	—
2	E-mail	electronic mail	电子邮件	电邮
3	GPD	gross domestic product	国内生产总值	—
4	IQ	intelligence quotient	智商	—
5	IT	information technology	信息技术	—
6	OECD	Organization for Economic Co-operation and Development	经济合作与发展组织	经合组织
7	OPEC	Organization of the Petroleum Exporting Countries	石油输出国组织	欧佩克
8	$PM_{2.5}$	particulate matter	细颗粒物	—
9	WHO	World Health Organization	世界卫生组织	世卫组织
10	WTO	World Trade Organization	世界贸易组织	世贸组织

注：本表按照审议外语词形的字母顺序排列

二、术语跨语应用的传播学特征

在大众传播时代，信息传递更加迅捷。术语的应用也不再局限于专业领域，而是以信息或知识传递的方式实现了更为广泛的传播，与社会大众关系紧密的人文社会科学领域的术语更是如此。换言之，大众传播时代中术语的应用呈现十分鲜明的传播学特征。根据现代传播学的话语研究范式理论：①传播是传递；②传播是控制；③传播是游戏；④传播是权力；⑤传播是播撒；⑥传播是共享和互动[1]。这种非本质主义的描述，有助于我们更加清楚地考察术语跨语应用的一些重要特征。结合术语跨语传播应用的特殊性，本文作者认为，术语的翻译过程分别体现了“知识传递的信息性”“心灵影响的控制性”和“文化输入的权力性”三个主要的传播学特性。

1. 知识传递的信息性

传播学四大奠基人之一、美国政治家哈罗德·拉斯韦尔（H. Lasswell）1948 年提出了经典的 5W 传播模式，即“谁（who）→说什么（says what）→通过什么渠道（by which channel）→对谁（to whom）→取得什么效果（with what effect）”，由此“界定了传播学的研究范围和基本内容”[2]。该线性流程体现了信息从传者到受者的过程，也契合了“传播是传递”话语的实质。术语是用于表征专业概念的约定性符号，被视为“人类科学知识在语言中的结晶”[3]。术语翻译则是相关概念在跨文化、跨语际传播中重命名的过程，被视为一种特殊的翻译行为[4]。这一过程不仅通过语词层面的跨语转换来传递概念信息，更体现在学科思想与知识体系的深层次交流方面。换言之，术语的跨语应用有利于促进原语和译语受众群体间信息与知识的共享和互动，具有知识传递的信息性。例如，明末清初来华传教士利玛窦（Matteo Ricci）与徐光启合译《几何原本》，与李之藻等著译的《测量法义》等书，译介厘定大量西学术语，涉及数学、天文、地理等多个学科，一方面巩固并丰富了我国的学科体系，另一方面也将大量西方先进的科学、技术知识传入了中国[4]。

但知识信息的传播并非总能达到传者的预期效果。除却信息自身编码、解码的复杂性，不同语言系统之间的差异也会在一定程度上阻碍术语的跨语传播。美国学者蒂奇纳（P. J. Tichenor）等人在1970年提出“知沟理论”（Knowledge Gap Theory），指出随着大众传播媒介向社会传播的信息日益增多，无论经济状况好还是经济状况差的人均能增进知识，但前者会以更快的速度获取信息。因此，这两类人之间的知识沟将呈现扩大而非缩小之势，“知识”在此主要指大众传播中的普通信息[5]。显然，承载新思想和专业知识的术语在跨语应用过程中势必要比“普通信息”更容易产生阻碍传播的“知沟”。例如，专业人士对电子商务领域术语B2C（Business to Custome，商对客）和P2P（Peer to Peer，网络借贷）比较熟悉，且很少在传播应用过程中引起概念内涵的流失变形，而对此一无所知的人若想了解甚至掌握这两个术语则需要更多的背景知识做辅助。“知沟”现象主要由以下几个因素造成：①传播技能；②知识储备；③社交范围；④信息的选择性接触、理解和记忆机制；⑤大众传播媒介的性质。同生活水平相对较低的人相比，经济状况好、受教育程度高的人更容易积累丰富的背景知识，其阅读量大、理解力强、社交范围广且更关注公共事务，所以在对专业知识的获取、把握和理解方面也就更快、更强、更透彻。此外，传播媒介往往针对不同的受众制定不同的传播策略，如报纸等印刷媒介更多是针对高学历者而言的[5]，这就在根本上将教育水平低的读者排除在外。

事实上，术语跨语应用过程中的“知沟”不仅出现在贫富阶层，也体现在不同的国家、民族和文化之间。而术语译名规范的推荐不失为缩小知识“贫富差距”的一个好方法。

2. 心灵影响的控制性

“传播是控制”这一话语认为，大众传播不仅要传递信息，更以“实现传播者有意图的控制为目标”，而传播学的诞生也是“有意图地施加影响”这一话语兴起的产物[1]。20世纪以来，民主政治迅速发展，作为“无根个体”的大众登上历史舞台，广泛参与社会事务、维护个人权利，逐渐成为促进社会进步不可小觑的中坚力量。为能继续掌握社会财富，精英政治团体放弃已经式微的传统控制手段，转而利用传播与宣传来控制大众思想、态度和选择。相应地，术语跨语应用的过程也会对受众的认知产生或显性或隐性的控制，但并不一定是传播话语下的强势“操控”。换言之，有意图的术语跨语传播无法决定受众“怎么想”，但可以影响受众“想什么”“做什么”。因为该过程面对的是一个个单独的受众，要实现传播目的，首先就要“尊重对方的独特性”[1]。此外，复杂的传播过程还受到社会文化与传播环境等诸多不定因素的影响，随着网络等新媒体的发展，受众不再是单纯的受者，转而积极参与、主动传播，成为信息共享主体。这种“全民参与”的传播语境一方面使传者失去“唯一决定因素”的地位，另一方面也使受者的主动选择权升至同等重要的位置，甚至会在某种程度上演化为另一种形式的认知控制[6]。例如，2003年初，关于“非典”（SARS）的大量报道不仅传播了权威的医学知识，更引起大众对疾病预防和身体健康的关注，并开始主动调节饮食结构、改善生活习惯。而近年来关于“细颗粒物”（$PM_{2.5}$）的新闻也极大地增强了大众的环保意识，越来越多的人参与到“空气保卫战”的行列。

规范的术语译名在跨语应用过程中，不仅扩大了新知识、新思想的接受与传播广度，有利于对受众进行普遍的认知、态度和行为的影响，而且会为其树立良好的语言使用习惯，并在进一步传播中巩固深化，从而促进译语既有词汇、术语系统的规范发展。

3. 文化输入的权力性

“权力的不平等由经济基础决定，但却常常表现在语言和象征符号上”。古典社会学者认为权力是强制性的、外显的、直接的控制，而后现代主义者福柯（M. Foucault）则将权力视为无影无踪的网络，“每个人都是权力的代理者，既可能是压迫者，也可能是被压迫者”。受此影响，文化研究扛旗人——斯图亚特·霍尔（Stuart Hall）提出，“大众传播的编码与解码，其实就是语义空间中的阶级斗争，在话语里面蕴含着权力的对抗”[1]。反观术语翻译过程，其实也是原语术语所表征的专业概念、学科知识和特色文化对译语的权力输入与控制，既有积极的创造性，同时又会造成隐秘而强大的“入侵”。例如，中国的近现代心理学体系源自西方，大众耳熟能详的“心理学（psychology）”“潜意识（unconsciousness）”“多重人格（multiple personality）”等词都来自西方，相关学者随后逐步将其学科话语体系和理论框架引入国内，建立起“和西方现代心理学相同的科学概念体系”[7]。可见，强势文化权力具有输入生产性，能够促进译入语学科体系的构建，“产生新话语，形成新知识”[1]。而另一方面，这种非强制性的、无形的权力却能成功地驯服身体，融入主体。很多人为标榜自己“与时俱进”，获得传播的游戏性愉悦感，大量使用强势文化符号，因此才会出现越来越多诸如“这里 Wi-Fi 密码是多少？”“今天 $PM_{2.5}$ 又爆表了”“有事 call 我”等中英文混用表达。正是利用了传播的这一特点，经济发达、信息资源丰富的发达资本主义国家才得以在第二次世界大战后迅速利用文化产品对发展中国家和地区进行柔性、隐秘的文化殖民，形成所谓的“文化帝国主义”，而发展中国家在经济上的劣势地位则导致其在文化交流中处于“失语状态”。例如，我国中医博大精深，但中医术语的外译工作却艰难异常，较成熟的译名也不过是最基础的“气（qi）”“阴阳（yin/yang）”等概念，很多词无法实现“形神兼备”的翻译效果，极易失去固有的内涵与特色。

可见，术语跨语应用过程中不同文化圈层间的博弈性十分明显，为更好地应对这一现象，相对弱势的国家不仅要注重发展本土文化，提高身份认同感，建立文化软实力，更要建立“文化巧实力”，树立文化自信。

三、$PM_{2.5}$ 译名的传播过程分析与思考

在国家语言文字工作委员会颁布的“推荐译名表”中，$PM_{2.5}$ 的中文等价术语为“细颗粒物”。较之其他 9 个早已为大众熟知且译名相对稳定的词，$PM_{2.5}$ 可算作当下最热门、争议最大，公众也最关注的一个新晋外来术语。事实上，从该术语进入公众视野到确立其译名为“细颗粒物”，这其中经历了一系列复杂的变化过程。从报纸新闻这一媒介传播来看，在《参考消息》官方网站上以“$PM_{2.5}$”和“细颗粒物”为关键词进行检索，可得 2011 年 10 月至 2014 年 8 月的相关报道约 560 篇。分析所获数据，并结合前文所述术语跨语应用的传播学特征，本文认为 $PM_{2.5}$ 主要经历了以下几个传播阶段。

1. 初期“传播”：信息丰富，表述混乱无序

2011 年是 $PM_{2.5}$ 这一专业术语进入公众视野并开始传播的时期，这一阶段，报道数量多、主题相对集中，主要围绕“$PM_{2.5}$ 是什么”，以及“是否将 $PM_{2.5}$ 纳入空气质量监测数据范围”这两个问题，知识丰富，信息量大，但术语的译介与表述复杂多样，混乱无序。

分析所得语料，可发现 2011～2012 年初期的新闻报道中，有关 $PM_{2.5}$ 及译名的表述多达几十种，

不仅不同媒体的报道表述有差异，甚至同一篇新闻也出现了先后不一甚至矛盾的现象。主要有“缩略词+解释”的形式，例如：

（1）美国驻北京大使馆 4 日晚在微博公布最新 $PM_{2.5}$（直径小于等于 2.5 微米的颗粒物）空气污染指数，结果显示 $PM_{2.5}$ 浓度达 522。

（2）备受关注的 $PM_{2.5}$（直径小于 2.5 微米的超细污染颗粒）标准征求意见于 5 日结束，据悉，新标准拟于 2016 年 1 月 1 日全面实施。

（3）近期，被称为“灰霾元凶”的空气污染物 $PM_{2.5}$（又称“可入肺颗粒物”）受到公众广泛的关注，上海、南京等许多城市开始尝试发布 $PM_{2.5}$ 监测数据。

也有“文字阐释型”，例如：

（1）据悉，测出北京空气质量指数“有毒害”的监测站是美国驻华大使馆内自设的，专门用于检测可深入肺部的悬浮颗粒 $PM_{2.5}$（尺度小于 2.5 微米的颗粒物）的数据。

（2）$PM_{2.5}$ 是指直径等于或小于 2.5 微米的颗粒。

而译名“细颗粒物”（$PM_{2.5}$）在 2011 年末国务院下发的《国家环境保护“十二五”规划》中早已出现，但此后并未大规模使用。事实上，$PM_{2.5}$ 成为热词在很大程度上是因为大众受社会和心理因素影响产生认知需求，期待新闻媒介提供相关信息。2011 年下半年起，北京、上海、山东、山西等地纷纷出现严重的雾霾天气，对大众的日常生活造成巨大影响，以 PM_{10} 为主要评价标准的官方环境空气质量检测数据接连多日与民众的切身感受并不一致，反而是美国驻华使馆公布的包含 $PM_{2.5}$ 的数据显得更为真实，伴随着“美国驻华使馆和北京市环保局关于监测数据谁更准确”的辩论，曾经冷僻的专业术语 $PM_{2.5}$ 迅速进入公众视线并成为年度热词。出于对自身健康的关注，公众迫切地想知道 $PM_{2.5}$ 的内涵是什么、有何预防措施，在强烈呼吁将其纳入空气质量监测数据范围内的同时，也期待相关部门能迅速采取有效治理措施。为满足公众需求，新闻媒体开始进行大量报道，当然，这也和媒介自身的利益追求有直接联系。可见，这一时期的术语跨语应用更多围绕着它所承载的概念内涵出发，较之译名的规范表达来说，信息的透明性与知识的传播性被摆到了首要位置。

2. 中期“践行”：控制增强，表述趋向稳定

2011 年年末，随着新的《环境空气质量标准》的颁布，$PM_{2.5}$ 顺应民意成功“被监测”，此后 2012～2013 年的新闻报道大多关注各省市的政策实施情况以及国内外在相关问题上的“战与和”关系，术语表述趋向稳定统一，以“$PM_{2.5}$”为主。

随着新修订的《环境空气质量标准》的颁布，以及十一届全国人大五次会议上温家宝总理所作的《政府工作报告》的公布，细颗粒物（$PM_{2.5}$）正式纳入官方监测范围，$PM_{2.5}$ 所表征的学科概念成功“着陆”汉语知识系统，并进入了一个相对稳定的应用传播阶段。各省市纷纷着手准备，相继公布政策实施情况及 $PM_{2.5}$ 的研究性监测数据，以安抚民情、顺应民意。此外，各界专业人士纷纷加入，分析讨论造成这一环境问题的深层原因，指出“燃煤、机动车、扬尘和工业等污染排放，区域污染物传输，以及气态污染物通过光化学反应生成的二次粒子”等都是主要来源，并通过各类新闻传播媒介呼吁大众从身边小事做起，减少吸烟量、汽车废气排放量等。受此影响，大众在改变自身生活、饮食习惯的同时，也进一步增强了环保意识，春节期间自觉减少烟花爆竹排放，“绿色春节”的理念开始成为一种时尚。受众主动要求获知关于 $PM_{2.5}$ 的相关信息，在需求得到满足之后，又反过来受到媒

体的影响，这也是大众传播使用与满足理论的观点之一，即“受众只有愿意接受一定的媒体，媒体才能对其产生影响”[1]。第二阶段的跨语应用将重心从概念传递与知识普及上升到了国家政策实施和增强环保意识的认知层面，对受众态度与行为选择都产生了一定影响。这一阶段，术语以英文缩略词 $PM_{2.5}$ 的形式广泛传播，一方面是因为汉语具有广泛的开放性与包容性；另一方面是其作为一个全新的概念，无论是传者还是受者，都可以在对“零翻译”译名的选择与传播过程中获得“作为传播主体”的愉悦感，即术语译名的跨语传播不仅是“外在的，工具性的”，它更加关注个人在传播过程中的“主观感受、自我存在与发展”[1]。

3. 后期“归化”：逐渐推行规范译名

2013年年底，国家语言文字工作委员会颁布《推荐译名表》，2014年以后的新闻语篇显现一系列细微变化，趋势虽非十分明显，但仍可以看到以中文译名为主、辅之英文缩略词的“细颗粒物（$PM_{2.5}$）”及类似表达方式逐渐增多。

2013年年底，随着“推荐译名表”的颁布，大众对 $PM_{2.5}$ 的关注也从学科内涵、环保意识转到了语言规范层面，更符合汉语表达习惯的中文译名“细颗粒物”得以确立并推广。术语的跨语传播并非停留在概念层面，只有融入译语语言文化体系，产生广泛联系并生成相关知识系统和术语系统，才算是真正生根发芽。虽然现有语料体现出的译名统一、规范的应用特征还不太明显，但这一趋势却不可否认。可以说，在未来的跨语应用中，“细颗粒物（$PM_{2.5}$）”所表征的不仅仅是环境领域的一种污染物，或译入语知识体系内民众的“污染焦虑”与“环保意识”，它更是一个具有象征意义的文化事件。术语译名规范的推荐不但能够促进新的概念与知识的输入，而且有利于译入语术语系统和语言文化系统的发展。这一过程中，新闻媒体承担着巨大的导向性作用。正如美国学者科恩（B. C. Cohen）曾提到的，新闻媒体不能告诉人们“怎么想”，但却能告诉人们“想什么”。当规范的表述重复出现在报道量巨大的新闻议程设置中时，受众的认知就会受到潜移默化的影响，反过来模仿并传播类似议程。此外，由于媒体间议程设置的存在，具有影响力的媒体及新闻源也可以设置其他媒体的议程，即主流媒体的规范术语跨语应用也对其他传播媒介具有一定的导向性[1]。当然，规范译名的推荐并不等于极端地声称要“维护汉语纯洁性”，就像北京语言大学教授施春宏所说，“纯洁是个伪命题，语言的核心价值是交际，没有超时空的纯洁与健康”。

而除此三个主要阶段及特征以外，还有其他一些特点，如“同一篇报道中术语译名不统一，系统性较弱”“新闻标题中普遍采用英文缩略词 $PM_{2.5}$ 形式”，以及“大陆与港台地区的译名选择有明显差异”等，涉及新闻语体的特殊性及术语翻译的地域性因素，在此不做过多分析。关于术语跨语应用的“文化输入的权力性”特征而言，虽然 $PM_{2.5}$ 的传播只是一个个案，但近年来大量外语词的输入对汉语既有词汇术语系统的影响与入侵已经是一个不争的事实，因此需要我们在文化研究层面提高警惕。

通过对 $PM_{2.5}$ 译名的跨语传播过程分析可以看出，外来术语译名在跨语应用与传播过程中并非一步到位、一劳永逸。原语术语所表征的专业性概念在融入译语系统时会经历一番波折，也许为了成功“着陆”还会进行“本土化”的自我调节。此外，其译语系统等价术语符号也需要适应传播语境的阶段性特征，即产生所谓的“过程性”语境变体。译名“细颗粒物”在后期传播中的效果之所以并不明显，就是因为 $PM_{2.5}$ 的形式早已先入为主、深入人心，而相关“规范”的介入又过于滞后。受此启发，本文认为在新术语的跨语传播应用过程中，初期以信息传递和知识普及为主，允许存在“英文缩略词＋阐释文字”的形式，但要保证解释的权威性；由于在汉语语境中传播，为了更方便快捷，中期可以有多个译名并存，但应在译名后以附注形式标明英文原术语，如“可入肺颗粒物（$PM_{2.5}$）”，而这个时期也是相关语言文字部门开始介入并制定规范的时期；中后期则应该推行规范译名，将外来语“归化”入汉语体系。

四、结语

$PM_{2.5}$一词的跨语应用仅仅基于500多篇新闻报道就已呈现出如此多的变化性，窥一斑而知全豹。可以想见，在全球化时代，大量新名词、新术语的引入与传播势必更加复杂与混乱，会对汉语系统造成一定的冲击与挑战。国学大师任继愈先生曾言：“汉字对维护民族认同和文化统一起了巨大作用。如果没有汉字，中国就是另一个欧洲。”从大众传播学的视角看，一方面，汉语的开放性与包容性使其在吸收外来语的过程中不断丰富自身，同时实现自我净化、与时俱进；但另一方面，作为受众的我们则需要主动管理某些混乱的语言现象，制定并推荐语言使用规范，从最根本、最核心的术语跨语应用入手，尽快将其转化为易读易记、方便理解使用的汉语等价术语，正本清源、去伪存真，维护汉语术语系统、知识系统和文化系统的独特性，树立文化自觉与文化自信。

参考文献

[1] 刘海龙. 大众传播理论: 范式与流派[M]. 北京：中国人民大学出版社, 2008: 6-347.

[2] 董璐. 传播学核心理论与概念[M]. 北京: 北京大学出版社, 2008: 22.

[3] 冯志伟. 现代术语学引论（增订本）[M]. 北京: 商务印书馆, 2011: 1.

[4] 魏向清，赵连振. 术语翻译研究导引[M]. 南京: 南京大学出版社, 2012: 39, 99-101.

[5] 许静. 传播学概论[M]. 北京：清华大学出版社；北京交通大学出版社，2007: 217-218.

[6] 魏向清. 术语翻译过程的传播学阐释与思考[J]. 翻译论坛，2014，(3): 20-25.

[7] 杨鑫辉. 心理学通史: 中国近现代心理学史 (第2卷)[M]. 济南：山东教育出版社, 1999: 13.

浅议人工影响天气术语系统

郝克俊[1] 刘　志[1] 林　丹[1] 任　超[1] 刘晓璐[1] 陈碧辉[2]
（1 四川省人工影响天气办公室，四川成都，610071，
2 中国气象局成都高原气象研究所，四川成都，610071）

摘　要：在气象行业内，在使用人工影响天气术语时，尚存在一些混乱的现象，如有的术语的定义不够准确，有的术语的概念或概念系统不够完善，同一术语有不同的解释，不同的术语指称同一概念等，不仅影响交流效果，甚至影响部门形象。开展人工影响天气术语系统的研究，旨在规范人工影响天气术语的定义和使用，提高人工影响天气工作的科学性、有效性、管理水平和服务效益，提高气象行业与政府部门、社会大众之间的沟通效率，提高气象部门的美誉度。本文作者收集了人工影响天气领域内的部分术语，从确定主题、收集术语信息、术语系统化、评价术语、整理术语、编制概念分类图、创建叙词表和整理术语集等方面进行了研究，初步形成了其中的《人工影响天气作业术语》，并获得中国气象局的批准后颁布实施。同时，尝试应用计算机智能技术，以《人工影响天气作业术语》为基础，开发了《人工影响天气术语系统 V1.0》。该系统安装在四川气象部门的内网上运行，有关人员能快速地自动搜索和自动识别人工影响天气作业术语。今后，还将进一步研究并完善人工影响天气术语系统。

关键词：气象；人工影响天气；术语；研究

一、引言

近年来，人工影响天气工作在防雹减灾、增雨抗旱、扑灭森林火灾、增大水库蓄水量、保障重大社会活动、减轻大气污染，以及改善生态环境等方面发挥了重要作用，得到了各级领导的充分肯定和广大群众的普遍赞誉。但是，在我国人工影响天气领域，目前尚无统一、规范的术语标准，仅有2012年中国气象局颁布的气象行业标准《人工影响天气作业术语（QXT151-2012）》[1]。有关人员在使用术语时，尚存在以下问题：有的术语的定义不够准确；有的概念和概念系统不够完善，同一术语有不同的解释，不同的术语指称同一概念，等等。不仅造成使用混乱，而且影响交流效果。本文将从确定主题、收集术语信息、术语系统化等方面，初步研究人工影响天气术语系统，旨在反映其概念系统及概念间的联系，规范术语定义，正确使用术语，这将对有效提高人工影响天气工作的科学性、有效性、管理水平和服务效益，提高气象行业与政府部门、社会大众之间的沟通效率，进一步树立本部门良好的社会形象，有重要的现实意义。

二、资料来源

研究人工影响天气术语系统的资料来源，主要分为以下几类。

（1）法律、法规、规章。例如,《中华人民共和国气象法》[2]、《人工影响天气管理条例》[3]、《通用航空飞行管制条例》[4]、《民兵武器装备管理条例》[5]等。

（2）词典、标准。例如,《大气科学名词》[6]、《大气科学辞典》[7]、《气象学词典》[8]、《化学辞典》[9]和《气象标准汇编》[10]（2000～2012年共9册）等。

（3）规章制度。例如，中国气象局制定的《人工影响天气安全管理规定》、《增雨防雹火箭作业系统检测规范》、《高炮人工防雹增雨业务规范（试行）》[11]《飞机人工增雨作业业务规范（试行）》[12]等。

（4）教科书、科学论文、科技期刊等专业文献。例如,《大气物理与人工影响天气》[13]、《人工影响天气现状与展望》[14]、《人工影响天气三七高炮实用教材》[15]、《雹云物理与防雹的原理和设计——对流云物理与防雹增雨》[16]、《人工影响天气研究中的关键问题》[17]、《人工影响天气岗位培训教材》[18]、《大气科学》（杂志）、《中国科技术语》（杂志）等。

（5）有关厂家的技术资料、使用说明书。例如，江西国营九三九四厂编印的《BL系列防雹增雨火箭作业系统年检规范（Q/XGS56-2002）》、YD系列说明书，陕西中天火箭技术有限责任公司编印的《WR系列增雨防雹火箭作业系统年检规范（Q/SY14-2002）》和《WR系列增雨防雹火箭作业系统产品应用技术及年检技术资料汇编》等。

三、研究进展

1. 确定主题

人工影响天气术语系统要达到词汇规范、概念准确、定义科学和系统性强，就需要按不同的主题构建术语系统，以正确反映术语之间的关系，反映相应概念的特征。基于目前人工影响天气业务、科研和管理工作的特点，结合本学科的基础理论、现状和发展趋势，考虑术语的概念内容、功能特点和使用范围等因素，起初将人工影响天气术语分为"基础术语、作业监测、作业装备、作业技术、催化技术、效果评估、业务管理和技术研发"等八个主题进行研究，后来在整理时，发现"技术研发"类所收集的术语只有五个，就将该类的术语合并到其他类中，然后把"作业技术"类拆分为"作业技术""地面作业"和"飞机作业"等三类。随着研究的深入，在保证各主题材料分配均衡、主题界限清晰明了、主题内容确切、术语集收词全面的前提下，也许还要适当合并内容少的主题，创建新的主题，拆分内容过多的主题。

2. 收集术语信息

收集时，利用目前人工影响天气领域的文献、资料和科研成果，广泛、全面、系统地收录具有本学科学术特点、构成本学科概念体系的名词、术语、定义、概念、概念系统、示例和插图等，只收集专业概念、少量从其他学科借用的概念，注意选收科学概念清楚、相对稳定、反映当前学科发展水平的新术语，不收录已淘汰的、无现实意义的术语，不收商标、商业名称和俗语。收入构词能力和组合能力强的术语，便于他人学习掌握，便于今后进行电脑自动化加工。收集术语信息的主要步骤如下。

（1）挑选词汇。从遵循术语的科学性、系统性、单义性、简明性、派生性、稳定性、协调性等原则出发，按预先确定的主题，观察所收集术语的重要性、使用频率、主题所属、系统性、构词能力和组合能力等，依据术语称谓专业概念和具有定义这两个特征，挑选出最准确和最简明的术语，确保收词无遗漏。

（2）收集内容。收集包括术语、定义、概念、同义词、近义词、反义词、完整形式、缩写形式、与其他语种的对应词和对应程度、示例、注、公式、图形等，标明所属上位概念或下位概念、并列概念等。如定义过宽，不借助上下文无法理解的术语，则要加标志注明。

（3）信息编码。术语按概念外延范围，从小到大排列编号。多义术语称谓几个概念，就在相应的部分给每个概念都单独编号。编制资料列表，用统一方法命名文件，方便日后查找、编排和使用。同义术语排在一起编一个号，并将相关资料输入电脑。

3. 术语系统化

任何一个术语都属于一个确定的术语集。采用系统化的方法，直观展现最邻近属术语和并列术语的联系，便于研究相近术语之间的关系，有助于正确地理解术语。术语系统化，重要的是消除同音（形）异义或多义现象，统一语义和形式，确保术语的单义性和完整性，使术语在术语集中获得的概念意义、术语意义与术语的词汇意义间无分歧，没有同语反复，不存在同义术语。将收集的术语、概念，按确定的主题分类，每个主题中的术语、概念，按汉语拼音字母排列，初步进行系统化。

1）评价术语

由释义入手研究定义、概念，检验集内由属概念划分出的种概念是否能构成概念的外延，是否有误导性术语，是否有遗漏的概念，是否有术语与定义、概念出现不对应或者错误的情况，是否有概念与概念系统隐蔽的不对应情况，是否有概念内涵不对应导致术语意义不对应的情况，是否有一个术语用于命名两个概念的情况，是否有几个术语同时指向同一概念的情况等，然后合理补充，完善分类。

2）整理术语

整理术语，就是赋予术语最优化的形式与结构，使之反映概念范畴及其相互间的逻辑关系。整理术语包括统一和优化两个方面。统一是指整理术语的内容，目的是确保术语系统中的一个术语只与一个概念相对应，反之亦然。统一术语的名称和含义，实际上是规范表达术语背后的思想。优化是指选择术语的最佳形式，反映术语所称谓的概念的基本特征。

整理术语的步骤如下：

（1）将术语按主题分类，以汉语拼音字母排序，初步形成术语集。

（2）整理术语的来源、定义、概念、使用特点、同义术语等信息。

（3）制定术语的修改、补充规则和程序，使术语达到准确与系统。

（4）明确意义模糊的术语，优化现有专业词典的定义，挑选内容、形式、结构最成功的术语。将意义过宽的术语，移至更高层级的术语系统中。

（5）检验术语集内的术语在内容上是否存在多余术语成分，将多义术语改造成具有确定意义的术语，并做出相应标注。

（6）区别系列名称，标注首选术语、许用术语、拒用术语和被取代的术语、新术语等。

（7）在同义、同音异义术语中，选择最符合术语要求的一个术语作为首选术语，其他术语即为非推荐使用或非许可使用。

3）编制概念分类图

（1）找出最近的属概念。

（2）由上而下，从最大范畴的概念开始进行分析，将有相同最近属概念的概念分组，并为每个属概念找到更大的概念，直到找出不再有属概念的最大概念为止。

（3）研究最近的属概念和同类概念，找出确定的区别特征。

（4）画出分类图，明确概念的现有定义或创建新的定义。

4）创建叙词表

（1）制定叙词表的修改、补充的规则和程序。

（2）根据主题范围，挑选最具信息量的术语词汇，以术语、概念、概念标识符、摘录日期、文件名称、源文献名等统一格式录入到电脑中。

（3）词汇以汉语拼音字母顺序排列，再次遇到同一个术语词汇时做出参见标注。如术语很难归入主题，就放入“待分类主题”中。

（4）叙词表内所有用于称谓同一概念的同义术语都用同一个编号；多义术语只出现一次，但要标出所称谓的所有概念的序号。

（5）每个主题的术语最好保持在20～30个。

（6）用相同的概念标识符，分别记录同一语种的同义词和不同语种的对应词。

（7）有的概念只有定义而没有术语，列出定义，术语用五个小圆点“·····”表示尚无相应术语或未找到相应术语。

5）整理术语集

术语集是指某一知识领域或其一部分自然形成的术语的总和。规范的术语集是形式一致、系统严整，满足充足性、完整性、层次性。术语集的充足性是指其中不存在空缺现象，语义完整性则指不存在脱离术语集主题的独立分区，层次性可通过通用学科术语、一般技术术语和专门术语的关系来呈现。

整理术语集，必须弄清术语意义与术语所称谓概念内涵的各种不一致情况，找出没有术语称谓的概念；找出术语集中最有效的术语构成方式和模式，找出不成功的术语并确定改善方法；分析术语功能，确立术语的使用特点；避免长词组和词语组合。经过整理后，术语集可转为与该学科概念系统完全对应的、反映其彼此固定关系的术语系统。整理术语集有以下四个步骤：

（1）针对确立的主题，再次界定概念；

（2）确定术语意义，挑选最成功的术语；

（3）对比术语系统，把词目中术语所称谓的概念加到分类图里去，或用分类图中概念的称谓来补充词目表，形成叙词表的层级部分。比较时将会发现，有可能出现许多低层级概念的称谓在词表中得不到反映，叙词表中也大量存在概念分类图中没有的固定术语。

（4）补充新的术语资料，不断分析、凝练、加工、优化，确立术语集的整体对应关系，构建完整的人工影响天气术语系统。

四、《人工影响天气术语系统 V1.0》简介

今年，我们以气象行业标准《人工影响天气作业术语》为基础，应用计算机智能技术，成功研制出《人工影响天气术语系统 V1.0》。该系统安装在四川气象内网上运行，有关人员可快速地自动搜索和自动识别人工影响天气作业术语。

目前，该系统具有术语自动搜索和自动识别两大功能。

1. 术语自动搜索

根据人工影响天气的作业特点，可在基本术语、常用催化剂、作业装备、地面作业、飞机作业、作业天气条件监测、作业效果评估和作业管理八类中自动搜索相关的作业术语。例如，输入“计划”，点击“术语搜索”，即可自动搜出如下四条术语（图 1）。

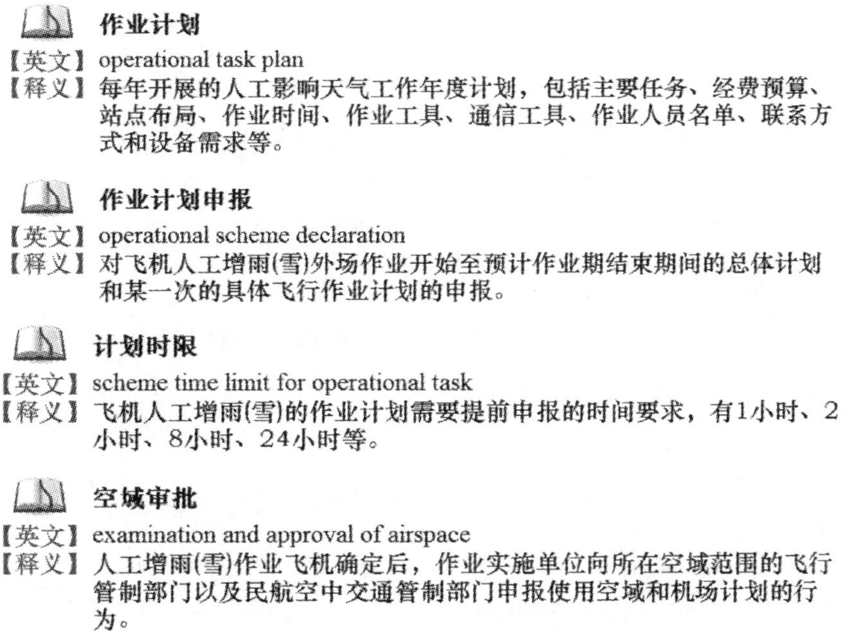
作业计划
【英文】operational task plan
【释义】每年开展的人工影响天气工作年度计划，包括主要任务、经费预算、站点布局、作业时间、作业工具、通信工具、作业人员名单、联系方式和设备需求等。

作业计划申报
【英文】operational scheme declaration
【释义】对飞机人工增雨(雪)外场作业开始至预计作业期结束期间的总体计划和某一次的具体飞行作业计划的申报。

计划时限
【英文】scheme time limit for operational task
【释义】飞机人工增雨(雪)的作业计划需要提前申报的时间要求，有1小时、2小时、8小时、24小时等。

空域审批
【英文】examination and approval of airspace
【释义】人工增雨(雪)作业飞机确定后，作业实施单位向所在空域范围的飞行管制部门以及民航空中交通管制部门申报使用空域和机场计划的行为。

图 1 “计划”术语搜索界面

再如，输入“作业”，点击“术语搜索”按钮，就可搜出与“作业”有关的 53 条术语，其部分结果如图 2 所示。

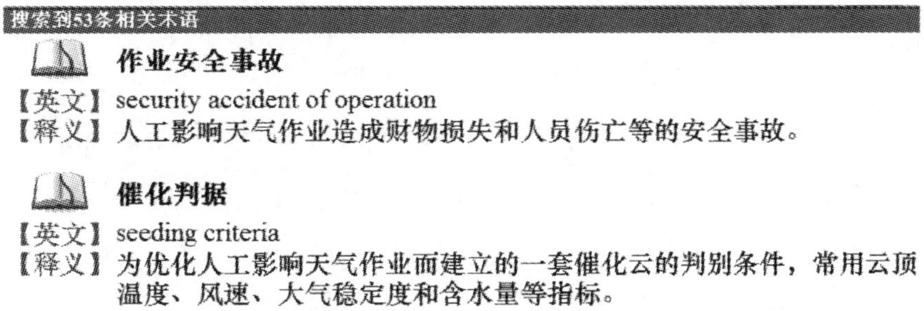
搜索到53条相关术语

作业安全事故
【英文】security accident of operation
【释义】人工影响天气作业造成财物损失和人员伤亡等的安全事故。

催化判据
【英文】seeding criteria
【释义】为优化人工影响天气作业而建立的一套催化云的判别条件，常用云顶温度、风速、大气稳定度和含水量等指标。

图 2 “作业”术语搜索界面

2. 术语自动识别

在指定文本中识别出人影相关术语。例如，在文本框内输入或拷贝一段文字，如图 3 所示。

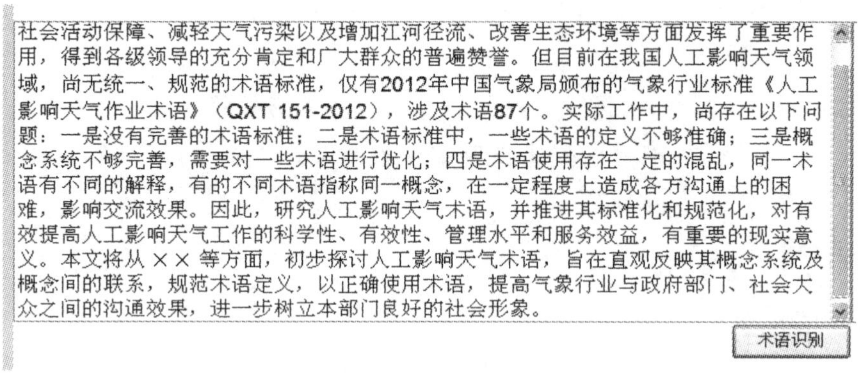

图 3　术语识别界面

点击“术语识别”按钮，就会识别出如下术语（图 4）。

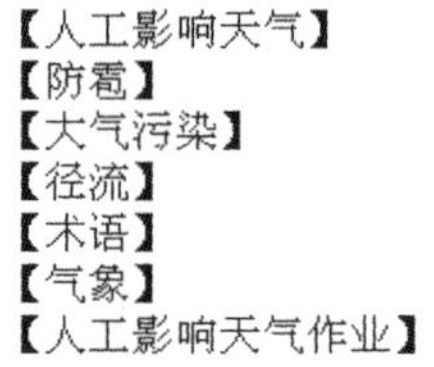

图 4　点击“术语识别”按钮后的界面

然后，根据需要，结合专业知识查找、编写术语释义等。

今后，将在此基础上进一步研发，不断增加术语的数量，丰富术语的其他语种释义，增加术语的查找手段、形象释义等，以满足不同层次的用户需求。

五、结语

人工影响天气术语系统的研究是一个长期、复杂而艰难的课题，结合实际工作需要，我们做了初步尝试。研究中，也还存在不少的问题或不足。我们体会到，要给术语下一个精准的定义十分困难，将术语系统化更是难上加难，因为目前还没有非常有效的方法或途径，因此急盼得到中国术语学理论和实践的有效指导和帮助。同时，就我国气象术语标准的研制而言，目前颁布实施的仅有《气象服务分类术语》（GB/T 27961-2011）、《气象仪器术语》（QXT8-2002）、《温室气体本底观测术语》（QXT125-2011）和《人工影响天气作业术语》（QXT151-2012）等几个气象国家标准和行业标准，更需要加倍努力地研究和完善。

参考文献

[1] 郝克俊, 王维佳, 余芳, 等. 人工影响天气作业术语（Technical terms for weather modification operation）（QXT151-2012）[S]. 中国气象局, 2012.

[2] 第九届全国人民代表大会常务委员会. 中华人民共和国气象法 [S]. 1999.

[3] 中华人民共和国国务院令第348号. 人工影响天气管理条例 [S]. 2002.

[4] 中华人民共和国国务院. 中华人民共和国中央军事委员会令第371号. 通用航空飞行管制条例 [S]. 2003.

[5] 中华人民共和国国防部. 民兵武器装备管理条例 [S]. 2002.

[6] 大气科学名词审定委员会. 大气科学名词（第三版）[M]. 北京：科学出版社，2009.

[7] 大气科学辞典编委会. 大气科学辞典[M]. 北京：气象出版社, 1994.

[8] 朱炳海, 王鹏飞,束家鑫. 气象学词典[M]. 上海：上海辞书出版社，1985.

[9] 周公度, 等. 化学辞典[M]. 北京：化学工业出版社，2011.

[10] 中国气象局政策法规司. 气象标准汇编 [M]. 北京：气象出版社, 2002-2012.

[11] 中国气象局科技教育司. 高炮人工防雹增雨作业业务规范（试行）[S]. 2000

[12] 中国气象局科技教育司.飞机人工增雨作业业务规范（试行）[S]. 2000.

[13] 郭学良，杨军，章澄昌.大气物理与人工影响天气[M]. 北京：气象出版社，2010.

[14] 李大山, 章澄昌, 许焕斌, 等. 人工影响天气现状与展望[M]. 北京：气象出版社，2002.

[15] 马官起, 王洪恩, 王金民. 三七高炮实用教材[M]. 北京：气象出版社，2005.

[16] 许焕斌, 段英, 刘海月. 雹云物理与防雹的原理和设计——对流云物理与防雹增雨[M]. 北京：气象出版社，2006.

[17] 美国国家科学院国家研究理事会，美国人工影响天气研究和作业现状与未来发展专业委员会.人工影响天气研究中的关键问题[M]. 郑国光, 陈跃, 王鹏飞, 等, 译. 北京：气象出版社，2005.

[18] 中国气象局科技发展司.人工影响天气岗位培训教材[M].北京：气象出版社，2003.

中文音译规范化的自动实现

——以威妥玛-翟里斯式拼音转写为例

张霄军

（陕西师范大学外国语学院，陕西西安，710062）

摘　要：为了顺应汉语规范化的基本国策和汉语国际推广的实际需求，不仅要在现在和将来的翻译工作中将人名、地名等中文翻译成规范的汉语拼音，还要将以前用旧方案翻译的相应名称转写成汉语拼音。本文根据威妥玛－翟里斯式拼音法与汉语拼音拼写法的对应关系，总结了自动转写的转写规则，开发了基于规则的威妥玛－翟里斯式拼音自动转写为汉语拼音的软件 WG2PY，并自动转写了林语堂翻译的《浮生六记》中的译音字，取得了很高的正确率，实验数据也具有一定的覆盖率。

关键词：中文音译；《汉语拼音方案》；自动转写；威妥玛－翟里斯式；WG2PY

一、背景介绍

在 1982 年国际标准化组织（ISO）决定采用《汉语拼音方案》作为国际标准的汉语罗马字母拼写法之前，在国内外的翻译、通信、交通等诸领域，汉语人名英译采用的旧的汉语罗马字母拼写法很不统一，比较流行的有威妥玛－翟里斯式、国语罗马字、拉丁化新文字等[1]。为了顺应汉语规范化的基本国策和专名音译的大趋势，不仅要在现在和将来的汉－英翻译工作中将汉语人名翻译成规范的汉语拼音，还要将以前用旧方案翻译的人名转写成汉语拼音。但人工转写往往费时费力且很容易出错，转写的差错造成翻译质量低下的例子屡见不鲜。如我国某著名外语出版社在将杨宪益和戴乃迭合译的《红楼梦》英文版中原用威妥玛式拼音拼写的人名转写成汉语拼音重版时，由于采用手工转写，竟然出现了“乱点鸳鸯谱”的英文译文，闹出了不少笑话[2]。

此外，由于历史原因，香港和澳门地区的新语文政策也刚推行不久，当地人对《汉语拼音方案》的认同还不一致，中文音译时并没有完全按照《汉语拼音方案》。台湾地区由于众所周知的原因，迟迟未推行汉语拼音方案，甚至有人故意在中文音译上大做文章，别有用心[3]，那中文音译的不一致现象和混乱程度也就可想而知了。

然而，中文译音的汉语拼音化的基本国策是既定的，这个趋势谁也逆转不了。事实上，1958 年，我国第一届全国人民代表大会通过《汉语拼音方案》后不久，国际标准化组织就已经决定首先在地名音译上采用《汉语拼音方案》。之后，1979 年 6 月 15 日联合国秘书处发出通知，以“汉语拼音”的拼法作为各种拉丁字母文字中转写中国人名和地名的国际标准。到了 1982 年，国际标准化组织决定采用《汉语拼音方案》作为汉语罗马字母拼写法的国际标准。然而，由于各种原因，世界各国对此反应不一。法国等欧洲国家率先响应，各国的出版物和图书馆很快就采用了汉语拼音。但是美国迟迟没有采用，直到 1998 年，美国国会图书馆才决定改用拼音，并准备以三年时间，花费几千万美元，把馆藏的 70 万部中文图书的目录全部改成拼音[4]。近年来，随着汉语国际推广力度的增加、各国孔子学院的设立，以及语言信息标准化的需要，汉语拼音的作用越来越明显。因此，历史所遗留的非汉语拼音式的中文音译罗马字母拼写式都存在一个转写的问题。然而，诚如前面所述，人工转写往往费时费力且很容易出错。

本文根据威妥玛－翟里斯式拼音法（WG 的含义具体见下文）与汉语拼音拼写法的对应关系，总结了自动转写的转写规则，开发了基于规则的威妥玛－翟里斯式拼音自动转写为汉语拼音的软件 WG2PY，并自动转写了林语堂翻译的《浮生六记》（*Six Chapters of a Floating Life*）中的译音字，取得了很高的正确率，实验数据也具有一定的覆盖率。

二、自动转写实现

1. 定义

拼音字—— 一组以某种汉字标音体系中的音素为标准而组成的音素序列（音节）。如 hsin 为威妥玛－翟里斯标音体系（WG 的含义具体见下文）中的一个拼音字；xin 为汉语拼音标音体系（PY 的含义具体见下文）中的一个拼音字。

拼音词—— 一组以某种汉字标音体系中的音节为标准而组成的词级音素序列。如 ch'ünfangp'u 为威妥玛－翟里斯标音体系中的一个拼音词；qunfangpu（"群芳谱"）为汉语拼音标音体系中的一个拼音词。

WG——威妥玛－翟里斯汉字标音体系。指以英国人威妥玛（T. F. Wade）所创建的汉字标音体系为基础后经翟里斯（H. Giles）修订的汉字标音体系，用该体系标音的拼音字和拼音词常见于 1979 年前出版的各种典籍英译著作或者未采用汉语拼音方案的外国人所写的英文著述，用以音译中国人名、地名、机构名等中的汉字。

PY——汉语拼音汉字标音体系。指以汉语拼音方案为蓝本的汉字标音体系，用该体系标音的拼音字和拼音词常见于 1979 年后出版的各种典籍英译著作或者已采用汉语拼音方案的外国人所写的英文著述，用以音译中国人名、地名、机构名等中的汉字。

同音字——WG 中不同音节对应相同 PY 中某一音节的拼音字互称"同音字"，如 WG 中 che 对应于 PY 中的 zhe，WG 中的 cheh 也对应于 PY 中的 zhe，则 che 和 cheh 互称同音字。

2. 自动转写软件 WG2PY

1）功能

将威妥玛－翟里斯汉字标音体系的拼音字自动转写为汉语拼音汉字标音体系的拼音字。

2）处理模块及算法

程序由切字处理、转写处理和后处理（输出）三个模块构成。

3）切字处理模块

从给定的拼音词中根据"WG2PY 拼音字切字底表"采用正向最大匹配法切分出正确的拼音字（包括连字符处理，所有格撇号处理等）。

（1）输入一个待转换的 WG 串 S1，和已转换的 PY 串 S2；

（2）如果 S1 为空串，转 6；

（3）从 S1 的左边复制一个子串 W 作为候选词，W 尽可能长，但长度不超过 Max_WG（我们设定为 10）；

（4）如果在切字底表中找到 W，则将 W 转换为相应的拼音串，并将其加到 S2 的右边，然后从 S1 的左边去掉 W，转 2；

（5）去掉 W 中最后一个 WG 串，转回（4）；

（6）结束。

4）转写处理模块

根据基础规则、转写规则和补充规则对切好的拼音字进行转写，基础规则见“WG2PY 基础规则库”，转写规则见“WG2PY 转写规则库”，补充规则见“WG2PY 补充规则库”。

5）后处理（输出）模块

包括连字符、大小写、撇号的处理等。比如：

（1）大小写的转写规则。如果一个输入的 WG 串的首字母是小字母，那么它转换后的 PY 串的首字母也转换为小写字母。反之亦然。

（2）连字符处理规则。如果一具 WG 串中是连字符“-”加上元音字母如（a、e、o），那么转写成 PY 串则转写为撇号“’”加上元音字母如（a、e、o），其他情况直接去掉连字符“-”，在 PY 串中不保留任何痕迹。

（3）所有格撇号处理规则。只需要把“’s”放到切字底表中，采用正向最大匹配法，即可做正确切分。

三、实验内容与结果

1. WG2PY 拼音字切字底表

“WG2PY 拼音字切字底表”是采用正向最大匹配法切字的基础。根据 WG 与 PY 的声、韵母对应关系，我们参照威妥玛《语言自迩集》[5] 中的“音节总表（*Sound Table*）”和“北京话音节表（*The Peking Syllabary*）”拼出了 420 个基本拼音字，后根据 WG 的“轻音”规则拼出了 277 个同音字，这 420 个拼音字和 277 个同音字共同构成了“WG2PY 拼音字切字底表”。

2. WG2PY 规则

WG2PY 规则由基础规则、转写规则和补充规则组成，分别建立“WG2PY 基础规则库”“WG2PY 转写规则库”和“WG2PY 补充规则库”。

“WG2PY 基础规则库”中共有规则 49 条，分为“Consonants”（21 条）、“Basic Vowels”（8 条）、“Basic Retroflex Syllables”（4 条）、“Basic Sibilant Syllables”（4 条）、“Semi-vowel Initials”（3 条）和“Basic Finals”（9 条）。基本对应于《汉语拼音方案》中所有的声母表和韵母表。

“WG2PY 转写规则库”中共有规则 420 条，对应于“WG2PY 拼音字切字底表”中的 420 个基本拼音字（音节）。

“WG2PY 补充规则库”中目前现有规则 109 条，分为“轻音”和“固化”两部分：轻音是指 WG 中 ng 和 h 的发音规则，其中和 ng 相关的规则有 10 条，和 h 相关的规则有 59 条；固化是指不符合上述所有转写规则但又在外文音译中已经固定下来的中文译音，如 Peking—Peking（“北京”）、chow—zhou（“州”，用于地名）、king—jing（“京”，用于地名）、kiang—jiang（“江”，用于地名）等，目前已收录 40 条规则。

3. 测试语料

这里的语料不是指原文全文或整句，而只是 WG 拼音词（字）和 PY 拼音词（字）。这些拼音词（字）的获取可以从 1979 年以前出版的各种典籍英译著作或者未采用汉语拼音方案的外国人所写的英文著述中获得。本实验中我们选用清朝人沈复所著、林语堂先生英译的小说《浮生六记》，我们从中获取 WG 拼音词 322 条，涉及拼音字 235 个（字型而非字例）。

4. 实验结果

我们以转写正确率作为实验结果的评价指标，正确率计算公式如下：

$$\text{正确率} = \frac{\text{转写正确的拼音字字数}}{\text{全部测试拼音字字数}} \times 100\%$$

经 WG2PY 转写后生成的 235 个 PY 拼音字中，转写正确的拼音字字数为 207 个，全部测试拼音字字数为 235 个，转写正确率为 88.09%。

同时，我们以覆盖率作为实验内容的有效性评价指标，覆盖率计算公式如下：

$$\text{覆盖率} = \frac{\text{全部测试拼音字字数}}{\text{拼音字表中的拼音字总数}}$$

“拼音字表中的拼音字总数”是指“WG2PY 拼音字切字底表”中的拼音字个数，为（420+277）个，因此覆盖率为 33.72%。

四、实验结果分析

1. 实验结果中覆盖率偏低

这是由于在我们目前的科研条件和科研环境下，1979 年以前出版的各种典籍英译著作或者未采用汉语拼音方案的外国人所写的英文著述较难获取，因而从中提取测试拼音字的难度较大。

2. 转写错误分析

实验中转写错误的拼音字共有 28 例，其错误原因可以分为以下三类。

第一类，撇号处理。WG2PY 的转写过程中的撇号出现有三种情况——① WG 中的送气符，如 Ch’ao，这种送气符会出现在声母 p、k、t、ch、ts 和 tz 与跟在它们后面的元音之间，即 p’、k’、t’、ch’、ts’ 和 tz’；在 PY 中无送气符号。② PY 中的隔音符，如 Xi’an，这种隔音符会出现在汉语拼音 a、o 和 e 开头的音节连接在其他音节后面从而使音节的界限发生了混淆的时候；在 WG 中的隔音符是以连字符的形式出现的，如 yü-an。转写时 Ch’ao 要转写成 Zhao，yü-an 要转写成 yu’an。但实际文本中送气符的使用较为混乱，实际语料中经常会出现该用送气符的时候没有用，而不该使用送气符的时候却用了的情况①。③撇号出现的第三种情况比较棘手，即拼音字后接名词所有格的符号时，如Wang Hsüchou's。理论上讲，任何音节后面都可以跟名词所有格，当然也包括声母p、t、k、ch、ts和tz。当所有格的撇号出现在这六个声母之后时就会和送气符相混淆②。如Wang Hsüchou's转写结果应为Wang Xuzhou's。实验中出现因送气符而产生的转写错误拼音字例有5例。

第二类，ü和u的处理。WG中ü和u的使用也较为混乱，实际语料中经常会出现该用u的时候用了ü，而该用ü的时候却用了u的情况，以后者居多（是不是因为输入时键盘上没有直接的ü的输入键的缘故？）。而PY中ü和u的情况也比较特殊，详见《汉语拼音方案》。实验中出现因ü和u混用而产生的转写错误拼音字例有2例。

第三类，译者的错误。这主要体现在译者本身的汉语发音水平上。译者在将中文音译为WG时并没有通用的普通话，而当时的北京官话还没有普及到现在的普通话这样的程度。因此，译者本身不可避免地带有自己的口音和方言，他在翻译作品中中国人人名、地名时就会依据自己的口音来进行翻译。林语堂先生是福建人，因此在他的口音中有明显的闽方言的特征，如将“zhai（斋）”读成“zai（灾）”，将“bai（白）”读成“bo（伯）”等。因此在《浮生六记》中他将“李白”音译成“Li Po”，将“赵省斋”音译为“Chao Shengtsai”。那么，我们的WG2PY在转写时就只能根据规则将“Li Po”转写成“Li Bo”，将“Chao Shengtsai”转写成“Zhao Shengzai”，造成了转写错误。实验中出现因译者口音而产生的转写错误拼音字例有21例。

五、结语

由上述分析可见，WG2PY在进行WG转写时除了译者的口音因素之外，送气符时用时不用和ü、u的混用是造成转写错误的主要原因。这给我们提出了两点新的思路：①通过分析转写错误中译者的口音因素，我们可以进行译者的方言研究；②除去译者因素，我们的转写错误率只有7/235≈3%，也就是说转写正确率可达97%。如此的正确率一方面使我们对该转写系统抱有很大的应用期望，另一方面也促使我们尽快想办法消除这3%错误率。

我们只是实现了WG到PY的自动转写，下一步工作是实现其他拉丁字母化拼音法，如国语罗马字、拉丁化新文字等，到汉语拼音的自动转写，以及它们的一体化。同时，面向大数据的真实文本中WG拼音词的自动识别与提取也应成为后续研究的一大内容。

参考文献

[1] 周有光. 拼音化问题[M]. 北京：文字改革出版社，1980.

[2] 洪涛. 评汉英经典文库本《红楼梦》英译的疏失错误[J]. 红楼梦学刊，2006（4）：236-248.

[3] 许长安. 台湾地区的语文政策及其争论[A]//教育部语用所社会语言学与媒体语言研究室. 语言规划的理论与实践[C]. 北京：语文出版社，2006.

[4] 周有光. 21世纪的华语和华文[M]. 北京：生活·读书·新知三联书店，2002.

① 事实上，送气符和隔音符的符号并不相同，前者为“‘”而后两者为“’”。但可能由于“‘”在录入计算机时需切换到全拼状态等原因，在正式印刷品中WG的送气符也用“’”表示，所以造成了混乱。

② 所幸的是查“汉字拼音字切字底表”中的420条音节，这6个声母出现在音节末尾的情况并不存在。因此当音节以's结尾时，我们就判定其为名词所有格形式，只做切字而不做转写。

第三部分

术语翻译与教学

论社科术语翻译研究的多层次与多维度

陶李春*

（南京大学外国语学院，江苏南京，210023；南京邮电大学外国语学院，江苏南京，210023）

摘　要： 社科术语是人文社科领域知识的结晶，承载着人文社科领域的重要概念。社科术语翻译研究有利于国际学术交流与思想传播，并推动社科术语规范工作。由于社科术语的复杂性和特殊性，社科术语翻译研究呈现多层次和多维度等特征。就研究内容而言，其多层次表征于社科术语的语言系统、概念系统和文化系统；就研究视角而论，其多维度则体现在语言维、概念维及文化维。而研究内容和研究视角的不同，又决定了社科术语翻译研究方法的多取向：语言学途径、概念史研究途径及文化传播研究途径等。

关键词： 社科术语；术语翻译；多层次；多维度

一、引言

“没有术语就没有知识。”术语是人类科学知识在语言中的结晶[1]。社科术语是人文社科领域知识的结晶，承载着人文社科领域的重要概念。从佛经翻译开始至明清科技翻译，再到“五四”运动前后的西学译介，直到今天社科领域的国际学术交流与传播，我国翻译实践有着悠久的历史，而社科术语的翻译实践也是其中的重要环节。

然而，社科术语翻译在取得成绩的同时，也存在一些问题亟待解决。辜正坤指出，术语翻译一方面固然可以丰富本族语，活泼学术风气，但如果处理不当，也能玷污、破坏本族语，败坏学术风气[2]。我国社会科学理论研究与实践应用的繁荣与发展既得益于国外社科术语的引介与翻译，但也不可避免地受到一些消极影响，其中社科术语翻译与使用的不规范现象严重，有些领域甚至出现术语“污染”的情况[3]。这些现象和问题对我国社会科学事业的长远发展不利，因而有必要对社科术语翻译开展针对性研究。首当其冲的是，认识和掌握社科术语的本质特征以及社科术语翻译的复杂性，从多层次、多维度来审视和研究社科术语翻译活动。

二、社科术语翻译的复杂性

与自然科学术语一样，社科术语表征特定领域的重要概念，是学术交流、学科发展的重要工具。然而，社科术语又具有自身的本质特征，其复杂性源于社科术语与人们语言文化生活的紧密性、系统内外的密切关联，以及社科领域研究的地域性、国别化差异及特定学科研究的特点等[3]。作为翻译的对象如此复杂，翻译活动本身自然也不会简单。社科术语翻译的复杂性主要体现在以下几个方面。

* 陶李春（1981—　），男，安徽省潜山县人，南京邮电大学外国语学院讲师，南京大学外国语学院在读博士，研究兴趣为术语翻译。

首先，不同语言的特征增加了社科术语翻译的难度。不同语言在词汇构造、表音表意、修辞手法、感情色彩、语体特征等方面均有异同。以英汉两种语言为例，英语是表音文字，汉语是表意文字，两者自然在术语表述方面有差异。表音文字是指用几十个符号（字母）来表示一种语言里有限的音位或音节，一般是一个符号代表一个特定的音，语言中所有词语都由这几十个符号拼合而成；而表意文字则是用大量的表意符号来记录语言中的语素或词，这些符号本身不能显示词语的读音信息[4]。因此，涉及英汉两种语言的社科术语翻译自然需要克服这种差异。

社科术语翻译是跨语言的交流活动，往往因为受到不同语言特征的影响而变得复杂。例如，法律术语“Miranda Warning”，是指美国警察根据美国联邦最高法院在 1966 年米兰达诉亚利桑那州案一案的判例中，最终确立的米兰达规则[4]，即在讯问刑事案件嫌疑人之前，必须对其明白无误的告知其有权援引宪法第五修正案，即刑事案件嫌疑犯有“不被强迫自证其罪的特权”，而行使沉默权和要求得到律师协助的权利[5]。如何将这一重要概念引入中国社会，社科术语翻译中的定名显得尤为重要，须慎之又慎。该法律术语的中文译名有“米兰达警告”“米兰达宣言”“米兰达忠告”“米兰达告诫”“米兰达公约”“米兰达须知”“米兰达规则[4]”“米兰达提醒”等。一个英文法律术语有多个中文译名的情况并非个案，然而译名规范问题堪忧，社科术语翻译中到底应当如何确定译名，是值得深思的问题。而跨越英汉两个语言的差异实为必须。至于“Miranda Warning”应当如何翻译，需要对比分析中文译名的词义范围及语体色彩，最大限度地实现英汉术语在词汇构造、修辞、语体等多层面的对等。这样说来，“米兰达警告”应该是最佳选项，能够体现出英文术语的所表达的严肃、正式而又符合法定程序的提醒和警示。

其次，不同文化背景及价值取往往是社科术语翻译的一大难题。西人尝云：“然中国自古以来，最讲求教门与国政，若译泰西教门与泰西国政，则不甚难。况近来西国所有格致，门类甚多，名目尤繁；而中国并无其学与其名，焉能译妥，诚属不能越之难。”[6]。虽然傅兰雅对西人如此评价未必全盘接受，但他也可以肯定的是近代中国的文化背景的确与西方大相径庭，引介西学难度可以想见。换言之，傅兰雅反对西学的不可译，但承认西学汉译之难。而这种难度就是西学文化中有的，近代中国没有或甚少的。自然科学如是，社科领域也如此。

新文化运动中提出的口号“德先生”（democracy）与“赛先生”（science）一度分别音译为“德莫克拉西”与“赛因斯”。当时的中国社会，许多民众尚不能充分理解“民主”与“科学”的核心概念，或者对这两个重要概念的理解不够清晰。只有少数社会精英和知识分子接触过或理解这两个西学术语。因此，这两个术语的汉译难度可以想见，音译自然成为权宜之计。“五四”运动以后，随着新文化运动的深入人心，中国社会渐渐理解并接纳了这两个概念，民主与科学自然也流行起来，而这时的文化背景及价值取向的差异所设的障碍也随之消除。

最后，不同概念系统及范畴划分给社科术语翻译时常设置障碍，有时甚至会给社科术语翻译埋下隐患。辜正坤分析了中国概念系统与西方概念系统对“悲剧”（tragedy）的不同理解与侧重，即中国悲剧强调悲苦，而西方悲剧渲染悲恐[2]。这种由于不同概念系统及范畴划分而导致的术语理解不一致现象屡见不鲜，而这也正是社科术语翻译的难度之一，因为译名如果处理不当或错误，往往会带来译名理解与接受的偏差，甚至造成严重的学术后果。“个人主义”（individualism）与“集体主义”（collectivism）是一对重要的社科术语，然而英文中的“individualism”往往是褒义的，至少是中性的，而中文的“个人主义”在理解时往往容易引发中性甚至贬义的联想意义。

基于社科术语翻译活动的复杂性，相关研究也需要“对症下药”，研究内容包含多层次，研究视角涉及多维度，研究方法往往也是多途径的。

三、社科术语翻译研究的多层次性

社科术语翻译研究的多层次性主要表征于其研究内容上关涉许多方面。社科术语翻译研究涉及概念的跨语言、跨文化转换与传播，翻译理论的普适性原则和标准也适应于社科术语翻译研究，如功能对等及信达雅等理论原则也有利于术语翻译实践和术语翻译研究的开展。而同时社科术语翻译因术语具有其简明性、理据性、系统性、专业型等特征而呈现出不同的特点，如社科术语翻译必须考虑到原语系统与译语系统的差异性，兼顾术语再命名的特征。

社科术语的本质特征决定了社科术语翻译活动的复杂性与特殊性，因此社科术语的翻译研究也是涉及此类翻译活动的方方面面。社科术语翻译研究从语言层面探索了社科术语概念的跨语言转换与再命名，研究其转换与再命名的策略、方法、过程及结果等；社科术语翻译研究从特定学科领域出发，梳理某个或某些重要术语及其概念的历时演变与传播，开展术语概念史研究；社科术语翻译研究可以从文化研究入手，探析不同文化背景及价值取向对同一术语概念的不同理解、接受与归类划分情况等。总之，社科术语翻译研究包罗万象，关涉语言、范畴、概念、文化等诸多因素，其研究内容是从多层次铺开的。

当然，社科术语翻译研究是翻译研究的重要领域，同时也是常被忽视的领域。其实，社科术语翻译研究的成果可以为翻译研究提供借鉴与参考，翻译研究可以从人类悠久的社科术语翻译实践史中汲取养分，挖掘新知，总结经验教训。

四、社科术语翻译研究的多维度

如前所述，社科术语翻译作为术语翻译研究的主要对象，其特殊性和复杂性决定了术语翻译研究视角的多维度。社科术语翻译研究的多维度主要体现在两方面，即研究视角的多重选择与研究方法的多种途径。社科术语翻译的过程实为术语再命名的过程，而术语的再命名需要结合语言学的相关理论作为理据和借鉴。社科术语翻译的过程也需要确定具体的翻译标准，透明性、准确性、系统性等原则孰先孰后，学术界尚未达成共识，而这是社科术语翻译研究的重点和难点。

社科术语翻译研究内容的多层次性决定了其研究方法和视角的多样性。社科术语翻译研究可以从语言学视角，采取语言学的理论分析、语料库方法、对比研究等众多方法展开，探讨语言接触、译名生成等重要议题；社科术语翻译研究可以从概念入手，运用历史学研究方法，特别是概念史的新方法，展开对某学科领域重要概念的溯源、演变、传播与容受；社科术语翻译研究也可以结合文化对比研究的方法展开，分析文化与术语概念生成、术语概念转换的相互关联与作用。

社科术语翻译研究可以从语言学研究成果中汲取营养、开阔视野，如生态语言学的研究范式和理论原则可以为术语翻译研究提供参照，语言接触的研究发现可以为术语翻译研究提供理据；术语学本体研究为术语翻译研究的纵深发展提供动力；翻译学的研究范式和方法，如生态翻译学的理论视角、翻译模因论等能为术语翻译研究开阔视野，获取新认识。

五、结语

社科术语翻译研究作为术语翻译研究的重要领地，其重要性不言而喻。无论是近代中国，抑或当今社会，人们的思想与学习、工作、生活都与社科术语紧密相关。全球化大背景下社科术语翻译缩短了世界各地之间的距离，不同语种的社科术语携带着其核心概念输入不同国家和地区，社科翻译活动频繁。因此，社科术语翻译研究势必加强。

社科术语翻译研究内容关涉语言、范畴、文化与概念等，其研究方法呈现多维度。因此，社科术语翻译研究必须从语言学、概念史、文化研究等多途径展开。

参 考 文 献

[1] 冯志伟. 语言学中一个不容忽视的学科—术语学[J]. 山东外语教学，2012 (6)：31-39.

[2] 冯志伟. 现代术语学引论（增订本）[M]. 北京：商务印书馆，2011.

[3] 魏向清. 国际化与民族化: 人文社科术语建设中的翻译策略[J]. 南京社会科学，2010 (5)：116-121.

[4] 马莲. 汉字的表意性对中国吸收西方科技的影响[J]. 科学学研究，2008 (10)：16-18.

[5] 维基百科. 米兰达警告. http://zh.wikipedia.org/wiki/.

[6] 傅兰雅. 江南制造局翻译西书事略[M]. 合肥：中国科技大学出版社，1880.

中国航海文献中的人名地名翻译原则探讨

刘迎春

（大连海事大学，辽宁大连，116026）

摘　要： 中国航海文献中拥有大量的人名和地名，包括中外航海家、中国古代帝王等历史人物的名字，中外古代港口名称，外国国名以及许多其他重要地名。本文以中国航海历史文献中的中国古代人名和地名的翻译为个案研究，提出中国古代人名和地名翻译应该遵循“名从主人”“标准读音”“约定俗成”“适度补偿”“恰当得体”五个翻译原则。希望本文能够对中国航海历史文献等中国古代自然科学类文化典籍的翻译研究有所裨益。

关键词： 航海文献；人名地名；翻译原则

一、引言

中国航海历史文献中拥有大量的中外航海家等历史人物的名字、中国古代帝王的名字、中外古代港口名称、外国国名以及其他许多重要地名。中国古代人名和地名的翻译不同于现代人名和地名的翻译，需要针对其历史特殊性，采用适合此类专有名词的翻译原则和翻译策略。本文以最具代表性的中国古代人名和地名的翻译为切入点，提出中国航海历史文献中的中国古代人名和地名翻译应该遵循“名从主人”“标准读音”“约定俗成”“适度补偿”“恰当得体”五个翻译原则。

二、中国航海历史文献中人名和地名的翻译原则

在人名和地名等专有名词的翻译研究中，专家学者更多地关注外国专有名词的汉译，尤其是外国人名、地名的汉译，对中国人名、地名的翻译研究似乎关注不够，目前尚未系统开展中国古代人名和地名的翻译研究。中国历史名人的名字蕴含着丰富的文化信息，许多古代地名如今拥有了新的名称。因此，简单地运用人名和地名的翻译原则来翻译中国古代人名和地名达不到预期的翻译目的。中国古代人名和地名的翻译，既要借鉴人名和地名翻译普遍适用的翻译原则，又要针对中国航海历史文献的文本特殊性，具体问题具体分析。

1.“名从主人”的原则

中国古代人名和地名的翻译何以“名从主人”？原因在于，“当原语和译入语之间差异很大、存在语义空白的情况下，翻译不可能直接从形式或语义入手，此时，音译是主要的翻译手段。音译对象主要是人名、地名和新产生的术语。音译还要遵守名从主人的原则”[1]。“词虽有形、声、义三个因素，一般来说，词的翻译只存在‘义’的问题。姓名翻译才牵涉‘声’‘义’两个因素。然而，一般又以‘声’为主，‘义’可不计，故用音译。”[2] 就汉译外而言，“我国名字的翻译是遵循国际通用的

名从主人的惯例。汉字标记的专有名词（地名、人名）就采用汉语拼音怎么拼写，译成外文就怎么拼写”[3]。“音译主要用于专有名词、品牌名称、民族特有事物名称、译语中空缺的词汇等的翻译。”“音译有助于保留原语表达方式及其文化内涵，给受众传递最真实的信息、享受最本原的原语文化。”[4]

例 1：“郑和”等古代人名的翻译

郑和是中国明代著名航海家，于 1405~1433 年七下西洋，完成了人类历史上伟大的航海壮举。根据“名从主人”的原则，我们根据“郑和”名字的现代汉语拼音标准读音将其音译为“Zheng He”。然而，国外译者大多采用威妥玛式拼音法（Wade-Giles romanization，以下简称“威氏拼法”）对中国古代人名和地名进行翻译，对郑和名字的翻译长期存在译名不一致的情况。有些文献采用威氏拼法将其音译为“Cheng Ho”，有的按照其名字的现代汉语拼音的标准读音，音译为“Zheng He”。而《大英百科全书》首先采用现代汉语拼音标准读音，将其音译为“Zheng He”，然后指出其威氏拼法“Cheng Ho”（Zheng He, Wade-Giles romanization Cheng Ho）。我们认为，用威氏拼法直接将郑和名字音译为“Cheng Ho”的译法不可取，因为“郑”的音译“Cheng”，容易与中国姓氏“程”或“成”的现代汉语译音混淆。将其名字“和”音译为“Ho”也容易造成误解；如果我们将“Ho”回译为汉语，可能音译为“侯”或“厚”等名字。因此，应采用《大英百科全书》中郑和名字的现代汉语拼音拼法，同时再注明其译名的“曾用名”，以满足译文读者的阅读需要。

英国 Conway Maritime Press 出版的 *The History of the Ship* 一书对郑和远洋航海进行了详细的叙述，并对航海家郑和的身份等信息进行了补充说明。该书遵循“名从主人”的翻译原则，根据郑和名字的现代汉语拼音标准读音，将其音译为“Zheng He”的译法是可取的[5]。因此，郑和的名字应该音译为“Zheng He”，同时以文本内注释（annotation within text）或（annotation outside text）的方法，加注生卒年份和身份等相关信息，如“born in A.D. 1371 and died in A.D. 1433, navigator, diplomat and explorer of the Ming Dynasty”，进行适当的补偿，以完整准确地向译文读者传译名字的内涵。

班超是我国东汉时期著名军事家、外交家。《大英百科全书》采用威氏拼法将班超的名字音译为“Pan Ch’ao”，并在名字后加注生卒年份、出生地和身份等信息，对其进行补充说明。然而，“班”的威氏拼法为“Pan”，与汉语中的姓氏“潘”的读音完全相同，译文读者容易将这两个中国姓氏混淆。另外，在威氏拼法中，汉语中的名字“昭”“兆”“召”也音译为“Ch’ao”或“Chao”。这样一来，班超的名字“超”就很可能被误解为汉语中“昭”“兆”“召”等名字的音译。鉴于威氏拼法已经过时，且容易造成混淆，我们应该根据班超名字的现代汉语拼音标准读音，将其音译为“Ban Chao”同时以文本内注释或文本外注释的方法，加注生卒年份和身份等相关信息，进行适当的补偿。其他历史名人的名字也照此原则进行音译。

例 2：“吴”等古代地名的翻译

地名的翻译也应该遵循“名从主人”的原则，即“翻译地名必须遵照原来的读音。英、美地名按英、美的读音来译。例如，“巴黎”按法语 Paris 的读音来翻译，而不是按英语读法译成“帕里斯”[1]。我国秦汉时期造船行业的兴盛与航海工具的成熟，促进了航海事业的大发展。据史料记载，汉代出现不少造船中心，有吴（今江苏省苏州市）、会稽（今浙江省绍兴市）、东冶（今福建省福州市）

等[6]。由于古今地名不完全一致，翻译时可先用拼音译出古地名，再加注今地名，首字母大写[7]。根据“名从主人”的原则，我们按照中国古代地名“吴”的现代汉语拼音标准读音，首先将其音译为“Wu”，然后在其译名后以文本内注释的方式补充其现代名称“苏州（Suzhou）”以及所属省份“江苏省（Jiangsu Province）”，最终译名确定为“Wu (today’s Suzhou, Jiangsu Province)”。我们以同样的方式将古代地名“会稽”和“东冶”依次音译为“Kuaiji (today’s Shaoxing, Zhejiang Province)”和“Dongye (today’s Fuzhou, Fujian Province)”。

2.“标准读音”的原则

人名和地名的翻译应该遵循的第二个原则是“标准读音”的原则。就是说，“把一个国家或民族的人名、地名或其他名词的读音，译成另一个国家或民族的读音。音译要严格遵守原语和译语的标准发音规则，如英语发音要根据通用的国际音标，汉语发音则要根据《汉语拼音方案》”[8]。“汉语以普通话发音为标准，同名同译，同音同字。”[1]

例 3：“法显”等古代人名的翻译

法显是我国东晋时期的佛教名僧、旅行家和翻译家，是一位卓越的佛教革新人物。国外译者对法显名字的音译存在译名不一致的情况。有的采用威氏拼法音译，有的采用现代汉语拼音音译，有的先用拼音音译，同时标注出原来的威氏拼法。现代译文读者对高僧法显的威氏拼法是陌生的，我们应该根据其名字的现代汉语读音标准读音，将其音译为“Faxian”。《大英百科全书》根据“法显”名字的现代汉语拼音，首先将其音译为“Faxian”，然后标注出其威氏拼法曾用名“Fa-hsien”，即“Faxian, Wade-Giles romanization Fa-hsien”。当然，仅仅将法显的名字音译为“Faxian”，不足以将该名字所蕴含的“佛教名僧、旅行家和翻译家”等文化信息完整地传递给译文读者。因此，以文本内注释或文外注释的方法对其进行补偿的信息为“born in A.D. 334 and died in A.D. 422, eminent Buddhist monk in the Eastern Jin Dynasty, traveler and translator”。

赵汝适为宋太宗八世孙。他出任福建泉州市舶司提举时，曾询问来自阿拉伯地区的商人关于他们国家的地理、风土、物产，收罗材料，撰写成为《诸蕃志》。如果用威氏拼法将赵汝适的姓氏“赵”音译为“Chao”，那么就容易被现代译文读者误解为“朝”或“超”等汉字的音译。其名字的威氏拼法是“Ju-k’uo”，而“汝”字按照汉语拼音标准读音，应该音译为“ru”。根据国家语言文字工作委员会、教育部语言文字信息管理司 2010 年制定的《中国人名汉语拼音字母拼写规则》，中国人姓名翻译时，汉语拼音字母拼写中国姓名，汉语姓名按照普通话拼写，汉语姓名分姓氏和名字两部分，姓氏和名字分写，必须“姓”在前，“名”在后。“姓”和“名”各译成一个词，其拼音首字母必须大写。在翻译单姓双名时，姓的拼音首字母大写，名的两个字的英译词（即拼音字母词）之间连写不加连字符“-”且第一个字拼音首字母必须大写，第二个字拼音首字母必须小写[3]。因此，根据“标准读音”的原则，赵汝适的名字“汝适”应该音译为“Rukuo”，并以文本内注释或文本外注释的方法，加注其生卒年份和身份等相关信息。

例 4：“泉州港”等古代港口名称的翻译

地名翻译也应该遵循“标准读音”的原则，只不过由专名和通名构成的地名，如港口名称的翻译，一般采用的是专名音译、通名意译的翻译方法。中世纪时，泉州港就是我国海外交通的重要港口。在“泉州港”这一名称中，专名“泉州”应音译为“Quanzhou”，通名“港”意译为“Port”。2012 年 4 月，曾发生过泉州港被改名的事件，但是最终海事保留了该港口名称的原名“Port of Quanzhou”。另外，将泉州港音译加意译为“Port of Quanzhou”，而非“Quanzhou Port”，也是遵循了“约定俗成”的翻译原则。

3.“约定俗成”的原则

关于人名和地名翻译“约定俗成”的原则，许多学者多有论述。例如，方梦之指出，“地名是历史的产物，是国家领土主权的象征，是日常生活的向导，是社会交往的媒介。地名翻译一般要遵循以下三原则：政治性原则，名从主人，约定俗成。”“许多通行已久的译名，虽与上述两个原则不相符合，但已为世人所公认，一般不轻易改动。英国作家柯南道尔笔下的主人公 Holmes 惯译为‘福尔摩斯’，尽管按普通话读音应译为‘霍姆斯’。”“地名的社会性要求它有相对的稳定性。印度城市‘孟买’按本国读音译，而不是按英语 Bombay 音译。”[1] 中国古代部分人名和地名的翻译应该遵循“约定俗成”原则。

例 5：秦始皇人名的翻译

公元前 221 年，秦国统一了中国，建立了中国历史上第一个统一的、多民族的、中央集权的封建专制主义国家，秦王嬴政自称始皇帝。有时，我们称其为秦始皇，有时称其为秦王嬴政，有时称为始皇帝。如果根据“名从主人”和“标准读音”的翻译原则，按照“Emperor＋姓名拼音”的翻译方法进行翻译，“秦始皇”的名字应该音译加意译为“Emperor Yingzheng”。然而，“秦始皇”这一名字早有广为接受的英文译名“The First Emperor”。因此，我们应该采用约定俗成的译名，并在人名首次出现时以文本内注释或文本外注释的方式，补充其生卒年份和在位时间等信息“born in 246 B.C. and died in 210 B.C., first Emperor of the Qin Dynasty, reign from 259 B.C. to 210 B.C.”。

例 6：“番禺”等古代地名的翻译

地名翻译也有个“约定俗成”的准则，即翻译中国古代地名时，如果地名就是单纯的专名，如“东冶”就采用汉语拼音标准读音将其直接音译为“Dongye”，在译名后以文本内注释或文本外注释的方式补充该地名的现代名称“福州”和所属省份“福建省”（today’s Fuzhou, Fujian Province）。如果地名是由专名和通名构成的，就采用音意译兼顾的翻译方法，地名中的专名进行音译，通名进行意译。中国古代城市“番禺”如今已经演变为现代化国际大都市“广州”。按照“名从主人”和“标准读音”的翻译原则，我们首先将其音译为“Panyu”，然后在译名后以文本内注释或文本外注释的方式翻译出其现代名称“广州”以及所属省份“广东”（Guangzhou, Guangdong Province）似乎顺理成章。然而，如果我们从“约定俗成”的角度来考量古代地名“番禺”的翻译，我们还应该在其音译名“Panyu”后标注出该地名在国外读者中广泛使用的约定俗成英文名称“Canton”。因此，中国古代城市“番禺”的英文译名最终确定为“Panyu (today’s Guangzhou, also called Canton, Guangdong Province)”。

4.“适度补偿”的原则

人名和地名翻译除了要遵循目前译界所普遍认同的上述三个原则，还应该遵循“适度补偿”和“恰当得体”两个原则。关于人名和地名翻译的补偿原则，虽有人尝试着进行加注说明，但尚无人从理论的高度加以论述。人名和地名翻译的“恰当得体”原则，国内学者论述不多。人名和地名翻译的“适度补偿”原则，就是根据古代历史名人、著名地名的文化内涵，在音译的基础上进行文化信息的适度补偿。对人名和地名翻译的补偿，可以采用文本内注释或文本外注释的方式。“文本内注释指补偿的内容置于译文文本内部，但通过使用目的语标点符号、括号等手段把插入译文内部的补偿成分标示出来，以明示标出的或括号内的部分为译者所加。”“文本外注释包括脚注（footnote）、尾注（endnote）等形式。”“这种手段适合于向目的语读者介绍源语中特有的文化现象、事件等的内涵，如宗教概念、风俗习惯、饮食着装、历史典故等；它还可以用来介绍原文的人物、地名、专门用于等，以便帮助读者理解与上述内容直接关联的原文意义。其优点是可以保留原文的表层形式，因此非常适合把源语文化移植到目的语中。”[9]

例 7：“朱元璋”等古代人名的翻译

同样是朱元璋，可能文中一会儿是“明太祖”，一会儿是“洪武皇帝”，一会儿又是其本人名字。为了历时地使历代皇帝名号翻译保持一致，建议历代皇帝（兄弟民族皇帝除外）统一使用“Emperor＋姓名拼音”，如Emperor Zhu Yuanzhang。某皇帝首次出现时，加注生卒年份和在位时间[7]。由于中国海洋文明历史悠久，中国古代航海历史文献涉及许多朝代、许多历史名人和帝王的名字。因此，译名统一的重要性就显而易见了。如果这些人名的翻译不统一，译文读者就不知所云。明太祖朱元璋（即洪武皇帝）通过文本内注释的方式补充信息，最终译名确定为“Emperor Zhu Yuanzhang (born in A.D. 1328 and died in A.D. 1398, reign from A.D. 1368 to A.D. 1398.)”。

再如上文中论及的历史人物赵汝适名字的翻译。仅仅将其姓名音译为“Zhao Rukuo”，并标注出其威氏拼法曾用名“Chao Ju-k’uo”是不够的，还需要补偿其生卒年代、出生地和官职等信息。根据“适度补偿”的翻译原则，我们应该首先将其名字音译为“Zhao Rukuo”，并标注出其曾用名“Chao Ju-k’uo”，然后以文本内注释或文本外注释的方式补充生卒年份、出生地和官职等信息“born in A.D. 1170 and died in A.D. 1231, superintendent of customs at Port of Quanzhou, the Southern Song Dynasty, author of *Zhufan Zhi* (Description of the Barbarians)”。翻译中国古代航海历史文献中的人名和地名时，简单的音译无法将人名和地名背后的文化信息完整地传译出来。因此，需要在音译的基础上进行翻译适度补偿。该翻译补偿原则对于准确对外传播中国悠久灿烂的海洋文化具有重要的意义。古代地名翻译的补偿参见例 2 和例 6，这里不再赘述。

5.“恰当得体”的原则

人名和地名的翻译还应该遵循“恰当得体”的原则。翻译家彼得・纽马克在谈到专有名词的翻译时曾指出：“现在人们爱护自己姓名就如同爱护民族和语言的独立一样，不愿意改动自己的名字。”[10]“中国的人名和地名，在需要用罗马字母音译时，自然应该用我国自己的汉语拼音字母拼写。这关系到维护我国的主权。”“姓名的排列一定要按照中国人的习惯顺排，切不可违反‘名从主人’的原则而按外国人的习惯倒排。”[11]“个人姓名与本民族的文化习俗及历史传统紧密相连，它不仅仅是个人的指称符号，更是交际的重要工具，而且在一定程度上体现着个人及其所属民族的身份与尊严。”[12]中国人名的翻译“应该遵循名从主人的原则，保留汉语姓名本身的特点，这不仅是对个人姓名权的尊重，也是对一个民族和民族文化的尊重”[13]。必须指出的是，中国古代航海历史文献中除了汉语拼写的人名和地名，还有一些用兄弟民族的语言拼写的人名和地名。这些人名和地名的翻译应该依据兄弟民族语言的标准发音，而不是按照汉语拼音标准发音来音译兄弟民族的人名和地名，体现了国家的民族政策，也是对兄弟民族感情的尊重。我国地名的翻译可能涉及国家主权、政治立场，更需要注意翻译的政治“恰当得体”。一方面达到有效对外传播中国传统文化的目的，另一方面降低译文读者的理解困难，满足译文读者的阅读期待。“兄弟民族人名以及外国人名（包括佛教诸神名字、高僧尊号等），遵从名从主人原则，即译者应查找权威资料，并根据其民族语发音转写为英文，而不是采用其汉译名的汉语拼音。”[7]地名翻译应该遵循的另一个重要原则是“政治性原则”。“地名的翻译可能涉及国家主权、政治立场。例如，不能把钓鱼岛称为‘尖阁群岛’[1]。”“音译还需反映我国的语言政策，因为在一个多民族国家里，语言政策是国家民族政策的重要组成部分。如音译地名乌鲁木齐时，不能用汉语拼音 Wulumuqi，而应按维吾尔语拼写为 Urumqi；呼和浩特不译 Huhehaote，而译 Hohhot，因为它是蒙古语地名，这种不用汉语拼音音译少数民族地名，是表示对少数民族社会政治地位的尊重。”[8]

例 8：“忽必烈”等古代人名的翻译

元世祖忽必烈是蒙古民族光辉历史的缔造者，是蒙古族卓越的政治家、军事家。《大英百科全书》根据“忽必烈”的蒙古语发音，将其音译为“Kublai Khan”，同时标注出其他的音译名——“Khubilai Khan”“Kubla Khan”，并文本内注释的方式补充其生卒年份、身份等重要信息：“born 1215—died 1294, Mongolian general and statesman, grandson of Genghis Khan”。翻译其他兄弟民族的人名和地名也同样需要遵循“恰当得体”的翻译原则，限于篇幅，本文不再赘述。

我们认为，遵循“恰当得体”的原则，就是坚持人名和地名翻译的正确的政治方向，这样不仅译名准确规范，而且还有利于民族团结，维护国家主权，在国际舞台上维护中国的合法权益。

三、结语

中国文化典籍的翻译有利于推动中国传统文化走出去，而中国航海历史文献的翻译有利于弘扬中国悠久灿烂的海洋文明。本文所提出的中国航海历史文献中的人名和地名翻译的“名从主人”“标准读音”“约定俗成”“适度补偿”和“恰当得体”五大翻译原则，不仅适用于中国航海历史文献的翻译，对中国古代自然科学类、社会科学类文化典籍的翻译研究也具有一定的指导意义。

参考文献

[1] 方梦之. 译学词典[Z]. 上海：上海外语教育出版社，2004, 96, 121, 122.

[2] 陈文伯. 人名音译要兼顾词的形声义[J]. 中国翻译，1993 (6): 19.

[3] 胡芳毅，熊欣. 中英人名地名的特点与翻译[M]. 南京：东南大学出版社，2012: 1, 8.

[4] 熊欣. 音译理论及音译产生的背景[J]. 中国科技翻译，2014 (1): 40-42.

[5] Woodman R. The History of the Ship[M]. London: Conway Maritime Press, 1997: 51.

[6] 孙光圻. 中国古代航海史（修订本）[M]. 北京：海洋出版社，2003: 93.

[7] 项东. 中国传统文化文本英译的音译规范刍议[J]. 中国翻译，2013 (4): 106.

[8] 林煌天. 中国翻译词典[Z]. 武汉：湖北教育出版社，2005: 557, 852.

[9] 夏廷德. 翻译补偿研究[M]. 武汉：湖北教育出版社，2006: 210, 212.

[10] Newmark P. Approaches to Translation[M]. Shanghai: Shanghai Foreign Language Education Press, 2001: 70.

[11] 庄德之. 必须用汉语拼音拼写中国人名与地名[J]. 上海科技翻译，1990 (3): 17, 19.

[12] 丁立福，方秀才. 论中国人名拼译的理据[J]. 解放军外国语学院学报，2011 (1): 69.

[13] 辛献云. 谈汉语人名翻译的规范[J]. 解放军外国语学院学报，2005 (1): 68.

基于规范理论的海洋科技术语翻译研究*

滕　梅
（中国海洋大学，山东青岛，266100）

摘　要： 规范海洋科技术语翻译是我国海洋发展战略中的重要一环，本文以切斯特曼的翻译规范理论为基础，以描述性方法系统研究了海洋科技术语翻译中面对的各种规范问题，以期为以术语翻译为主题的相关研究做有益的补充。

关键词： 术语翻译；海洋；规范

一、引言

21世纪是海洋的世纪。党的十八大报告中明确提出，要提高海洋资源开发能力，发展海洋经济，保护海洋生态环境，坚决维护国家海洋权益，建设海洋强国。伴随着《山东半岛蓝色经济区发展规划》《浙江海洋经济发展示范区规划》的出台，海洋经济已经被纳入国家“十二五”时期现代产业建设发展规划之中，上升到国家发展的战略层面。世界各国也纷纷把未来发展的目光聚焦于海洋，把合理有序地开发利用海洋资源，保护海洋环境，发展海洋经济作为求生存、求发展的基本国策。

在这一背景下，我国与世界上其他国家在涉海学科方面的交流也日益增多，海洋科技术语的翻译也自然成为中外交流的重要方面，因为在当今的学术研究中，术语的统一问题在一定程度上决定了该学科的顺利发展，科技术语的标准化翻译对科技发展和信息传递以及科技交流都具有十分重要的意义。

翻译作为一种连接两种语言的社会性活动，必然要受到源语文化及译语文化的规范，如社会意识形态、历史、社会等，术语的翻译也不例外。著名语言学家周有光曾经强调：“术语和文化，如影之随形，须臾不离。不同的文化要用不同的术语来说明。吸收外来文化，同时必须吸收外来术语。”[1]然而，术语翻译一向是科技翻译中的难点，对其研究的成果也相对较少，虽然近年来海洋科技术语的翻译问题正在逐渐引起人们的重视，但是相关研究成果仍然十分有限。

二、翻译规范

长期以来，“翻译的定义”和“翻译的标准”一直是翻译界内争论不休的话题。翻译到底是对原文的复制，还是原文的派生物？翻译的标准是“信、达、雅”，是“神似”“化境”，还是“对等”？学者们在这些问题上一直未达成共识。随着翻译研究领域从文本本身转向社会、文化等方面，学者们的研究也开始由原语文化转向目标语文化，试图从目标语文化中寻求翻译的标准。因此，对翻译规范

* 本文为国家社会科学基金项目《东西方翻译政策比较研究》（14BYY009）、中国海洋大学人文社科培育专项《海洋灾害英语语料库的构建》的研究成果。

（translation norms）的研究应运而生。

对翻译规范的研究始于20世纪60年代，在90年代达到高潮。最早把“规范”一词引入翻译领域的是列维，早在20世纪60年代他就提出“翻译是一个决策过程”[2]，译者在翻译过程中不管是在译本的选择上，还是在翻译方法的使用等方面都面临着众多选择，译者需要对翻译文本、技巧等进行权衡并做出决策。随着研究的深入，涌现出一批对“翻译规范”研究卓有成就的学者，代表人物有图里[3]、赫曼斯[4]、切斯特曼[5]等。

最早对翻译规范进行系统研究的是图里。图里把翻译规范分成三类：预备规范（preliminary norms）、起始规范（initial norms）和操作规范（operational norms）[3]。预备规范决定着译本的选择，以及是直接翻译还是间接翻译（从某个译本转译）的问题，这一选择在很大程度上受目标语文化的翻译政策、历史背景等因素的规范。起始规范从宏观上决定了译者的翻译方法，如果译者把源语文化规范作为翻译标准，则译本充分性（adequacy）强；如果译者把目标语文化规范作为翻译标准，则译本可接受性（acceptability）强。操作规范关系到翻译过程中具体的翻译策略，它又可以分为母体规范（matricial norms）和文本语言学规范（textual-linguistic norms）。前者从宏观上决定着翻译原则，如段落的划分、文章内容的删减、增加等；后者从微观上决定着翻译原则，如语言风格、句子结构、语法、修辞等。

赫曼斯认为“翻译是一种交际行为”[4]，在交际过程中必然会涉及不同的社会个体和群体。译者在翻译过程中面对不同的权力关系，不得不在各种权力中进行权衡和选择（decision-making）。规范是一种社会和文化实体，它指导着交际过程的决策。与习俗（conventions）一样，规范源于人与人之间共有的知识、期待和对事物的接受程度等，但是规范的约束力和规范性要比习俗强。规范也有强弱之分，如果某一规范慢慢变强，它就会成为规则（赫曼斯认为这里的规则实质上是一种强度较大的规范），而当规则慢慢变强，强大到它成为做某事的唯一标准，那么规则就变成了法令（decreed）。规范有积极和消极之分，即鼓励某事或者否定某事。规范并非一成不变，它随着社会环境的变化而不断变化。

切斯特曼的规范理论由他著名的“模因理论”转化而来。切斯特曼借鉴生物学中的基因（genes）提出了模因（memes）的概念[5]。他认为模因像其他基因一样拥有复制、分裂和传播的功能。人类社会中的各种观念（模因）通过人与人的交流进行传播。如果模因要在不同的文化中传播，翻译就是不可缺少的途径。因此，“翻译是模因赖以生存的途径”[5]。模因之间相互竞争，如果一个模因在与其他模因竞争中占据主导地位并使与之竞争的模因逐渐消亡，那么这个模因就成为规范。

切斯特曼把翻译规范分为两类：期待规范（expectancy norms）和专业规范（professional norms）[5]。期待规范由读者对译本的期待组成，这实际是一种产品规范（product norms），也就是说读者认为什么样的文本是自己需要的，译本应是什么风格，应采取何种翻译方法等。但是，切斯特曼把规范放入一定的社会背景进行研究，读者的期待并不完全由自己所决定。不同时期的历史背景、国家的翻译政策、社会、经济、文化等因素也会影响到读者的期待。专业规范调控具体的翻译过程，由社会中的专业人士制定，这本质上是一种过程规范（process norms）。专业规范又分为义务规范（accountability norms）、交际规范（communication norms）和关系规范（relation norms）。义务规范是一种道德规范（ethic norms），它要求译者在翻译时应满足原文作者、翻译委托人、译者本身及潜在读者等其他当事人的要求[5]；交际规范要求译者处理好不同文化之间的交流，使传意各方的交流达到最佳状态；关系规范本质上是一种语言规范（linguistic norms），它要求译者的翻译必须使源语文本与目标语文本建立一种恰当关联的相似性关系[5]。

通过上述，我们可以发现：图里的规范研究重点在于翻译规范的分类，他从宏观和微观讨论了从翻译选材到翻译过程的各种规范。赫曼斯主要宏观讨论了翻译和规范的性质，他关注的是意识形态、社会、文化等宏观方面的因素。相比而言，切斯特曼的翻译规范理论最为全面。第一，切斯特曼在借鉴图里理论的基础上，对翻译规范进行了更为全面的划分，他从社会、道德等方面重新审视了翻译规范；第二，切斯特曼详细、系统地讨论了规范的来源，为翻译规范研究提供了新的视角。第三，切斯特曼更为关注的是译者接受翻译任务后对译者工作进行指导的规范，操作性和对实践的指导性更强。

因此，本文尝试从切斯特曼的规范理论角度，审视翻译规范对海洋科技术语翻译的规约和影响。

三、海洋科技术语翻译的规范

正如纽马克所言，尽管术语只占全文的 5%～10%，它们却是构成科技英语翻译与其他文本翻译的根本区别[6]。要准确地翻译海洋科技文献，首要难题是海洋科技术语的翻译，而术语的翻译则必须符合相关的规范，而不仅仅是意义的传递（transfer of meaning）。孔子说：“名不正则言不顺。”所谓“正名”，就是指术语的规范化。

1. 期待规范

切斯特曼认为：“目标读者对译本的类型、风格、修辞等方面都有自己的期待。”[5]这就要求译者根据读者的期待进行翻译，而读者的期待又受当时政治、经济、文化等因素的影响。也就是说，译者要先对不同社会背景中的读者需求进行分析，再进行具体的翻译工作。

海洋科技文献的读者大部分为专业人士，对术语翻译的首要期待就是专业性，而专业性也是被用来表达或限定专业概念的术语本身最根本的特征。

在翻译海洋科技文献的过程中，译者首先要注意的就是词语翻译的术语化，即“使原语概念所对应的译语词具有术语的特点，如名词性、严密性、单义性等，使术语与普通词汇区分开来”[7]。如 migration 一词，其基础词义为“迁移，移动”，但在海洋学科中特指水生动物为了繁殖、索饵或越冬的需要，定期、定向地从一个水域迁移到另一个水域的运动，应译为“洄游”。

2. 专业规范

切斯特曼认为，期待规范关注的是最终的翻译译本，而专业规范关注的是翻译过程，即译者在具体翻译时应采取何种翻译策略，如何组织句子结构等方面[5]。专业规范分为义务规范、交际规范和关系规范。

1）义务规范

义务规范要求译者必须对原作、读者及委托人等其他因素负责[5]。译者在翻译过程中最重要的就是要保证译文的质量，在完全理解原作的基础上谨慎翻译，不可胡译、乱译。术语的定名应当准确表达一个概念的科学内涵和本质属性，译者在翻译时必须注重术语的学术含义，以公认和权威作为术语翻译的标准，尽量避免使用不科学的、容易引起概念混乱的词语。例如，biofouling 一词（指藻类、贝类等生物大量附着、生长于船底和水下建筑上，使其性能下降或损坏）曾被译为“污着生物”“附着生物”“污损生物”等，经海洋科学名词审定委员会专家反复讨论推敲，认为“污着生物”是由于这类生物是附着生活，同时造成对基底的污染，但不一定损害基底，而“附着生物”的译法又易与 sessile organism（固着生物）混淆，因此统一译为“污着生物”。

由此可见，义务规范对译文质量的提高有着重要的作用。译者必须本着对原作负责、对读者负责的原则，以公认和权威为标准以保证术语翻译的质量。

2）交际规范

切斯特曼指出，交际规范要求译者扮演好桥梁作用，使交际各方的沟通达到最佳状态[5]。通过上文的讨论，我们知道海洋科技文献中的术语专业性很强，译者必须本着公认和权威的标准进行翻译，不能随意处理。但是与此同时，翻译的时候也应注意简明性原则，术语的译名应简单明了，易懂易记，便于使用，避免使用生僻词语。例如，whitecap 一词指风浪波陡超过极限时，波峰破碎出现的白色浪花现象，如果直接译为“白色帽子”或“白帽”，非常容易引起歧义，译为“白浪”则简洁明了，通俗易懂。

3）关系规范

切斯特曼认为关系规范要求译者协调好文本之间的关系[5]。有的翻译需要优先考虑译文形式与原文形式，如法律合同；有的翻译需要突出风格的相似性，如诗歌、小说等。海洋科技文献属于科技文本，对语言的准确性要求较高，这就要求译文与原文在内容上高度一致。因此，术语翻译定名时就应考虑与国际上的术语概念接轨，以利于国际交流。有的词，尤其是缩略语，采用全称翻译比较冗长，不便于使用，则不如直接采用原文缩略语，如国际海事组织（International Maritime Organization）是 1948 年成立的负责推进各国在海运活动中航行安全的国际组织，其名称缩写 IMO 为海洋行业内通用的术语词汇，因此在文中初次出现的时候，有必要用全称翻译或加以注释，在后文中就可以使用缩略语，不必每次都用全称了。类似的缩略语还有 ITLOS（国际海洋法法庭，International Tribunal for the Law of the Sea）、ODP（大洋钻探计划，Ocean Drilling Project）等。

四、结语

海洋科技术语翻译是一项非常重要的工作，对其进行系统研究十分必要。本文以切斯特曼的翻译规范理论作为理论基础，探讨了海洋科技术语翻译过程中需要注意的翻译规范，希望能为以术语翻译为主题的相关研究做有益的补充。

参考文献

[1] 魏向清，赵连振. 术语翻译研究导引[M]. 南京：南京大学出版社，2012.

[2] Toury G. Descriptive Translation Studies and Beyond [M]. Amsterdam: John Benjamins Publishing Company, 1995.

[3] Hermans T. Norms and the determination of translation: a theoretical framework [A] // R. Alvarez, M. Carmen-Africa Vidal

(Eds.), Translation, Power, Subversion [C]. Clevedon, England: Multilingual Matters, 1996: 25-51.

[4] Chesterman A. Memes of Translation: The Spread of Ideas in Translation Theory [M]. Amsterdam: John Benjamins Publishing Company, 1997.

[5] Venuti L. The Translation Studies Reader [C]. New York: Routledge, 2000: 69.

术语转喻的理想化认知模型*

吴　哲[1]，吴红蕾[2]
（1 哈尔滨师范大学俄语教育研究中心，黑龙江哈尔滨，150025；
2 哈尔滨师范大学斯拉夫语学院，黑龙江哈尔滨，150025）

摘　要： 转喻是人最重要的思维能力，是理解新事物不可或缺的认知机制。理想化认知模型在转喻理论构建中起着重要作用，反之，转喻也是理想化认知模型中极为重要的认知模式类型之一。转喻同隐喻一样参与术语的语义生成过程，运用理想化认知模型理论分析术语转喻的语义生成机制可获得更接近其本质的解释。

关键词： 术语；转喻；理想化认知模型

一、引言

认知语言学认为，转喻并不是词语的简单替代关系，而是人们认识事物的一种重要方式，是人的认知特性。从这一观点出发，一个词固定化了的转喻意义同隐喻意义一样，成为人们对事物进行多级范畴化的工具，在构成复杂的相互联系的范畴网络过程中起重要作用。转喻同隐喻一样构成了词义变化的内在机制，这种机制将新事物与原有事物相联系，在语言变化的外因——历史、文化、社会等因素共同作用下，使词的语义发生变化。术语是标准语的一部分，其语义的生成和发展同样受语言内外因素的制约，与其他通用词汇不同的是，由于术语是由使用者“创造”出来的，人的认知和思维特点在术语生成过程中更为凸显。本文以俄语建筑术语为例，从理想化认知模型视角揭示术语转喻的内在机制。

二、转喻的语义生成

转喻的语义生成是基于不同范畴的邻接联想。从心理学角度说，这种联想的基础是，无论是局部与整体、特定与普通、种与属，还是具体与抽象、原因与结果、容器与容物，以及工具与工具使用者或相关事物等，两者之间都存在着一种相互关系，不管是物质的，还是非物质的，都会给人的心理造成空间上或时间上的一种“临近”感，从而引起联想思维活动[1]。例如，俄语建筑术语 выемка 表示“开凿，挖掘”，通过转喻作用机制形成“挖土量”义，正是基于动作与动作结果之间空间上的临近感；再如，俄语建筑术语 сосунок 既表示“吸头，吸泥管”，同时又可表示“吸吮器”，这种转喻发生在同一个事件域“建筑用具”中，在部分与整体之间产生转喻关联。

有学者认为，转喻就是属于框架中某一要素的词开始表示整个框架[2]。这种说法似乎并不全面，因为它只能解释同一认知域内以事物的部分喻指整体的情形，而实际存在的转喻模式无疑要丰富得

* 本文为国家社科基金一般项目“俄汉术语语言世界图景表征认知对比研究”（编号：16BYY191）的阶段性成果。

多。“如果说隐喻是不同认知域之间的投射，那么转喻是相接近或相关联的不同认知域中，一个凸显事物替代另一事物，如部分与整体、容器与其功能或内容之间的替代关系。”[3] 这里的“凸显”指的是，依据人的心理上识别事物的凸显原则，人在观察、认识事物、现象时，往往更多注意到其最突出的、最容易记忆和理解的属性。正如 G. 莱柯夫所说，对于人们来讲，没有比用某种事物的最容易理解和感知的方面来表示整个事物、它的其他方面或组成成分更平常的事了。莱柯夫总结出了转喻模式的如下特征：

（1）存在“目标”概念 A，它须要为某一目的而在一定的语境中得到清楚的解释；

（2）有一个包括概念 A 和另一个有所不同的概念 B 的概念结构。B 是 A 的部分，或在此概念结构中与 A 有紧密的联想关系。在典型情况下，选用 B 决定了 A 在这个概念结构内部是单义的；

（3）与 A 相比，B 或者是更容易理解、更容易记忆、更容易识别，或者是可以更直接地在这一语境中用于这一目的；

（4）转喻模式就是概念结构中 A 和 B 之间的关系，这种关系通过由 B 到 A 的功能来确定。

当这种已经形成惯例的转喻模式作为概念体系的一部分存在时，B 就可以转喻性地用来代替 A，而随着这种转喻用法在语言中的逐渐固化并被词典所记录，B 便产生了新意义[4]。

转喻派生依据的是事物之间的相关联想，这种联想的渠道如同隐喻派生的相似特征一样，也是极为多样的。比如说，在 Ю. Д. 阿普列祥总结出的多达 88 种的三大词类（名词、动词、形容词）的规律性词义转移模式中，绝大部分属于转喻派生[5]。转喻式语义生成的范畴变化与隐喻转移有所不同。在隐喻转移的过程中，属于某一范畴的始源意义的超义子在派生义中被属于另一范畴的超义子所代替，词义之间依据个别的联想成分相联系，范畴界限十分清晰；而转喻转移的过程是：始源意义中的超义子在派生意义中异化为区别特征，同时其主要的区分义子弱化，个别区分义子（更多时候是边缘义子）强化并转变为派生义的超义子，同时可能增加新的区分特征。可见，此时的范畴变化主要是事物、现象、行为之间逻辑范畴（广义）的变化（如行为与其主体，状态与其原因等），而在客观可能世界之间的变化体现得不明显（尽管这种变化也是存在的）。因此，转喻派生的规律性转移常常要通过十分具体的模式才能标示出来。

在认知语言学中，转喻被描写成理想化认知模型（Idealized Cognitive Model，ICM）的一种形式，是一个认知过程，“这一认知过程可让我们通过一事件与其他事件的关系对该事件进行概念化[6]。”

三、术语转喻的理想化认知模型类说

转喻的生成和理解与理想化认知模型密切相关。在人与世界的交往中，认知模型（CM）起着重要作用，它不仅贮存信息，而且还对该信息重新编排组合。“理想化认知模型”这一概念最初由莱可夫提出，指的是特定的文化背景中说话人对某一领域中的经验和知识所作出的抽象的、统一的、理想化的理解，这是建立在许多 CM 之上的一种复杂的、整合的完形结构，是一种具有格式塔性质的复杂认知模型[7]。ICM 同某一个特定的认知域结构的知识概念相契合，包含已经概念化了的现实世界中的实物、词汇及其意义。这种认知模型不仅涵盖特定领域的知识类型，同时还包括该领域所涉及的文化背景概念。

ICM 在转喻理论构建中起着极为重要的作用。里德和科沃克斯指出，转喻是一个概念现象和认知过程，并且在 ICM 内运作[8]。而根据莱可夫的说法，隐喻是由一个 ICM 的意义延伸至另一个 ICM 领域范围中，基于映射关系限定这两个 ICM；转喻则是对发生在同一个 ICM 中的整体与部分之间关系的一种认知过程，这两者间一定是具有相关、邻近的部分[9]。由此可见，转喻发生在同一个 ICM 中，或在同一个事件域（ECM）范围内，是利用它们所构成的各要素相互替换或要素与整体之间相互替代而构成的。基于转喻的生成和理解与 ICM 的这种密切关系，在莱可夫研究的基础上，里德和科沃克斯及科沃克斯在认知语言学的框架内全面地对转喻进行研究分析，根据同一个认知域或 ICM 中的转体与目标之间的关系，将转喻划分为两大类：整体与部分之间的转喻、整体中部分之间相互替换的转喻[10]。在术语的语义生成过程中，这两种类别的转喻均不同程度地发挥作用。必须指出的是，日常语言中通过转喻生成的意义不一定是词的常规化意义，也可能是临时产生的新义，甚至是在当下语境中才能理解的意义。例如，牛奶倒了。此时的“牛奶”转指“牛奶瓶”，“牛奶”本身并没有“牛奶瓶”的意义，正是在同一个 ICM 内，由于牛奶和牛奶瓶之间存在容物与容器之间的相关性才使受话人能够正确理解话语的含义，不至于产生偏差。而术语的语义生成则较少随机性，其概念内容的发展与人对世界的认识息息相关，只受相关科学的发展所制约，因而除个别情况外，本文中的术语语义主要指已经常规化并在词典中有专业标注的意义。

（一）整体ICM与部分的术语转喻

理想化认知模型中的整体 ICM 与部分之间的转喻关系通常意义上是指事物和其组成部分间的关系，这种事物是复杂的结构整体，具有完型结构。能够产生整体与部分转喻关系的 ICM 有事物模型、构造模型、等级模型、复杂事件模型、范畴属性模型等[11]。上述转喻模型在日常语言中极为常见，构成了人类日常思维的基础。那么在科学语言中，这些模型是否仍积极发挥作用？下文以俄语建筑术语为例，根据术语的特点，解析具有典型性的三种模型——事物模型、构成模型和等级模型，分析科学语言中整体 ICM 与部分之间的转喻机制。

1. 事物模型

所谓事物模型，是指在一个 ICM 中的事物同部分之间的转喻关系。一个事物可以看做由诸多部分构成，当其中某一个组成成分表现出了明显的凸显性，与事物的整体产生作用时，这一凸显的部分与该事物发生关系互换，可相互取代，即称为事物模型。这种模型的转喻形式可能会产生出两种变体形式：事物整体转喻为事物组成部分或事物组成部分转喻为事物的整体。

1）事物整体转喻为事物组成部分

俄语建筑术语中存在事物整体转喻事物组成部分的现象，即属概念转喻种概念，如 застройка（建筑物→房屋）。“房屋”是需要有四壁、屋顶，供人居住、经营和生产活动的建筑物，而“建筑物”除了要具备供人居住的第一物质功能外，还包括更有艺术色彩或特殊功能等的建筑，如剧院、电视塔、教堂等，将整体概念“建筑物”替代部分概念“房屋”，发生了转喻作用；наждачная шкурка（砂布、砂纸→金刚纱布）的两个意义之间同样基于整体部分关系转喻形成联系；建筑术语 экер 表示“测角器，定角器”，是测量异形结构角（锐角、钝角或直角）的量具，而这个词还有一个意义为“直角器”，是专门测量墙的拐角处是否为直角的量具，前者包括后者，是典型的事物整体转喻事物中部分成分的示例。类似于这种转喻类型在俄语建筑术语中较为常见：строительный алебастр（建筑石膏→建筑雪花石膏）、глинобетон（砂、砾石、黏土组成的混合料→黏土混凝土）、грабарка（运土车→运土马车）、автогрейдер（自动平地机→自动平路机）、автовышка（高空作业车→架空作业车）、автоматизация строительных работ（建筑工程自动化→施工自动化）、арматура（设备、器材→钢筋、配件、附件）等。

2）事物组成部分转喻为事物整体

俄语建筑术语词组 цементировочный агрегат 有“水泥车”之意，但在建筑领域中还可指“灌注水泥设备”，是包括除水泥车之外的其他水泥设备，组成部分的意义“水泥车”代替整体事物“灌注水泥设备”，这种转喻过程均发生在同一个 ICM 中。通过这种转喻，词义得到更进一步的分析，努力获取了更多的认知效应，конвейеризованная шахта 由“装备皮带运输机的矿井”到“运输机化矿井”，同样是通过事物组成部分转喻为事物的整体；шабер 可表示“刮刀”，发生转喻义为“刮削工具”，不仅包括刮刀，其他具有刮削作用的工具都囊括在内；эпюр 意为“曲线图，应力图，分布图”，是建筑工程领域中常用的构图模式，在转喻的作用下可表示为“图，图形，图标”，不仅指建筑中的构图，而且还包含其他领域的所有图示，由作为建筑领域中的构图的这种事物的组成部分转喻为整个领域“图示”的事物整体。

2. 构成模型

构成模型，是指该事物或实体由物质、材料、形状等部分构造而成的认知概括，是理想化认知模型中整体与部分之间典型的代表形式，事物的构成材料或物质作为部分同该事物整体产生交汇相关处，产生转喻关系，这种模型可以发生两种转喻关系：组成的材料或物质转喻为实体，实体转喻为组成的物质或材料。

1）组成的材料或物质转喻为实体

如 резина 指“橡胶，橡皮”，而它是构成“轮胎”的基本材料，因而在这两种释义中成发生构成模型下的转喻关系；хобот 表示“柱身”，但这个事物又是“串筒管（灌混凝土用）”的基础材料，这两者间形成转喻关系，由组成的物质转喻成为实体，这样的转喻在建筑术语中还有 пульверизатор（喷嘴→喷雾器、喷漆器）；резак（刃→切割器）；вибрационная трамбовка（振捣棒→振捣器）；шнек（螺旋、螺旋头→螺旋输送机）；эмульгатор（乳化剂→乳化器）等。

2）实体转喻为组成的物质或材料

例如，увеличитель 指“放大装置、加重装置”，通过转喻关系形成新的释义“放大器”，后者是前者的构成成分之一；цилиндр 表示“圆筒，滚筒”，其转喻意义为“圆柱，圆柱体”，“圆柱”本是构成“圆筒”的基本形态，而将所构成的事物转喻为被构成的形态，实物转化为组成的形态特征，整体转喻成为部分。магистральная труба（总管→干管），тумблер（转向轮→翻转开关），газовый холодильник（砌体冷却器→煤气冷却装置），ходоуменьшитель（减速装置→减速齿轮），электронасос（电动抽水机→电泵、电动泵）也同样如此。

3. 等级模型

指层级单位间所组成的相关事物的认知概括。在通常情况下，构成等级中上层概念的成分和整个等级间发生相互的转喻关系。这种转喻关系也可视为种属关系类的转喻，即在属概念和种概念间产生整体与部分的转喻。

1）上层概念转喻整个等级

例如，жёсткость 本为 жёсткий（硬的）的名词，转喻为“（构件的）刚度，硬度”，如 жёсткость бетонной смеси（混凝土硬度）。此术语义正是由于表示“软硬程度”这一等级结构中的上层单位“硬”转喻为可以表示整个等级的“硬度”而生成，如可以说“硬度很差”。类似地，прочность бетона（混凝土强度）中的 прочность，плотность домов（房屋密度）中的 плотность 均依此方式生成术语义。

2）整个等级转喻上层概念

整个等级转喻上层概念的情形更多出现于语篇中。例如，Не случайно действующие нормы предусматривают в качестве обязательных требований к асфальтобетону обеспечение его трещиностойкости и *сдвигоустойчивости*.[12]（现行法规规定沥青混凝土必须保证*抗裂性*和*稳定性*是不无理由的。）句中的 трещиностойкость 和 сдвигоустойчивость 均为建筑术语，分别用“抗裂性”转喻“高抗裂性”，用“稳定性”转喻“高稳定性”。

3）属概念转喻种概念

如果对“等级”做较宽泛的理解，那么我们也可将上位概念转喻下位概念的语义生成归入等级模型。试看 раствор 作为建筑术语的语义生成过程：溶液→< 化 >两种以上物质组成的均匀混合物→< 建 >灰浆，泥浆。在此过程中，“溶液”作为上位概念，其概念范围随着语义演化而逐渐缩小，在建筑领域中形成的术语义“灰浆”是“溶液”也是“混合物”的一种，由属概念转喻种概念。类似的还有：радиатор 由“散热器，冷却片”转喻“< 建 >暖气片”，блок 由“成套部件”转喻“< 建 >（混凝土、石等）预制件”，арматура 由“配件，附件”转喻“< 建 >（钢筋水泥建筑物的）钢筋架”等。

4）种概念转喻属概念

反之的情况：плинтус“< 建 >护墙板，踢脚线”转喻“< 建 >护板，护条”，由只用于墙和地板交接处的护墙板转用于建筑物、院墙、炉灶等底部稍稍突起的起保护或装饰作用的护板，概念范围扩大，由种概念转喻属概念。

（二）整体ICM中部分与部分之间的术语转喻

当转喻机制发生在整体 ICM 中的部分与部分之间时，一般情况下，是发生在同一个事件的两个部分之间，可以是行为、参与者、空间、时间、工具、原因、数量、地点等因素。而这些因素在同一理想化认知模型下相互作用，在转喻的模式促动下，同一领域的理想化认知模型中用整体中的部分意义替代另一个部分的含义，形成更为丰富的概念，产生典型性效应，从而高度系统化、抽象化。以下根据术语的语义特点分析几种主要模型。

1. 行为模型

行为模型中，可以发生转喻关系的部分包括行为与行为的工具、对象、结果、地点等。例如，замазка 本为 замазать 的动名词，表示“涂上一层，泥住”的动作义，在建筑术语中词义为“泥子，油灰”，术语义的生成正是基于行为与行为工具之间发生的转喻，类似的还有 мойка（洗→洗涤器、洗面池），вентиляция（通风→通风装置），ограждение(防护、防备→防护装置）等；此外，основание（建立、创立→地基），надстройка（把建筑物接高→建筑物的接高部分），облицовка（给……饰面→铺面、衬里、饰面层）术语义的生成是基于行为与行为结果之间发生的转喻；свод（使合拢、封顶→拱顶、拱门），настил(铺→地面、铺板）术语义的生成是基于行为与行为对象之间发生的转喻；стройка（建筑、造、修→工地、正施工的建筑工程）术语义的生成是基于行为与行为地点之间发生的转喻；等等。

2. 工具模型

工具关系转喻发生在同一事件中工具与工具使用者（即事件参与者）之间，通常由前者喻指后者。例如，испытатель 指“试验器”，通过转喻亦可指“试验员”，事件参与者“试验员”与参与者所使用的工具“试验器”产生转喻关系；同样，исправитель（矫正器→矫正者、改正者），шпалоразгрузчик（轨木卸载机→轨木卸载工）等均属此类。

3. 空间模型

空间关系转喻可以是地点和处在该地点的参与者或是该处所发生的事件相互之间发生转喻。例如，столярка 由“木工作坊，木工车间”转指“(门窗等）预制件”，正是由行为发生的地点转喻指行为的结果。

空间模型中最为典型的是容器模型。容器模型的转喻指容器与容器内容之间相互发生转喻的过程，这种意向图示存在于人们固有的概念领域中。通常意义上来讲，容器自身的显著度会高于容器的内容，而容器内容转喻为容器只有在特定情况下才会发生。例如，бочка 指“桶、圆桶”这一容器概念，当发生空间性转喻时，可转喻表示为“一桶（某物）”，如 Этот цемент очень хорошо, дайте мне бочку.（这水泥看起来不错，请给我来一桶。）此句中 бочка 意指 бочка из-под цемента（一桶水泥），用容器自身来替代容器内所盛有的内容，但不影响说话者与受话者的正常交际，能被受话者所接受理解，达到了转喻目的和效果。

四、结语

转喻是人认识并在记忆中储存复杂且多层面现象的能力的基础。理想化认知模型的整体与部分以及同一模型中各部分之间的关系是最常见的转喻概念结构类型。理想化认知模型由多种认知模型组成，多种认知模型形成一个自然的范畴，故而，一个理想化认知模型是形成一个多义自然范畴的基础。研究表明，转喻作为人类思维的基本方式，不仅在日常语言中发挥重要作用，在科学语言中也不可或缺，是术语语义生成的主要机制和动力之一。

参 考 文 献

[1] 李国南. 辞格与词汇[M]. 上海：上海外语教育出版社，2001: 161.

[2] Гилярова К А. Радиальная структура значений как инструмент описания полисемии в когнитивной семантике (семанитико-типологическое исследование прилагательного《круглый》), Вестник московского ун-та. Сер. 9. Филология[J]. 2001, (5): 54.

[3] 赵艳芳. 认知语言学概论[M]. 上海：上海外语教育出版社，2001: 116.

[4] Лакофф Дж. Женщины, огонь и опасные вещи: Что категории языка говорят нам о мышлении[M]. М.: Языки славянской культуры, 2004: 111-120.

[5] Апресян Ю.Д. Лексическая семантика. Синонимические средства языка [M]. М.: Школа《Языки русской культуры》, Изд.фирма《Восточная литература》РАН, 1995: 193-215.

[6] 张辉，卢卫中. 认知转喻[M]. 上海：上海外语教育出版社，2010: 11.

[7] 王寅. 认知语言学[M]. 上海：上海外语教育出版社，2006: 206.

[8] 张辉，卢卫中. 认知转喻[M]. 上海：上海外语教育出版社，2010: 14.

[9] Рунова Н В. Когнитивные основы образования новых метонимических значений существительных: на материале английского языка[D]. disser Cat-электронная библиотека диссертаций, 2004: 11.

[10] Трухановская Н С. Метонимический сдвиг при концептуализации денотативной ситуации (в сфере предикатов физического воздействия) [D]. Дис. ...канд. Филол. Наук, 2009: 15.

[11] 文旭，叶狂. 转喻的类型及其认知理据[J]. 解放军外国语学院学报，2006(6): 3.

[12] ГОСТ 9128-2009. Смеси асфальтобетонные дорожные, аэродромные и асфальтобетон. Технические условия / Госстрой России. – М., ГУП ЦПП, 2010: 17.

语言模糊性对科技名词翻译的影响
——从“水利”一词的英汉互译谈起

楚行军

（华北水利水电大学外国语学院，河南郑州，450045）

摘　要：科技名词在抽象的封闭科技语义系统中无模糊，而在具体的认知经验中、作为认知参考点其精确性具有相对性。这使得科技名词翻译准确度的高低与语言模糊性程度的大小成反比关系。上述规律是造成“水利”一词英汉互译处理极为复杂的重要原因之一，需要科技翻译者在工作实践中多加注意。

关键词：水利；科技名词；语言模糊性；翻译

一、引言

“水利”是一个汉语固有词汇。在漫长的语言演变中，伴随西方科学技术的引进，它逐渐成为汉语中表达与“水”相关的各种科技活动时经常用到的一个核心词。我国有很多水利高校，开设有各种水利专业，建有大量水利设施，成立有专门的水利部。这些不同语境中的“水利”对应的英译各异，甚至即使是同样的语境，如都用作水利高校或学术期刊的名称，对应的英译也差别较大[1]。这种现象给相关翻译工作带来了挑战，成为学界都很关注的一个学术问题。从改革开放到现在，我国学者发表了一系列专门讨论“水利”一词词源及对应英译的论文[2，3]。然而时至今日，这个核心词汇的英译仍然“没有统一”[4]。

我们认为不能将上述局面简单地归为相关翻译者不够努力，或者其能力不足。学界更应该从语言本体的各种特性出发，对上述现象做出更为合理的分析。从上述理念出发，下文拟以“水利”一词的英汉互译为例，讨论语言模糊性特征对科技名词翻译的影响，以求对这类现象做出更为系统的解释。

二、“水利”一词的英汉互译

“水利”一词对应的英译主要有以下几种处理方式。

（1）译为“water resources”。例如，我国水利部的官方翻译为“the Ministry of Water Resources of PRC”，“中国水利水电科学研究院”被翻译为“China Institute of Water Resources and Hydropower Research”。

（2）译为“hydraulic engineering”。例如，“中国水利教育协会”被翻译为“China Association of Hydraulic Engineering Education”，“中国水利学会”被翻译为“Chinese Hydraulic Engineering Society”。

（3）译为“water”。例如，“中国水利水电出版社”被翻译为“China Water & Power Press”，“中

国水利工程协会”被翻译为“China Water Engineering Association”。

（4）译为“water conservancy”。例如，“天津市水利局”被翻译为“the Tianjin Municipality's Water Conservancy”。

（5）译为“hydro”。例如，“中国水利水电建设股份有限公司”被翻译为“Sinohydro Group Ltd”。

与之相对，《中国水利百科全书》在集中涉及上述相关英语时将其翻译为如下汉语。

（1）“water resources”被译为“水资源”。例如，“American Water Resources Association”被翻译为“美国水资源协会”，“International Training Center for Water Resources Management”被翻译为“国际水资源管理培训中心”。

（2）“hydraulic”被译为“水利”或“水力”。例如，“International Association for Hydraulic Research”被翻译为“国际水力学协会”，“International Institute for Hydraulic and Environmental Engineering”被翻译为“国际水利及环境工程学院”。

（3）“hydrological”和“hydrology”被译为“水文”或“水文学”。例如，“International Association of Hydrological Sciences”被翻译为“国际水文科学协会”，“International Committee on Remote Sensing and Data Transmission for Hydrology”被翻译为“国际水文遥感与数据传输专业委员会”。

（4）“water”的各种灵活翻译。包括“International Water Supply Association”被翻译为“国际供水协会”，“Scientific Committee on Water Research”被翻译为“水利研究科学委员会”，“World Association of Soil and Water Conservation”被翻译为“世界水土保持协会”。

（5）至于在汉语中与“水利”一词联系很多的“conservancy”，英语中却很少见“把 water 与 conservancy 连起来作‘水利’解释的例子”[4]。

对比“水利”一词的英汉互译，我们发现以下几种情况。

（1）“水利”一词从汉语进入英语时，翻译者倾向优先将其处理为“water resources”，然后选择“hydraulic engineering”，最后才选择“water conservancy”“water”或“hydro-”。而实际上这些英语单词最常表达的意思依次为“水资源”“水利工程”“水保护”和“‘水’的词根”。

（2）各类与“水利”相关的英语词汇进入汉语时，翻译者优先将其处理为专业性更强的“水力学”“水文学”和“水资源”等科技术语，在排除上述处理方式可行性后才会考虑“水利”这个词汇。

造成上述现象的原因很多。在谈及“水利”一词英译变异较多的原因时，学界一种常见的解释是：由于水利工程学科内涵和外延自身的历时变化[5, 6]，“水利”一词的主流翻译经历了从“hydraulic engineering”“water conservancy”到“water resources”的变化[4]。这种变化主要是为了更好地传达中外学界对水利工程学科认知的演变。这方面的一个典型例证就是我国水利部在汉语名称没有发生变化的情况下，英文译名却经历了从“Ministry of Water Conservancy”到“Ministry of Water Resources”的改变。这种变化是为了传达我国当代水利事业正在从工程水利向资源水利转变的缘故。

当然，我们也可以很容易为“水利”相关英语在翻译为汉语时所呈现的上述现象找到某种解释。现代意义上的大部分科学分支几乎都发源于西方，在西学东渐的浪潮中逐渐被介绍到国内[7]。因此，对于“hydraulics”之类的英语词汇，翻译者在处理时更容易想到对应的汉语术语——那些几乎与之完全对等的英译词。

上述原因都可以在某种程度上部分解释“水利”一词的英汉互译为什么如此复杂。面对与翻译相关的各种纷繁芜杂的因素，译者需要在综合考虑文化影响、词源学演变、语言本体特征和翻译本质等的基础上，从翻译活动最基本的原则出发，在具体翻译案例中做出最为恰当的处理[8]。下文以上述梳理为具体案例，浅析语言模糊性特征对类似“水利”这类科技名词翻译的影响。

三、科技名词的模糊性

1. 语言模糊性

模糊性与近似性、随机性和含糊性不同，主要是指事物类属的不清晰性，是“事物在性态和类属方面的亦此亦彼性，亦即中介过渡性”[9]。模糊性在语言的各个层面广泛存在，如王逢鑫就在《英语模糊语法》一书中，通过丰富的实例详尽分析了英语在语音、实词、虚词和语法层面的模糊性[10]。语言的模糊（fuzziness）与含糊（vagueness）、概括（generality）和歧义（ambiguity）不同，它与语言如影随形[11-13]。因此，很多学者其视为语言的基本属性之一[14]。

2. 科技名词的模糊与精确

科技名词以追求精确为第一要务，然而模糊却与之如影随形。不仅是科技名词，即使人们普遍认为对精确性要求更高的数字在实际应用中也表现出一定的模糊性。这可以从约略现象的研究中得到印证。约略是指精确数字的模糊理解，美国语言学家雷科夫首次注意到这种语用现象[15]。例如，某个人回答说他这个月工资发了3500元。而实际上，他的工资发了3480元或者3520元。然而，我们却几乎没有人会说他说谎话。这是为什么呢？楚行军将其解释如下[16]：人们在日常交际中只是想获得一个相对准确的数字，因此能够容忍一定程度的模糊性。在需要表达绝对精确数字的语境中，人们需要借助一个潜在的封闭运算系统。在上述例子中，假定这个人实际工资是3480元，需交税80元，还需扣除水电费100元。如果这个人去银行办业务，问银行职员他这个月的实发工资是多少？银行职员回答是3300元。此时的“3300”一般是没有任何约略理解的空间。因为双方在交流中实际上蕴含了一点：这个人本月的总工资是3480元，扣除税收80元和水电费100元后还剩余3300元。也就是说，双方的交流是建立在“3300＋100＋80＝3480”这个运算等式的基础之上。由此出发，楚行军将日常交流中包括约略在内的数字使用规律归纳如下：

> 任何数字在抽象的层面、在运算系统都只能是精确的，而在具体层面、在作为人类认知参照点时任何数字的准确性都是相对的，都可以说是不准确的[16]。

从上述规律出发，约略是一种较低模糊度的数字使用现象，而夸张之类的修辞手法则可以赋予数字最大程度的模糊性。例如，在“白发三千丈”之类的表达中，“三千丈”远远超过头发的实际长度，因此几乎丧失了作为数字的具体语义。与数字使用现象类似，我们也可以将科技名词的使用规律进行归结：科技名词的绝对精确性只存在于抽象的封闭科技语义系统中，而在具体的运用层面作为认知参照点时，任何科技名词的准确性都是相对的，都可以说是不准确的。

以“水利”一词为例，假如这个科技名词只包括“水利工程”“水力学”“水文学”和“水资源”有限的几个义项，那么根据“水利工程＋水力学＋水文学＋水资源＝水利”这一封闭的科技语义系统，我们就很容易限定“水利”及与之相关的各个科技名词的语义了。然而，除了极端情况下的人为定义，上述情况是在任何语言中都不会出现的。在“水利工程”“水力学”“水文学”和“水资源”之外，汉语中还存在着“农田灌溉”等近似无数与“水利”相关的各种义项。在抽象层面，它们之间没有严格界线，构成“水利”的语义连续统。因此，作为象征性符号[17]，任何科技名词在日常使用中都具有一定程度的模糊性。

四、语言模糊性对科技名词翻译的影响

综上所述，作为认知参照点，任何科技名词在具体使用中都具有一定程度的模糊性。既然一个科技名词在某一个语言的语义系统中尚且具有一定的模糊性，那么将其翻译为另外一种语言时，由于各个语言的科技语义系统现实切分的差异，这种模糊性必然会扩大。这就使得各个科技名词模糊程度的高低与其翻译准确度的大小成反比关系。也就是说，如果某个科技名词在源语言中的语义界定模糊性越大，则其翻译为另外一种语言时的准确度就越低。这就很容易解释为何“电脑”与“computer”之间的互译处理起来比较简单，而“水利”之类科技名词英汉互译的处理则复杂得多。既然语言模糊性是造成“水利”之类科技名词处理极为复杂的重要原因，那么我们在翻译实践中该如何处理呢?

我们能否通过严格的定义，将“水利”这样的词汇在不同语境中的翻译选择固定下来，以实现术语翻译标准化的目标?实际上，这也正是学界已经发表的各种探讨“水利”一词翻译的几篇论文的主要目的之一。我们认为科技名词翻译标准化相关的各种研究非常有意义，毕竟翻译特别是科技翻译的主要目的就是为了准确向对方传达原文想要表达的信息。不过，这类工作在涉及“水利”之类语义场较为复杂的科技名词时，很难做到整齐划一。我们可以将“水利”翻译的处理梳理为“water resources”、“hydraulic engineering”和“water conservancy”三种主要情形，但在涉及某些具体语境时，仍然需要根据实际情况，做出恰当处理。具体说来，一方面，我们需要根据上文的讨论，将各种语境中的“水利”放在抽象的科技语义系统中，做出合适的划分，以便准确定位其翻译；另一方面我们还需要考察语义之外的很多因素，在均衡各种影响后，对其做出具体处理。

参 考 文 献

[1] 赵一蔚，靳桂龙. 论我国水利类高职院校校名的英译[J]. 新余高专学报, 2009, 8(4): 93-97.

[2] 姜同. 水利系统单位名词英译刍议——兼谈我校新校名的译法[J]. 黄河水利教育，1998(2): 27-29.

[3] 赵一蔚. “水利”一词的汉英翻译分析[J]. 黄河水利职业技术学院学报, 2009, 21(2): 99-101.

[4] 李硕. 科技名词翻译与档案意识——漫谈“水利”一词英译的历史变迁[J]. 档案建设, 2011(5): 22-24.

[5] Salamin P. History of hydraulic engineering education: in commemoration of the bicentenary of training hydraulic engineering in Hungary[J]. Periodica Polytechincal Cicil Engineering, 1982, 26(3-4): 253-64.

[6] Liggett J A. What is hydraulic engineering[J]. Jounnal of Hydraulic Engineering, 2002, 128(1): 10-19.

[7] 宋军令, 杜鹃.黄河文化与西风东渐[M]. 北京：科学出版社, 2010.

[8] 赵彦春. 翻译学归结论[M]. 上海：上海外语教育与研究出版社，2005.

[9] 苗东升. 模糊学导引[M]. 北京: 中国人民大学出版社, 1987.

[10] 王逢鑫. 英语模糊语法[M]. 北京: 外文出版社, 2001.

[11] 张乔. 模糊语言学论文集[C]. 大连: 大连出版社, 1998: 165-204.

[12] 伍铁平. 模糊语言学[M]. 上海: 上海外语教育出版社, 1999.

[13] 刘佐艳. 关于语义模糊性的界定问题[J]. 解放军外国语学院学报，2003, 26(4): 23-27.

[14] 吴世雄，陈维振. 中国模糊语言学：回顾与前瞻[J]. 外语教学与研究，2001(1): 7-9.

[15] Lakoff G. Hedges: A study in meaning criteria and the logic of fuzzy concepts[J]. Journal of Philosophical Logic, 1973, 2(4): 458-508.

[16] 楚行军. 约略现象探析[J]. 云南财经大学学报，2006，22, (2):110-115.

[17] 崔正荣. 水利工程英语词汇隐喻研究[D]. 成都：四川外语学院，2010.

术语翻译中的回译法及其适用性探讨
——以环境工程术语翻译实践为例

陶 灵
（南京大学外国语学院，江苏南京，210023）

摘 要：“回译法”作为术语翻译实践策略之一，其合理性或适用性一直存在争议。本文主要基于环境工程学科的专业翻译实践，探讨“回译法”在术语翻译实践中的适用性问题。本文作者选取了环境工程专业翻译实践中相关术语翻译的实例，结合术语学相关理论对“回译法”的适用性展开了具体分析与阐述，尝试提出术语翻译实践中“回译法”的适用条件与基本策略。

关键词：术语翻译；回译法；适用性；环境工程

一、引言

回译（back translation），顾名思义，是指将译文内容重新转换回原语的逆向翻译过程，在这个过程中一般不再考虑该译文相关的原语文本的影响。对于回译法的本质，学界的观点不尽相同。“冯庆华先生曾指出，‘回译以考证原文的表述为旨归，不是从源文本到译本的单向过程，而是从译文再回到源文本的回归过程。’”[1] 冯庆华强调回译的重点在于将译文回归到源文本的表述，也就是说，与原文的表达方式一致。Shuttleworth 则认为，回译就是“把翻译成特定语言的文本又重新翻译成源语的过程”①[1, 2] Shuttleworth 所定义的回译是一个译回源语的过程，不追求回译的译文要与原文的表达方式完全一致。即只强调过程，不强调目的。“而李全安等则完全从语言学的角度出发，提出回译就是‘将甲语种译入乙语种，以后又再作为素材引用从乙语种译回甲语种，或从第三、第四语种译回原始语种’”[1, 3]。陈志杰指出，李全安的这一定义虽有所突破，将概念的外延拓展到多次转译后的回译，但是仍然有所局限，只停留在语言间的相互转换关系，而忽视了两种语言背后的文化关联。对此，贺显斌则强调“回译就是文化还原”[4]。还有学者指出，回译和翻译一样是一种交际为前提，但回译实质是一种复制原交际的交际行为[5]。

目前回译法相关探讨主要涉及三类，即①作品的回译。包括讨论译文的可回译性，文学翻译中的回译问题，学术翻译的文献回译，回译中的文化因素考究等。②人名、地名、专名、术语的回译。包括专有名词的翻译，外国专名的汉译及回译，商务词汇翻译中的回译与借用，对外传播新闻中的专名翻译技巧等。③回译对英语教学及学习的帮助。如回译法在汉英翻译学中语篇衔接意识培养上的应用，回译在翻译和教学实践中的应用等。然而，却鲜有文章探讨回译法在术语翻译中的适用性问题，即术语可否回译，在什么情况下可进行回译，回译有何策略。

从现有文献研究来看，由于文学类语篇翻译的特殊性，回译的合理性与适用性往往受到译者和

① 这句话的英文原文为：“a process in which a text which has been translated into a given language is retranslated into SL.”

研究者的质疑。相比之下，在科技或实用文体类翻译中，由于语篇结构及翻译目的不同，回译法有一定程度的适用性。而在术语翻译过程中，大多数情况下，译者都可找到一一对应的术语。因此，很多译者主张将术语回译为原术语，以保证译文的可读性及地道性，他们认为，“在回译科技英语的术语时，应遵从‘名从主人’的原则，还术语的本来面目”[6]。然而，译者在追根溯源时，有时却发现很难找到术语的原对应词。那么，在术语翻译中，回译法究竟是否真正适用，如何应用，值得认真探讨。本文将基于作者所参与的环境工程专业翻译实践，结合其中术语翻译的实例，来探讨“回译法”在术语翻译中的适用条件与基本策略，旨在对术语翻译实践有一定的借鉴作用。

二、术语翻译回译法的实践类型与特点

术语是专业词汇中最核心，也是最重要的组成部分。术语具有很强的社会约定性。至少在同一领域内，在专家们之间，从称名到背后的定义，必须相互一致，不然就会妨碍理解，引起误会，进而影响思想的交流、科学的发展、知识的传播[7]。因此，在术语翻译中，一些学者提出要保证术语的规范化，实现术语的标准化。姜望琪认为，术语翻译要尽可能兼顾准确性、可读性、透明性三者。但准确性是第一位的，可读性、透明性不能以牺牲准确性为代价[8]。

张彦指出，概念决定了术语的含义[9]。在进行术语翻译时，我们首先应将概念和术语明确对应。术语翻译中回译法的应用保证了源语与目标语中术语概念和形式的对应，在保证术语的规范性、科学性、系统性等方面起到了十分重要的作用。术语翻译中回译法的应用应以达到所译术语的准确性、可读性及透明性为目标，遵循约定俗成的法则，从而实现术语的标准化。

术语翻译过程中，回译法可分为两种类型。

（1）形式回译。狭义上的回译，即译回的术语需保证形式与概念上的双重对应。如将“linguistics”译为“语言学”再回译为“linguistics”。将“功夫”译为“Kung Fu”再回译为“功夫”。可进行形式回译的术语在源语与目标语中的关系为一一对应，不受同义词、近义词、多义词等影响。

（2）概念回译。广义上的回译，即译回的术语可摆脱语言表达形式的牢笼，达到概念上的对等。概念回译适用于有同义词、近义词的术语。即译回外来术语的概念内涵。概念回译由于强调概念的重要性，尤应将术语置于语境下进行考察，以保证回译时再现术语的原概念内涵。如“genetically modified food”译为汉语为“转基因食品”，转基因食品回译为英语为“genetically modified food”。在很多英语文本中，作者呼吁人们关注转基因食品的危害，不再食用“frankenfood”。“Frankenfood”在此则表示贬义的转基因食品，对此术语进行回译时，译者较难注意到此词的内涵，而倾向于将其回译为“genetically modified food”。此即为概念回译。实际上，在这个回译过程中，尽管译回时，术语原来带来的新奇感有所损失，但是译者能够很好地传达原术语需传达的概念，且也能涵盖其贬义的感情色彩，因而也不失为回译法的一个实用策略。

以下将通过环境工程术语翻译中的实例来分析形式回译与概念回译的可译性及基本策略。

三、环境工程术语汉英翻译实践中的回译法个案分析

在环境工程术语汉英翻译实践中，笔者发现，环境工程术语翻译主要具备以下一些特点。

（1）术语翻译遵循约定俗成性原则。例如，“脱附液”译为“desorption fluid”而非“desorption liquid”，“盐水冷却器”译为“brine coder”而非“bittern condenser”。

（2）术语翻译追求简明性。例如，“鼓风机变频器”译为“blower frequency converter”，而非“variable-frequecy drive of the blower”，“物化节能系统”译为“physicochemical energy-saving system”，而非“the physical and chemical energy-saving system”。

（3）术语体系性很强，不同术语之间有很强的关联性。因此，术语翻译也注重系统性。例如，酸（acid）—碱（base）、吸附（absorption）—脱附（desorption）、氧化沉淀（oxidization and sedimentation）—固化沉淀（solidification and sedimentation）。

在环境工程术语翻译实践中，我们发现采用回译法是翻译相关环境工程术语的重要方法，对落实约定俗成性、保证术语简明性、实现环境科学术语系统体系性起到十分重要的作用。以下结合环境工程术语翻译实践中的一些具体实例进行分析说明，探讨回译法在术语翻译中的适用条件及基本策略。

1. Influent & Effluent

“废水”这一词在环境科学文本中十分常见，一般英语学习者翻译此词，想到的英语对应词为“wastewater”。查阅《汉英环境科学与工程词汇》，“废水”的英语对应词有 tail water、wastage、waste、wastewater、devil liquor、devil water、drainage water、liquid wastes。然而，在本次翻译实践中，可从图 1 流程图看出，最终的翻译定稿将“废水”译为“influent”。这一词在汉英词典中查“废水”条目，均未出现。那么为何最终定稿将“废水”翻译为“influent”？

为厘清这一问题，首先在字典中查询“influent”的含义。据《韦氏新大学词典》（2005 年版），“influent is fluid input into a reservoir or process”，即进入水库的流体。译者一般将其翻译为“入水”。再看流程图，“废水”与“（吸附）出水”相对应。“（吸附）出水”的翻译为“effluent”。据《柯林斯高阶词典》，“effluent is liquid waste material that comes out of factories or sewage works”，即从工厂或污水处理厂流出的废水。译者一般将此词翻译为出水。在“ACS 美国化学学会出版物”（ACS Publications）数据库中查询 influent 与 effluent 这两个词，笔者发现 influent 与 effluent 为一对对应词，在文献中对应出现频率较高。

Anton T. Kiewiet、Jan M. D. van der Steen 和 John R. Parsons 1995 年在《分析化学》（*Analytical Chemistry*）上发表了一篇文章《以高效液相色谱法跟踪分析废水处理厂入水与出水样品中的乙氧基非离子表面活性剂》（*Trace analysis of ethoxylated nonionic surfactants in samples of influent and effluent of sewage treatment plants by high-performance liquid chromatography*）[10]。在此篇文章中，作者在荷兰从 7 座市级废水处理厂中选取了原水、沉淀入水与出水样品（raw and settled influent and effluent）。原水经沉淀形成沉淀入水，沉淀入水再经过一系列生化处理形成出水。从图 1 可以看出，废水经预处理或过滤，再经树脂吸附塔吸附，形成出水，出水则再经过深度处理后生产回用，或经中和后达标排放。也就是说，入水经过相应处理后再出水，而并不是只强调废水进入水库或从污水处理厂中流出的过程。

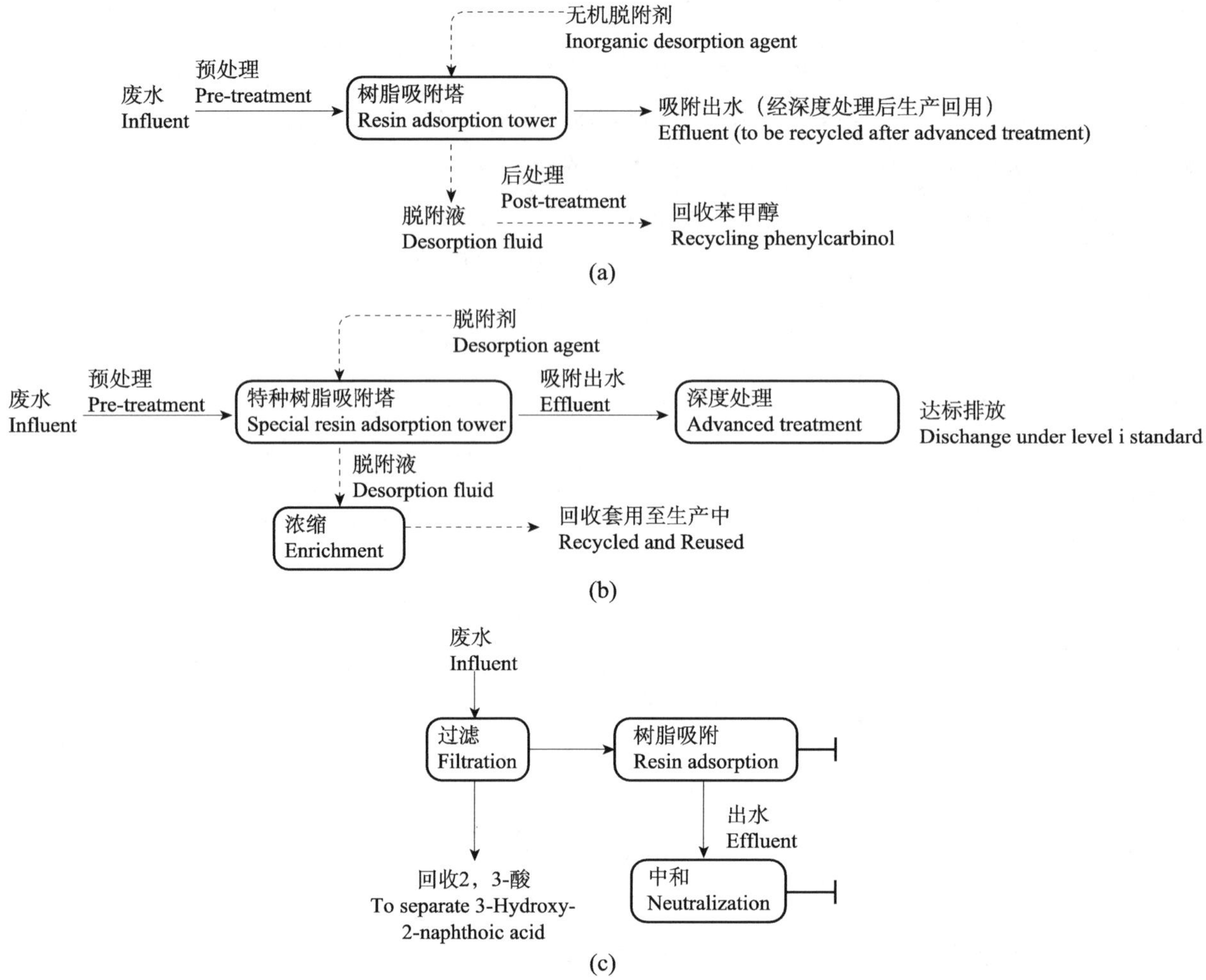

图 1 “废水”处理流程图

厘清“influent”与“effluent”，“入水”与“出水”这一对词的概念之后，可以发现，将“influent”翻译为“入水”，将“effluent”翻译为“出水”可以视为一个好的翻译。但是，在此次环境工程汉译英术语翻译实践中，译者却遇到了问题。我们在流程图中需要翻译的词为“废水”和“(吸附)出水”，对环境工程学科不太熟悉的译者一看到“废水”，很容易想当然地将其译为“wastewater”。结果就出现前面“废水”译为“wastewater”，后面“出水”译为“effluent”的不对应的情况。也就是说，译者并未进行回译。但是，再从译者的角度来看，译者绝不是要刻意扰乱术语的系统性，不去回译，实在是在汉语这块土壤上学者更加熟悉“废水”一词，“入水”即为“废水”，因此选择更为习惯的表达接受度更高。

可是，这绝不能说明回译在术语翻译中不可行。我们知道，大多数译者遇到不确定的词会去查询专业词典。可惜的是，翻阅了几本环境科学、环境工程专业词典，其词条却并没有收录得很详细，让译者无从下手。很多情况下，专业词典的专业性会影响译者的译文。因此，笔者认为，在进行术语翻译的过程中，笔者不可完全依赖于字典，术语存在于语境中，应将术语放在整个语境下去考察。回译法则更需关照语境。即不局限于原文的字面意思，考察其深层含义与概念之间的相互关联，以另一种语言对概念进行表达。这对译者有很高的要求。首先，译者必须能够透彻地理解文本，能分析出术语的含义及概念关联。其次，译者需熟知源语与译语的相应术语的专业表达方式，而不是全凭主观臆想。以“废水”为例，译者想要将其回译成地道的“influent”必须具备两个素质：①译者接触过相关学科文献，有相应的背景知识，知道“influent”与“effluent”为一对对应词。②译者不受废水这一表达的干扰，从概念上而非字面上来理解流程图。摆脱文字的外壳，从概念出发。也就是说，回译法在术语翻译中应用时，不是字对字、词对词的回译，而是概念对概念的回译。译者应将术语置于语境下进行概念的分析后，借助专业字典、相关学术文献追根溯源，再采用回译法，而不是单纯地依赖字典找对应词，凭主观臆想选取对应词作为译文。

2. 调节池、中和池、事故池

1）调节池与缓冲池

调节池的作用在于减少或控制废水水量 / 水质的异常变化现象，提供最佳操作条件，以利后续操作单元的正常操作。①提供足够的缓冲空间平衡有机负荷，减少生物处理单元的突增负荷。②提供合适的 pH 值控制，减少所需的化学药品。③降低流量对后续物理及生物处理单元的冲击，同时可提供适合的加药量。④提供连续的正常操作功能。⑤防止和平衡高浓度的毒性、惰性物质进入生物处理单元。调节池分为水量调节池和水质调节池。调节污水 pH 值、水温，有预曝气作用，还可用作事故排水。

在最终定稿中，调节池被英译为“buffer tank”。“Buffer tank”在英文中指使得运行更平稳的一种装置（“A buffer tank is a unit where the holdup (volume) is exploited to provide smoother operation.”），其中文对应词为“缓冲池 / 缓冲罐”。这一装置被广泛应用于供水设备和中央空调系统等，不只局限在污水处理领域。这种装置的介质可以是液体，也可以是气相或固相的物质。通常，我们可以将它分为两类：①扰动衰减类（disturbance attenuation），安装于单元之间以避免生物处理系统中的扰动富集；②独立运行类（independent operation）。在第一类中，缓冲池又细分为两类：①处理水质扰动的缓冲池；②处理水量扰动的缓冲池。处理水质扰动的缓冲池通过混合控制 pH 值，减少水质干扰，因此又称混合池（mixing tanks）或中和池（neutralization vessels）。处理水量扰动的缓冲池则通过临时改变缓冲池的容积（volume），即通过水位变化（level variation）来实现对水量扰动的处理。这一类型的缓冲池又称为平衡池（surge tanks），中间存储容器（intermediate storage vessels），滞留罐（holdup tanks），平衡罐（surge drums）或储液器（accumulators）。

通过对比分析调节池与缓冲池的功能和类型，我们发现，缓冲池应用领域较广，调节池则多用于污水处理领域。在污水处理中，调节池和缓冲池（buffer tank）有很多共同点。也就是说，在污水处理的一些场合中，我们可以说，一个水处理构筑物既可称为调节池，又可称为缓冲池。在图 4 中，调节池所起的作用为调节 pH 值，所以最终译稿将“调节池”翻译为“buffer tank”无可厚非。然而，在汉语中，一个术语有两种表达方式这一情形，造成英语中的术语与汉语中的术语并不一一对应，即英语中的“buffer tank”同时对应于汉语中的“缓冲池”与“调节池”这两种表达方式，这对术语的形式回译造成了很大的干扰。在对“调节池”进行汉译英的过程中，除非是对环境工程术语掌握得十分透彻的译者才能将其回译为“buffer tank”。普通的译者或是大部分从事环境工程领域的科研人员看见“调节池”这一术语，也很难联想到“buffer tank”一词。也就是说，形式回译法在这种情况下适用度较差。在污水处理文本中，遇到“调节池”一词，大多数译者倾向于将其译为“adjusting tank”而非“buffer tank”。然而，“adjusting tank”这一表述只在中国学者中传播较多，国外学者对其的接受度也就停留在将此词界定为“中式英语”，而不会选择在自己文章中使用此词。在 Web of Science 里以“adjusting tank”为主题，按相关性排列进行搜索，我们发现出现此词的文本多为中国学者申请的关于污水处理调节池方面的专利。在“美国化学学会出版物”数据库中搜索“adjusting tank”，则发现无相关表述。而在 Web of Science 及“美国化学学会出版物”数据库中搜索“buffer tank”，则出现相关论文并有多次被引。可见两者传播之差异。

在图2中，将“调节池”译为“buffer tank”为顺译，将“buffer tank”译为“缓冲池”则为回译。有些学者质疑，此回译最终却出现了不同的表达，不应视为回译。笔者认为在两种不同文化学术背景的大前提下，此种回译为广义的回译，即概念回译，在译回的过程中保留了原来术语的概念，而非形式，满足了回译法所需达到的传播相同概念的要求。同样，将“调节池”译为“adjusting tank”为顺译，将“adjusting tank”译为“调节池”则为回译。此为狭义上的回译，即形式回译，保留了原来术语的形式与概念。因此，实际上，笔者认为这两种翻译都是好的回译，唯一的区别就在于操不同语言的学者对两种不同表达“buffer tank”与“adjusting tank”的接受程度。

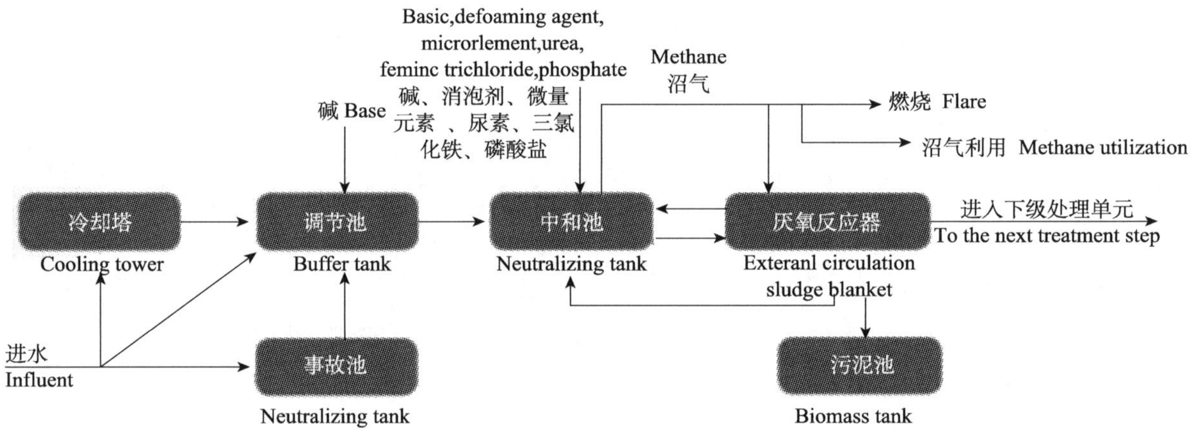

图 2 “调节池”工作图

2）中和池与事故池

在最终译稿中不难发现，中和池与事故池均被译为“neutralizing tank”。将“中和池”翻译为“neutralizing tank”一一对应，可进行顺利地回译。然而，“事故池”也被译为“neutralizing tank”，就很令人费解。难道“中和池”与“事故池”在污水处理中指的是同样的水处理构筑物吗？事实是否定的。因此，我们可以得出结论，将“事故池”也译作“neutralizing tank”不仅不符合顺译的规范，更会产生混乱读者思维，破坏术语系统统一性的不良影响，并且不利于回译法的应用，因而需进行修正。我们先看看“中和池”与“事故池”的区别。

首先，在上一小节中，我们提到，处理水质扰动的缓冲池通过混合控制 pH 值，减少水质干扰，因此又称混合池（mixing tanks）或中和池（neutralization vessels）。中和池是中和酸性或碱性废水的水处理构筑物。用于酸含量低于 3%～4% 和碱含量低于 2% 的低浓含酸含碱废水处理。中和池按平面图形分矩形与圆形两种，按工艺分为投药中和池和过滤中和池两种。投药中和法是在废水进入中和池前投加碱性或酸性药剂（石灰、石灰石、苏打、苛性钠、工业硫酸、盐酸或硝酸等）使酸性废水或碱性废水与药剂在池中匀质混合后进行中和反应处理。过滤中和法是在池中添加具有中和性能的滤料（石灰石、白云石、大理石等），使酸性废水通过滤料时受到中和作用。有时将碱性废水与酸性废水在池中直接混合进行中和处理。投药法的投药剂量和过滤法采用的滤层，滤料性能都应通过计算和试验确定。

其次，事故池（事故水收集池）则是污水处理过程中所需构筑物的一种，在处理化工、石化等一些工厂所排放的高浓度废水时，一般都会设置事故池。原因在于当这些工厂出现生产事故后，会在短时间内排放大量高浓度且 pH 值波动大的有机废水，这些废水若直接进入污水处理系统，会给运行中的生物处理系统带来很高的冲击负荷，造成的影响需要很长时间来恢复，有时会造成致命的破坏。为避免事故水对污水处理系统带来的影响，因此，很多污水处理场设置了事故池，用于贮存事故水。

也就是说，中和池的作用是对酸碱性废水进行混合以达到中和处理的效果，而事故池则是滞留高浓度及 pH 值波动大的有机废水（即事故水）以避免对生物处理系统带来冲击负荷。两者的区别是显而易见的。事故池的全称为事故水收集池，也属于一种调节池。再看在上一小节中，我们曾提到，调节池可用于事故排水，即可实现事故缓冲的作用。如果后面的处理工序出现小的故障，废水可在这里做短暂的贮存，起到缓冲的作用，不至于使生产工序因废水不能排除而迫停。因此，笔者认为可将“事故池”译为“adjusting tank”。这是为了保证概念与概念的对应，而非字对字，词对词的翻译，同样保证了回译法的合理应用。在图 4 中，从“事故池”译为“adjusting tank”为顺译，从“adjusting tank”译回“调节池”为回译。此为概念回译。读者看到“调节池”这一表述，通过联想其事故缓冲的作用，便可理解此流程图。因此，笔者认为将“事故池”译为“adjusting tank”可视为一个好的翻译。

四、回译法在术语翻译中的适用条件及基本策略思考

通过结合实例分析，我们可以看出形式回译和概念回译在术语翻译中都十分有必要。

（1）回译应以源语术语系统的体系性和规范化为标尺。例如，废水（influent）与出水（effluent）若不是放在流程图中分析，很难将两者的原文联系起来，也很难回译出地道的对应词。

（2）术语翻译中，应用回译时，不可只依赖于词典，应将术语置于语境下进行分析，以源语术语链作参考，进行回译。尤其是概念回译，需将术语放在上下文中考察，进行准确的概念再现，对所译术语保证准确性的同时，尽可能实现其可读性及透明性。有些词一词多义，在字典中有与之对应的术语，但放在具体语境下进行考察，就发现同样的词却并非指字典中所提供对应词的含义。

（3）源语与目标语中一一对应的术语采用形式回译，有同义词、近义词的术语采用概念回译的方法。术语从英文翻译成汉语之后，在中国学术圈本土化，继而进一步发展，产生新的术语，新的表达比翻译过来的术语接受度更高，此时形式回译法较难适用。可考虑译成概念对应的表达，再传播至英语中，以促进新一轮回译，即概念回译。

其中，形式回译要求形式与概念的双重对等，因此其适用度较低，对译者的要求较低。即满足术语形式与概念一一对应的条件，即可顺利地进行回译。“谈到译名原则，我们提倡最多的是统一性，即，译名使用要前后一致，场合一致，内外一致。同样的名称，译名统一了，就不会有歧义。”[11]

但术语在不同的学术圈中生根发芽，可能会衍生出新形式，概念不变或产生细微的差别，这时形式回译则不再适用，需要译者功底深厚，可在源语与译语的术语库中找到在特定语境下，概念对等的术语。但在回译的过程中，不允许译者进行生词新造，考虑到回译的归向性及术语的单义性，新造

词会影响术语系统的纯洁性，产生多重弊端。这就要求译者在双语的相应学科领域有很深的造诣，能够进行自如的概念转换。

因此，概念回译适用度较高，允许译者在可行条件下灵活变通，但对译者的素质要求较高。在使用回译法翻译术语时，译者应当优先选择形式回译，遵循约定俗成的原则，不可无端退而求其次，选择概念回译。

五、结语

本文通过结合环境工程专业翻译实践中相关术语翻译的实例，以术语学相关理论为基础，具体分析了“回译法”的适用性，提出术语翻译实践中两种“回译法”类型：形式回译及概念回译及其适用条件。作者提出，回译应以源语术语系统的体系性和规范化为标尺。不可只依赖于词典，应将术语置于语境下进行分析，以源语术语链作参考，进行回译。采用形式回译及概念回译时，译者应充分厘清两者关系，并选择合适的回译法。

总体来说，回译法适用于术语翻译。译者作为译事活动的中心，需明确形式回译与概念回译的差异，不同的适用度及对译者的不同要求。译者在进行术语翻译回译时，需借助字典，结合语境，以术语的准确性、理据性、单义性、系统性、约定俗成性为标尺，以保证术语系统的纯洁性为目标，以概念的传达为目的，用认真负责的态度进行翻译。不得不说，术语作为学科构建的基础，其重要性不言而喻。对科学文本回译的过程即是一个学术交流的过程，如果译者将一些术语回译得让读者看得不明所以，那么势必会影响读者对整个文本的理解，进而造成一次失败的学术交流。因此，译者需端正态度，对术语进行地道地回译，以保证顺畅的学术交流，为学术发展添砖加瓦。

参 考 文 献

[1] 陈志杰，潘华凌. 回译——文化全球化与本土化的交汇处[J]. 上海翻译, 2008(3): 55-59.

[2] Shuttleworth M, Cowie M. Dictionary of Translation Studies[Z]. Shanghai: Shanghai Foreign Language Education Press, 2004.

[3] 李全安. 文学翻译275问[M]. 郑州:河南人民出版社, 1990.

[4] 贺显斌. 回译的类型、特点与运用方法[J]. 中国科技翻译, 2002, 15(4): 45-47.

[5] 王建国. 回译与翻译研究、英汉对比研究之间的关系[J]. 外语学刊, 2005(4): 78-83.

[6] 周邦友. 人名冠名术语的形式及回译[J]. 中国科技翻译, 2005, 18(3): 31-33.

[7] 郑述谱. 专科词典编纂的学科依托——术语学[J]. 辞书研究, 2008(6): 1-7.

[8] 姜望琪. 论术语翻译的标准[J]. 上海翻译, 2005(S1):65-69.

[9] 张彦. 科学术语翻译概论[M]. 杭州: 浙江大学出版社, 2008.

[10] Kiewiet A T, van der Steen, J M D & Parsons J R. Trace analysis of ethoxylated nonionic surfactants in samples of influent and effluent of sewage treatment plants by high-performance liquid chromatography[J]. Analytical Chemistry, 1995.

类型术语学视域下的中医术语英译原则初探
——以针灸术语为例

黄　鑫
（南京大学，江苏南京，210093）

摘　要：中医药是祖国传统文化中的瑰宝，如何正确翻译中医术语是中医跨语传播与交流的关键。术语学本体研究的深化和细化给术语翻译研究提供了更好的研究理据。类型术语学是术语学的一个分支，重视术语内部的类型划分和系统性考察。本文就以中医针灸术语为例，基于知识本体的中医术语类型为框架，结合文化负载量、概念接受度和术语现代化程度等影响中医英译的因素，探索中医术语英译的原则。经研究发现，根据中医知识本体的特点对中医术语进行分类，更有利于中医术语英译工作的开展。

关键词：类型术语学；中医术语；分类；英译原则

一、引言

中医翻译活动始于17世纪中叶，至今已有近四百年的历史[1]。在以英语为国际语言的现代社会，中医术语英译在中医对外传播的过程中起到了关键作用。然而，就目前来看，中医术语的英译研究更多关注术语语言符号层面的语义对等转换，对术语概念属性及类型特征考虑不足。事实上，中国传统医学与现代西方医学相比，有着鲜明的文化异质性。其与中国传统文化特别是中国古代哲学思想有着密切关联，有一套复杂的术语体系。鉴于中医术语的特殊性，中医术语英译自然不能生搬硬套一般学科术语英译的方法。

类型术语学是现代术语学的一个分支，重视术语内部的类型划分和系统性。本文认为，从类型术语学的视域研究中医术语英译有助于我们理解中医术语的本质特征和中医术语系统的层次关系，还能将中医英译的难题化整为零，制订出适合不同术语集的翻译策略。

二、类型术语学理论概述

类型学的发展基于人类对客观事物或现象间的共性及个体差异性的认知。早在几千年前，中国的《尚书·洪范篇》、西方亚里士多德《范畴篇》等著作就开始讨论类别划分问题，如《尚书·洪范篇》中的五行、五事、八政、五纪、三德、五福，亚里士多德的客体、行为、状态、数量、属性、时间、空间和关系范畴系统[2]。

术语学是研究专业词汇的学科。因此，类型术语学即是对某学科术语类型的专门研究。其中，由格里尼奥夫划分的术语类型最具影响力。根据格里尼奥夫，类型术语学的宗旨在于比较术语和术语集的结构、语义、功能和历史特点[3]。这些参数构成了划分术语类型的不同视角。

例如，根据术语和术语集的构成和发展，有基础术语、本学科术语和引入术语的三分法，还有核心术语、边缘术语的二分法；而根据术语的语义结构可分为单义术语和多义术语；根据术语的语义内容又可分为有理据术语、非理据术语、正导性术语和假理据术语；若以术语的功能特点为参照，则可以考虑术语的使用范围（即学科归属）、公认性和通用性、标准化程度等；从历史渊源方面考虑，有固有术语、介入术语和混合术语之分；而从历时的角度来看，术语又可以分为古术语、历史术语旧术语和新术语。

此外，术语的符号特征与概念本质也可作为术语类型划分的标准。例如，若基于术语的语言形式，可以分为“术语词”和“术语词组”两类情况；若根据术语所指称的概念特点，可分为范畴术语、通用科技术语、通用技术术语、跨部门术语、部门术语、窄部门术语、窄专业术语等诸多类型；或按其抽象程度分为理论术语和经验术语。

以上术语类型并没有穷尽，还有众多的子类型未列出，如复合术语词就有重叠术语、符号术语、图形术语、多成分术语、黏着术语（不少于三个紧密连接的根词素构成的）等多个子类型[3]。从上文来看，总体上，术语基本类型一般是基于术语的语形、功能、语义划分的[4]。这些分类方法侧重点各不相同，但也有许多重叠的部分，处理具体问题各有优势和劣势。

三、中医术语类型划分现状简述

术语作为学科知识的表征及传承载体，其类型学研究视域对于该学科知识的建构与传播有重要意义。本文所要探讨的中医术语系统性很强，又兼有哲学基础和文学色彩，其现有的分类方法十分丰富。对宏观的中医药学科，有医学术语类别研究者认为，我们可以将医学术语划分为反映本质特点的一类和反映表象特点的一类。还可以根据理据以何种方式反映医学事物把医学术语分为直指式、喻指式两大类[5]；在《新编汉英中医药分类词典》中，全书的条目按教材的顺序分类排列[6]；在中医药学分支学科中，如中药学，有的类型体系以《国家标准》的“中药学”学科分类为基础，并重点参考了《中药学》教材、《中华本草》，以及《百科全书》的知识或术语分类类别及其名称[7]；对更具体的中医概念，如“汗”证，有按部位、按时间、按颜色、按汗量、按温度、按质地、按气味、按病因病机、按伴随症状、以学科等门类为标准的类型划分法[8]。

上述分类方法对与中医知识体系具有较好的描述作用。但是，由于这些分类注重的只是学科框架，没有考虑对翻译而言十分重要的概念特点，并非面向翻译的中医术语类型，因此上述类型划分并不理想。

中医既是一门医学，又是经历千年承传的文化，兼具人文和科学的特点，其术语在内容和形式上都十分复杂。为促进中医术语英译，提高中医术语英译的质量，我们必须要考察中医术语的特点，还需要考虑影响中医术语英译的因素。把握中医术语的本质和特征，对中医英译的背景、意义、目的和疑难点进行分析和综合，这是本文划分中医术语类型的方法和原则。下文将结合中医术语的复杂性，试图基于中医知识本体划分中医术语类型，并借之探讨中医术语的英译原则。

四、基于知识本体的中医术语类型划分

可以说，无论是宏观还是微观的中医术语体系，都可以从不同的角度出发找到不同的分类方法。但很少有基于中医术语知识本体的类型划分法，更鲜有考虑如何划分才能有利于中医术语英译的分类法则。译者在处理人文社科术语时，必须充分了解相关学科的背景及其研究的特点[9]。中医术语具有术语的普遍特点，如专业性、约定俗成性、理据性、系统性等[2]。但中医作为最具中国特色的学科之一，其术语又有诸多自己的特性：多义性、模糊性、歧义性、笼统性、专业化水平低、标准化程度差、文学色彩浓郁[10]。比如，病因学说中，“风”为百病之长；病机学说中，有“风火相煽”；病因辩证学说中，有“外风证”“风寒证”；治疗学中有“平肝息风”的说法，还有“防风”这味具体药物；临床眼科有“风火眼”；腧穴还有“风池”。

术语的三大要素为术语符号、概念和客体。中医术语亦不例外。本文根据中医知识本体的特点对中医术语进行分类，更有利于翻译工作的开展。从知识本体的角度来看，术语的要素之一客体既可以指客观事物，又可指行为、状态等。以上述基于“风”的术语为例，基于知识本体，可以将它们分为抽象概念（“风”“风火相煽”“平肝息风”）、具体病症（“外风证”“风寒证”），以及实体（“风火眼”“风池”“防风”）三类。此外，抽象概念、具体病症和实体三类术语还可以做进一步的类别划分，如抽象概念中的“风”是静态抽象概念而“相火相煽”“平肝息风”带有动态特征。如此一来，术语不仅可以是名词，而且也可以是动词等其他词类。

根据上述分类方法探讨中医术语的英译原则具有很强针对性。如“风火相煽”分类上属于动态的抽象理论概念，具有很强的文化负载，现代医学中找不到对应概念，因此概念接受度低、现代化程度低，翻译时，应避免采用令人望而生畏不明所以的音译法，而应该进行严格的语义和概念溯源后，采取体现出词汇的动态特点、尽量保留文化特征的翻译策略，《新编汉英中医药分类词典》给的译法“mutual stirring-up of wind and fire”就比较理想。这种分析模式复制性强，同样适用于“风湿相搏”“通经活络”等符合知识本体分类法、具有类似特征的术语。

前文已述，中医知识体系较为庞杂。其中，针灸学是以中医基础理论为指导，以经络、腧穴以及针灸治疗方法为研究对象的一门学科，其在中医知识体系中占有重要地位。而且，就中医对外传播的现状来看，由于针灸疗效显著、操作简便，其在海外市场具有良好的发展前景，研究中医针灸术语英译原则具有重要意义。下文将基于针灸学的知识本体对其术语进行类别划分，并根据其类型特征探讨针灸学术语的英译原则。

五、中医针灸学术语类型及英译原则

本文首先参考了《新编汉英中医药分类词典》（以下称“词典”）、《WHO 西太平洋地区传统医学名词术语国际标准》（*WHO International Standard Terminologies on Traditional Medicine in the Western Pacific Region*，以下称“《标准》”），以及国家级规划教材《针灸学》，最终对中医针灸术语做出以下分类，如表 1 所示。

表 1　中医针灸术语的分类

<table>
<tr><td rowspan="13">针灸学元理论</td><td rowspan="7">经络总论</td><td rowspan="6">经络系统组成</td><td colspan="3">十二经脉</td></tr>
<tr><td colspan="3">奇经八脉</td></tr>
<tr><td colspan="2">十五络脉</td><td>浮络、孙络、血络</td></tr>
<tr><td colspan="3">十二经别</td></tr>
<tr><td colspan="2">十二经筋</td><td>刚（阳）筋、柔（阴）筋</td></tr>
<tr><td colspan="3">十二皮部</td></tr>
<tr><td>经络的纵横关系</td><td colspan="3">标本、根结、气街、四海</td></tr>
<tr><td rowspan="2">腧穴总论</td><td>腧穴的分类</td><td colspan="3">十四经穴、经外穴、阿是穴</td></tr>
<tr><td>特定穴的分类</td><td colspan="3">五输穴（井、荥、输、经、合）、原穴、络穴等</td></tr>
<tr><td rowspan="4">治疗总论</td><td>治疗原则</td><td colspan="3">补虚泻实、清热温寒、治病求本、三因制宜</td></tr>
<tr><td rowspan="3">针灸处方</td><td>选穴原则</td><td colspan="2">近部选穴、远部选穴、辩证对症选穴</td></tr>
<tr><td rowspan="2">配穴方法</td><td>按经脉配穴法</td><td>本经配穴法、表里经配穴法、同名经配穴法</td></tr>
<tr><td>按部位配穴法</td><td>上下配穴法、前后配穴法、左右配穴法</td></tr>
<tr><td rowspan="6">经络腧穴</td><td rowspan="4">经络</td><td>十二经脉</td><td colspan="3">手太阴肺经等</td></tr>
<tr><td>奇经八脉</td><td colspan="3">任脉、督脉等</td></tr>
<tr><td>十五络脉</td><td colspan="3">列缺、偏历等</td></tr>
<tr><td>六经皮部</td><td colspan="3">关枢、害蜚等</td></tr>
<tr><td>腧穴</td><td colspan="4">大椎、鱼际、天井、人迎、太乙等</td></tr>
<tr><td>标准头穴线</td><td colspan="4">额中线、颞前线、颞后线等</td></tr>
<tr><td rowspan="5">针灸器具</td><td rowspan="2">针具</td><td>针具结构</td><td colspan="3">针尖、针体、针根、针柄</td></tr>
<tr><td>针具</td><td colspan="3">毫针、火针、足针等</td></tr>
<tr><td>灸具</td><td colspan="4">艾、艾绒、艾条、艾柱、艾卷、温灸器等</td></tr>
<tr><td>罐</td><td colspan="4">竹罐、陶罐、玻璃管、抽气罐</td></tr>
<tr><td>其他器具</td><td colspan="4">砭石、针灸铜人等</td></tr>
<tr><td rowspan="19">疗法及操作方法</td><td rowspan="4">取穴法</td><td colspan="4">骨度分寸法</td></tr>
<tr><td colspan="4">体表标志法</td></tr>
<tr><td colspan="4">手指同身寸法</td></tr>
<tr><td colspan="4">简便定位法</td></tr>
<tr><td rowspan="15">针法</td><td rowspan="4">进针法</td><td colspan="3">单手进针法</td></tr>
<tr><td colspan="2">双手进针法</td><td>指切进针法、夹持进针法等</td></tr>
<tr><td colspan="3">针管进针法</td></tr>
<tr><td colspan="2">进针角度、深度</td><td>直刺、深刺等</td></tr>
<tr><td rowspan="2">行针法</td><td colspan="2">一般手法</td><td>提插法、捻转法</td></tr>
<tr><td colspan="2">辅助手法</td><td>循法、弹法、刮法等</td></tr>
<tr><td rowspan="2">补泻法</td><td colspan="2">单式补泻手法</td><td>提插补泻、捻转补泻等</td></tr>
<tr><td colspan="2">复式补泻手法</td><td>烧山火、透天凉</td></tr>
<tr><td colspan="4">留针法</td></tr>
<tr><td colspan="4">出针法</td></tr>
<tr><td>三棱锥法</td><td colspan="3">点刺法、散刺法、刺络法、挑刺法</td></tr>
<tr><td>皮肤针法</td><td colspan="3">滚刺、叩刺、轻刺、重刺、中刺等</td></tr>
<tr><td>皮内针法</td><td colspan="3">颗粒式皮内针、揿钉式皮内针</td></tr>
<tr><td colspan="4">电针法</td></tr>
<tr><td colspan="4">头针疗法、耳针疗法、鼻针疗法等</td></tr>
</table>

续表

疗法及操作方法	灸法	艾灸	艾炷灸	直接灸	瘢痕灸、无瘢痕灸
				间接灸	隔姜灸、隔蒜灸等
			艾条灸	悬起灸	温和灸、雀啄灸、回旋灸
				实按灸	太乙针灸
					雷火针灸
				温针灸	
				温灸器灸	
		灯火灸			
		天灸（药物发泡灸）		白芥子灸、蒜泥灸等	
	拔罐法	吸附方法		火吸法	闪火法、投火法、滴酒法、贴棉法
				水吸法	药罐法
				抽气吸法	
		拔罐方法		留罐法、走罐法、闪罐法等	
		起罐方法			
	埋线疗法				
	磁珠疗法				
	指压疗法等				
治疗结果	得气				
	异常情况	晕针、滞针、弯针、断针、血肿			

注：针灸学术语繁多，本表可能出现遗漏的情况；部分类型下的具体术语数量较多，本表以类型为纲，为节省篇幅，只举2~3个术语为例；“针灸器具”以针具、灸具为主，同时也包括其他器具如火罐、砭石等

本文基于知识本体将中医针灸术语划分为针灸学元理论术语、经络腧穴术语、针灸器具术语、疗法及操作方法术语和治疗结果术语五大类，由于经络腧穴术语的特殊性，故与针灸器具术语区分开来。这五种类型与知识论中的理论、客体、方法、事件等要素相呼应，较好地体现了知识本体分类原则。下面，本文就以针灸学元理论术语以及经络腧穴术语两大类型为例，讨论中医针灸术语的英译原则。

1. 针灸学元理论术语的英译原则——溯源概念、保留特色

针灸学元理论是针灸学的理论基础，包括经络总论、腧穴总论和治疗总论三部分。正确的针灸元理论知识是学习经络腧穴、使用针灸器具、实施针灸疗法、保证治疗效果的前提，这类术语英译的重要性不言而喻。

由于针灸学元理论根植于古老的中医基础理论，而中医基础理论又以中国古代文化和哲学思想为资源，因此这部分术语带有较高的文化负载量，较为概括、抽象，如“气街”“四海”“补虚泻实”“三因制宜”“表里配穴法”“奇经八脉”等；此外，由于针灸学是我国的独创，极具中国特色，无论是其研究思路还是研究方法、研究对象都与现代医学大相径庭。因此，该类术语在目标语文化中的接受度并不高，一个接受过针灸治疗的美国病人可能连“气街”“四海”都无法理解；出于同样的原因，这类术语的现代化程度也不高，在很多针灸学双语词典和国际标准中，这部分术语常常遭到忽视。但是，总之，针灸学元理论术语具有显著的模糊性、笼统性和歧义性，概念接受度低，现代化程度低。翻译这类术语，首先就要弄清概念的正确含义，避免理解上的错误。这时，概念溯源就显得尤为重

要，以下两例颇能说明问题。

例 1：“五输穴”是一个笼统性较强的理论术语，在《汉英中医药学名词》以及《针灸学》中英译为“five-shu point”，对“输”采取了音译法，完全舍弃了此术语的内涵。实际上，“五输穴”也称“五俞穴”，这是一些位于四肢远程（上肢在肘部以下，下肢在膝部以下）经气出、溜、注、经、入之处常用穴位的总称。显然，“输”是对“出、溜、注、经、入”的概括，这类特定穴的作用是运输气血物质。因此，《新编汉英中医药分类词典》将“五输穴”译为“five transport points”既准确表达了术语的理论含义，又方便读者理解，是为更恰当的译法。

例 2：“三因制宜”是一个歧义性较强的理论术语，其中的“三因”具有一定的迷惑性。《新编汉英中医药分类词典》中未收录“三因制宜”，但可以查到“三因”条，译为“three categories of etiological factors”。若译者不假思索地将该术语译为“treating disease according to three categories of etiological factors”，就是误译了。事实上，针灸学元理论中的“三因”是指因时、因地、因人，并非中医病因术语中的内因、外因、不内外因的合称。《针灸学》中“三因制宜”的翻译为“treating disease according to climatic and seasonal conditions, geographical locations and individual condition”，正确传达了本术语的意义，但略显冗长，不符合术语“简明性”的要求，因此建议简化为“treating disease according to temporal, spatial and individual conditions”。

综上所述，翻译针灸学元理论术语时，必须提高术语意识，重视译者的术语责任，对术语的概念进行考察，避免误译。

2. 经络腧穴术语的英译原则——命名有法、英译有则

经络腧穴术语是针灸学术语体系中最庞大的部分，不同于针灸学元理论术语，其指称对象是实体，客观性强。但该类术语的命名的规则较复杂，难以找到规律，翻译时经常被以音译处理。音译法不仅阻碍了读者理解术语的正确含义，而且也不利于中医针灸术语中文化信息的跨语传播。为了探索更合适的英译原则，本文以腧穴术语为例，尝试根据术语的命名规则对经络腧穴术语进行进一步分类，见表 2。

表 2　根据术语的命名规则对经络腧穴术语进行分类

<table>
<tr><td rowspan="9">腧穴</td><td rowspan="7">命名依据是具体事物</td><td>根据解剖部位命名的腧穴</td><td>腕骨、大椎、乳根、肩髃等</td></tr>
<tr><td>以生活用具命名</td><td>大杼、颊车、天鼎、悬钟等</td></tr>
<tr><td>根据天象地理交通命名的腧穴</td><td>日月、大陵、太溪、外关等</td></tr>
<tr><td>参照动植物命名的腧穴</td><td>鱼际、伏兔、攒竹、禾髎等</td></tr>
<tr><td>以建筑居处命名的腧穴</td><td>天井、玉堂、库房、地仓等</td></tr>
<tr><td>根据人事活动命名</td><td>哑门、人迎、归来、百会等</td></tr>
<tr><td>根据治疗作用命名的腧穴</td><td>牵正、承泣、迎香、翳明等</td></tr>
<tr><td>命名依据是抽象理论</td><td>结合中国文化和中医学理论命名的腧穴</td><td>太乙、三阴交、三阳络等</td></tr>
<tr><td>综合多种命名依据</td><td></td><td>神堂、魄户、听宫、气海等</td></tr>
</table>

注：本表参考了《针灸学》《经络腧穴学》相关章节，以及陆瘦燕关于腧穴命名的论述[1]

首先，命名依据是具体事物的腧穴术语数量最多，但经过分类之后井井有条，各种命名理据清晰，翻译时只要进行语义和概念溯源，找准目标语中对应的客体即可。其中，以解剖部位、生活用

具、天象地理交通、动植物名、建筑居处命名的腧穴术语一般为偏正短语，翻译时需要抓住中心词，准确翻译修饰词。以人事活动、治疗作用命名的腧穴术语类型稍多，但经过仔细辨别理解，部分术语稍作处理，也不难翻译，需要注意的是，这些术语并不全是名词，若是非名词术语建议转化为名词，以增强本类术语的系统性。

例 3：“攒竹”是参照植物命名的腧穴术语，从构词结构看，属于“形容词＋名词”的偏正短语。攒，聚集，此处动词用作形容词；竹，形容眉毛。翻译时，保留隐喻信息，译为“clustered bamboo”，该穴所处的眉心位置如竹枝攒簇状跃然纸上。

例 4：“承泣”是动宾短语。承，承接；泣，落泪，此处做名词。翻译时，建议转化为名词，译为“tear bearer”。同样，经过这样的处理翻译后，比起音译“chengqi”，此穴“散风清热、明目止泪”的功效呼之欲出。

其次，命名依据是抽象理论的腧穴术语较少，这类术语或比拟古代中国文化中的概念，如“太乙”，或借用中医学理论中的其他术语。对这类术语，勉强意译弊大于利，应该参照这些术语已有的翻译。

例 5：“三阴交”中“三阴”指足太阴脾经、足厥阴肝经、足少阴肾经三条阴经（足三阴）；交是交会的意思。“阴”的英文“yin”早就收入牛津英语词典，直接采用。“三阴交”直译为“the converging point of three yin-meridians”。

最后，还有综合多种命名依据的腧穴术语，这类术语数量不多，但需要明晰其命名依据的种类。比如，“神堂”“魄户”综合了中医理论和建筑居所依据；“听宫”综合了治疗作用和建筑居所依据；“气海”综合了中医理论和地理依据。只要弄清命名依据，翻译时充分传达这些信息，就完成了术语翻译和文化传播的目标。

例 6：“魄户”的命名综合了中医理论和建筑居所依据。此穴在肺俞之外旁，故名。户即门户，翻译成“door”即可，但魄的翻译还需进一步溯源。《灵枢・本神》言：“肺藏气，气舍魄”“并精而出入者谓之魄”；《类经・脏象论》（卷三）指出：“魄之为用，能动能作，痛痒由之而觉也。”可见，魄外能觉肌肤痛痒，感受言语，听音辨色，内可助呼吸心动，气血运行，清浊出入[12]。“魄”已有的翻译为“corporeal soul”，根据牛津英语高阶词典，“corporeal”意为“that can be touched; physical rather than spiritual; of or for the body”，而众所周知，“soul”的一大属性就是“spiritual”，故“corporeal soul”不仅本身含有语义矛盾，也无法传达“魄”的内涵。根据“魄”主司本能和自主神经的调节，建议将“魄”翻译为“instinct soul”，“魄门”译为“door of instinct soul”。

腧穴已有国际标准，即所属经络代码加序号代码。如前面提到的承泣穴国际标准代码为 ST1，表示足阳明胃经第一个腧穴。不难发现，尽管这些术语代码整齐划一、简单、标准化程度高、国际上接受度高，但无一例外都丢失了术语概念丰富的学科、文化信息，整个腧穴术语系统变成了一堆代码，而无任何“中医”的气息。笔者认为，这种标准可以用作数据储存、处理，却不适合作为传播的对象，因为丢掉文化信息不仅不利于中医药学的国际交流，还会剥夺国外学习者全面学习中医知识的权利，最终产生恶性循环，外传的不过是残缺的中医而已。中医术语不能一味地追求国际化，要立足于世界，必须保持自己的民族化特征，毕竟，“民族的才是世界的”。

综上所述，腧穴术语蕴含的丰富学科知识、文化信息是中医药学的一大财富，翻译时应该尽量保留。腧穴术语的命名虽然繁杂，但仍有规律可循。从命名原则出发对腧穴术语进行再分类，基于不同的命名原则，分析术语的语言结构，充分运用术语翻译的语义、概念溯源法，可以大大减轻腧穴术语翻译的负担，提高翻译的质量和效率。

从以上两个中医针灸术语的子类型英译原则的讨论中可以看出，类型术语学为中医术语英译提供了高效的工具，值得推广应用到别的中医术语类型甚至别的学科术语英译原则的研究中。

六、结语

中医药学是具有人文学科特点的传统医学，以往的中医术语英译研究往往关注的只是微观层面的翻译策略问题，很少从整个中医知识体系出发来讨论翻译原则。类型术语学正是对术语进行分类，注重术语的共性、个性以及术语体系的系统性的术语学分支，正好为中医术语英译提供了宏观分析的工具。

本文回顾了术语的基本类型以及以往中医术语分类的研究，发现这些类型划分方法对中医英译并没有针对性。中医术语有自己的特殊性，本文基于知识本体划分的中医术语类型具有高度的系统性、类型之中同质性高、知识类别清晰分明的优点，是讨论中医英译原则的优质框架。基于此框架，结合文化负载、术语接受度以及术语现代化程度等中医英译影响因素，从基于知识本体的中医针灸术语类型视角研究中医针灸术语的英译原则，本文认为依靠精准和有针对性的分类方法，可以提高中医术语类型化程度，从而为具有同类翻译问题的术语寻找解决方案，制定中医术语英译原则，提高中医术语翻译的质量。

参考文献

[1] 李照国. 中医翻译导论[M]. 西安：西北大学出版社, 1993.

[2] 冯志伟. 现代术语学引论[M]. 北京：商务印书馆, 2011.

[3] 格里尼奥夫. 术语学[M]. 北京：商务印书馆, 2011.

[4] 叶其松. 术语类型系统观[J]. 中国科技术语, 2014(3): 5.

[5] 张田勘. 医学术语的命名、类别及意义[J]. 山东医科大学学报社会科学, 1990(3): 6-8.

[6] 谢竹藩. 新编汉英中医药分类词典[M]. 北京：外文出版社, 2002.

[7] 蔡永敏，崔瑛，王洪久，等. 中药学名词术语分类体系研究[J]. 中华中医药杂志, 2010(12): 1958-1959.

[8] 高红艳，李明. 中医“汗”症术语分类与标准化思考[J]. 世界科学技术, 2013(8): 1811-1813.

[9] 魏向清. 人文社科术语翻译中的术语属性[J]. 外语学刊, 2010(6): 165-167.

[10] 李照国. 中医英语翻译技巧[M]. 北京：人民卫生出版社, 2001.

[11] 陆瘦燕. 概述腧穴的命名[J]. 中医杂志，1962(11): 24-26.

[12] 曲淼，唐启盛，孙文军，等.“神、魂、魄”理论在精神疾病辨治中的应用[J]. 北京中医药大学学报, 2013(7): 438.

中药名阿拉伯语翻译研究*

舍鲜婷[1]　洪　梅[1,2]
（1 青海红十字医院，青海西宁，810000；2 中国中医科学院中国医史文献研究所，北京，100700）

摘　要：本文主要介绍了中药名阿拉伯语翻译开展过程中遇到的困难及解决问题的初步策略。主要借鉴中药名其他语种翻译规范经验，从影响中药名阿拉伯语翻译的因素，中药名汉语与阿拉伯语对应的不同情况的处理，多种音译方法的处理等方面进行讨论。此外，还对药名翻译的规范方法进行了讨论。包括三译法的规范形式，阿拉伯语语法中冠词、性、数，多音字音符问题的处理，用药部位名称规范，与药名相关的炮制问题的处理。

关键词：中药名；阿拉伯语；翻译；规范

一、引言

作为“新丝绸之路经济带”的重要构成部分，中国西北地区与伊朗、巴基斯坦等阿拉伯语国家和地区有着密切的贸易往来，中药材、中药产品在这些国家和地区有很大的市场。阿拉伯语翻译人员在面对药名、方名等中药专业术语时，常抱怨无工具书可以参考。规范的药名翻译对于贸易、医学交流、治病救人都有重大意义。本项研究主要是把中医药名词审定委员会《中医药学名词》和世界中医药学会联合会《中医基本名词术语中英对照国际标准》中500余种的中药名翻译成阿拉伯语，并对翻译过程中遇到的问题进行了较为全面的探讨。

二、影响中药名翻译的因素

1. 历史因素

历史上中国医学与阿拉伯医学的交流、阿拉伯医学与古希腊罗马医学的交流、现代中西医对阿拉伯医学的影响等都对中药名的翻译有影响。这可以使一个外来药物同时具有希腊语、拉丁语、阿拉伯语等来源的名字。例如，八角茴香（أنيسون）[1]就是从拉丁语音译到阿拉伯语的，且现在仍在使用。它的阿拉伯语植物名为الحقيقي الليسوم。中药名也可以具有汉语拼音音译、拉丁药名音译等多种形式。例如，麻黄的阿文药名为العلد الصيني，拼音音译为ماهوانغ，拉丁药名音译为هيربا الافيدرين。

2. 语言因素

阿拉伯语语法非常复杂，性、数、格的变化繁复，使得一个术语在行文中以多种形式出现。因此，需要判定每个术语的阴性、阳性、中性，词性不同拼写及特殊用词也不同。

* 本文为青海科技厅“中医药名词术语阿拉伯语翻译及规范研究”项目的中药名的阿拉伯语翻译内容。

3. 地域因素

中药的来源广泛，品种繁多，其名称也较复杂。中阿语言、文化、地域有着显著的差异。中药有几种来源直接来自阿拉伯地区的药物在汉语-阿拉伯语的翻译过程中容易找到对应词，如没药（المر）、乳香（اللبان）。中国道地药材中，在阿拉伯语中没有对应词的多用拉丁语药名音译，有些需将地名音译过去，以指出产地，如川贝母、浙贝母。

三、中药名阿译策略

上述各种因素的影响导致一个中药名在阿拉伯语中可以存在：只有一个对应词；有两个或多个对应词；一个药名有多种音译形式；没有对应词；多个中药药名与一个阿拉伯单词相对应等多种情况。

1. 在阿拉伯语中只有一个对应词

中文药名术语只有一个阿拉伯语对应词这种情况较为少见。翻译直接用该阿拉伯语对应词即可，如甘草（عرق السوس）[2]，但是在工具书中可以发现一个问题，“سوس” “عرق”可以分开写，也可以连写。同时《新编阿拉伯语汉语大词典》第983页中“سوس”直接可以译为“甘草”这种植物。在研究过程中发现分开使用的频率比较高，因此选择عرق السوس作为规范阿拉伯语药名。

2. 在阿拉伯语中有两个或多个对应词

一些中药名在阿拉伯语中有多个对应词，见表1。将参文献中出现频率高的作为预规范译名，然后收集各种译法，准备在专家会议时由国内、外专家共同确定最终译名。

表1　中药名在阿拉伯语中有两个或多个对应词

中文名	阿拉伯语名	拉丁语药名
麻黄	العلد الصيني（阿拉伯语药名） ماهوانغ（拼音音译） هيربا الافيدرين（拉丁语药名音译）	Herba Ephedrae
地龙	دودة الارض[3]（阿拉伯语药名） خرطون[4]（阿拉伯语药名） لومبريكوس[5]（拉丁语药名音译）	Lumbricus
阿魏	أبو كبير（阿拉伯语药名） حلتيت[6]（阿拉伯语药名） كاشم[7]（阿拉伯语药名）	Ferula asafoetida

3. 药名的多种音译形式

1）从拉丁语或者英语等其他外来语翻译的

伊斯兰医学继承的是古希腊罗马医学体系，并有所发展，大量药名也随之传入，很多沿用至今。八角茴香、细辛在《医典》中即有拉丁音译药名，见表2。

表2　拉丁药名音译

中文名	阿拉伯语名	音译形式	拉丁语药名
八角茴香	انيسون	拉丁语药名anisum的音译	Fructus Anisi Stellati
肉苁蓉	سيستانش إس بي	拉丁语药名 Cistanches的音译	Herba Cistanches

续表

中文名	阿拉伯语名	音译形式	拉丁语药名
细辛	سارونا	拉丁语药名Asarum的音译	Asarum europaeum
海螵蛸	كوتليبوني	英语cuttlebone的音译	

2）按照汉语拼音音译

有些药名在工具书中只有汉语拼音音译，是按照汉语拼音阿拉伯语转写规范进行的，如白术（تشو باي）、党参（دانغ شن）[8]；有些则是连写的，如三七（سانتسي）[9]。阿拉伯人不懂汉语拼音转写规范，目前分写、连写两种意见都有。根据每个字母音译规范、词尾字母连写因素将其连写，如巴戟天的阿拉伯语拼音音译为با جي تيان，可将其连写为با جيتيان。

3）多种音译形式

有一些药名同时存在多种音译形式，如表1中的麻黄的两种音译形式及阿语译名均以保留。

4）中药名在阿拉伯语中查不到直接对应词

由于中医药在国际上迅速传播，很多已使用的阿拉伯语药名不能及时收录到工具书中，在阿拉伯语中没有对应词时，习惯采用拉丁语药名音译为阿拉伯语药名，如白花蛇舌草（هيربا هيديوتيس）。

四、翻译与规范策略

1. 翻译形式的规范

借鉴中药名音译方法，采用三译法以确保翻译的准确性，由于中药名中有阿拉伯语对应词和没有阿拉伯语对应词的各占比例相当，没有对应药名的多从拉丁药名音译，少数汉语拼音音译，故阿拉伯语药名部分包括阿拉伯语药名及拉丁语药名转写两部分，若兼有者，都放上去。有两种以上阿拉伯语药名目前作为参考资料全部录入，常用者放在前面作为预规范药名。规范形式为：汉语拼音阿拉伯语音译+阿拉伯语翻译+拉丁语药名。例如：

海螵蛸	لسان الحبار; هايبياو شياو	Os Sepiellae seu Sepiae
蜂蜡	شمع عسلي [10]; فنغلا	Ccra Flava
杜仲	يوكوميا الكورتكس [11]; دوتشونغ	Cortex Eucommiae

2. 语法问题的处理

1）冠词的处理

加冠词是确指这味药，若不加冠词意为泛指的该类药。一般情况下，阿拉伯语科技名词同英语科技名词处理原则一样，在不影响含义的情况下不加定冠词。例如，麝香在不同参考书中有的加冠词，有的不加，1989年版《汉语阿拉伯语大词典》加了冠词，翻译为“المسك”[12]，《新编阿拉伯语汉语大词典》中没有加冠词“ال”翻译为“مسك”[13]。现均不加。乳香、没药均需要加冠词，否则含义有所不同，如没药不加冠词含义为“苦涩的”。但是有的药物在介绍其用药部位时，一般常用“正偏组合”或“名词短语”来修饰，这种情况下加冠词表确指名词，如“柴胡”，它在《汉与阿拉伯语分类词典》中查到其阿拉伯语植物名为حلبلاب，药名为جذر ضلع البقرة或جذر الحلبلاب，药名指出了其用药部位为根部。

2）单复数形式的处理

关于药物名词的数的用法，科技术语中一般都用单数形式，这里暂定为单数形式。但是，在现有工具书中多用复数形式。阿–汉或汉–阿翻译过程中，单复数的使用并没有统一。因此，在中药名阿拉伯语标准化翻译过程中必须注意单复数的变化和一致性。

3）性的处理

阿拉伯语中有明确的阴阳性之分，其中也有中性词，通常这类的中性词都是按照阳性翻译的。这对雄性动植物用药部位的拼写和含义没有影响。但是以雌虫的干燥体入药的土鳖虫，即鳖蠊科昆虫地鳖或冀地鳖的雌虫干燥体。虽为雌性，但是在工具书中药物名称体现其用药的雌雄性，都按照阳性翻译。例如，紫河车指的是指人类的胎盘，所以它翻译为（مشيمة）[14]，这里的“ة”体现了阿拉伯语中的阴性的用法。因此，在中药名阿拉伯语翻译过程中必须根据具体的用药部位来确定单词是的阴阳性是非常必要的。同时，在阿拉伯语中外来词都看做是阴性名词，这类词按照阴性对待，如白蔹（أمبيلوبسيس）。

4）音符

同一个阿拉伯语单词音标不同，意思不同，如柴胡（“حَلَبْلاَب”），标开口符；但是当它标启齿符时“حِلِبْلاَب”，意思为常春藤。因此，在中药名词阿拉伯语翻译中应该标出其音标。

3. 固定翻译

1）动物药“角”

这里的“角”用阿拉伯语单词“قرن”表示，如羚羊角（قرن الغوال）[15]、鹿角（الأيل قرن）、鹿茸（قرن الأيل الوبري）。因为鹿茸是其雄鹿的嫩角，因此在翻译时应将细微的差别描述出来。

2）用药部位译名规范

中药名多数参考书中没有给出用药部位，在翻译时需要译出（表3）。

表3　用药部位译名规范

药用部位		阿语译名	举例
叶		ورق ج أوراق	大青叶：ورقة وسمة الصباغين” [16]
根		جذر ج جذور	柴胡：جذر الحلبلاب
皮	动物皮毛	جلد ج جلود و أجلاد	阿胶：غراء الجلد الحمار
	植物皮	لحاء ج ألحية و لحي	桑白皮：لحاء جذور التوت [17]
	果皮	قشر ج قشور	冬瓜皮：قشر اليقطين الابيض [18]
枝		فرع ج فروع	桑枝：فرع التوت
精炼油		زيت ج زيوت	蓖麻油：زيت السمسم [19]
分泌物		افراز ج افرازات	蟾酥：افراز الجلد العلجوم [20]

中药名为植物或动物全称，虽然药名和植物名相同，在阿拉伯语中却有区别。例如，“薄荷”作为植物时翻译为“النعنع”，作为药材时为“النعناع”[21]。

动物皮毛通常用"جلد"一词，带毛的部分用"فرو"；植物皮一般用"قشر"，树皮用"لحاء"或"قشر"均可，"لحاء"更好。

植物的种子、果实、仁、核等的对译，翻译时有所区别，"بذر"指"籽"，这个"籽"须有繁殖的功能。"لب"有"仁"的意思，如核桃仁（الجوز；لب الجوز）是核心内软的部分。"لوز"也有"仁"的意思，特指蔷薇科植物的果仁[22]，如杏仁的对应词为لوز。因此，不同形状、科属类植物的果仁可能会有不同的对应词，有的单独一个单词就表示其意，如松子（حب）。"صنوبر"一词用得很广泛，可以指果实，也可指种子。"ثمر"是果实，用于一些既是果实又是籽，且能食用、能种的。有时"ثمر"和"بذر"通用。如枳壳是酸橙的果实，译为ثمر الليمون الحامض[23]；有的药中"果实"还是按照"بذر""حب"翻译，如"白豆蔻"用的是它的果实，约定俗成翻译为"حب هال حماما"[24]，而不是"ثمر هال حماما"。

3）与药名相关炮制法翻译规范

药物的炮制方式有很多种，一种药物经过炮制后功效会有所差别，在翻译时要根据具体情况在药名中把炮制方法翻译出来。以半夏为例（表4）。

表4 半夏译名对照表

中文药名	拉丁语药名[25]	英语药名[25]	阿拉伯语药名	注释[25]	功效区别[26]
半夏	Rhizoma Pinelliae	pinellia tuber	بينيليا ريزوما	天南星科植物半夏的干燥块茎	有毒，生半夏多外用，以消痞散结为主。用于痈肿痰核
法半夏	Rhizoma Pinelliae Preparatum	processed pinellia tuber	ريزوما بينيليا السوس تجهيز بعرق	生半夏用甘草石灰液浸泡后干燥而成的炮制加工品	燥湿化痰。用于痰多咳嗽，痰饮眩悸，风痰眩晕，痰厥头痛
清半夏	Rhizoma Pinelliae Preparata alum	alum processed pinellia [tuber]	ريزوما بينيليا تجهيز بالشب	生半夏与白矾共煮后干燥而成的炮制加工品	燥湿化痰为主。用于湿痰咳嗽，胃脘痞满，痰涎凝聚，咯吐不出
姜半夏	Rhizome Pinelliae Preparata	ginger processed pinellia [tuber]	ريزوما بينيليا بالزنجبيل تجهيز	生半夏用鲜姜或鲜姜、白矾共煮干燥而成的炮制加工品	温中化痰，降逆止呕为主。用于痰饮呕吐，胃脘痞满
半夏曲	Rhizoma Pinelliae Fermentata	fermented pinellia	ريزوما بينيليا تجهيز بالخمر	半夏加面粉、姜汁等制成的曲剂	消食化痰[27]

从表4可以看出，虽同为半夏炮制加工品，炮制方式不同，命名不同，功效也有所差别，善治不同痰疾。翻译的时候应该有所区别，以体现其功效的不同，并达到一词一义的术语规范目的。

再如，翻译一般为干燥体的药物时应译出"干燥"这一特性，如土鳖虫为خنفساء التراب المجفف[28]。

鲜地黄、熟地黄：鲜地黄为رهمانية طازج、熟地黄为رهمانية مطبوخة，这里须将"鲜""熟"表达出来。

"炙"的阿拉伯语是مشوي，炙甘草译为عرق السوس المشوي。制首乌，制附子，制草乌等的"制"含义为"炮制"译为 تجهيز。

4. 与地名相关

阿拉伯语中有些药物是按产地命名的，翻译时将其产地译出。例如，山药产于中国，其译名中将"中国"翻译出来，译为"يام الصينية"[29]。

同时有一些药属于道地药材，在翻译过程中有必要将其产地译出，如川贝母、浙贝母。但是在阿拉伯语工具书中只有"贝母"一词的两种阿拉伯语译法بصل الحجل جشيشة或بصل عرار，没有"川贝母"

或“浙贝母”之分。关于“浙贝母”和“川贝母”等类似药的地名翻译时译法有两种：一种是按照产地全称译出，如四川（سيتشوان），另一种是按照简称译出，如川（تشوان）。目前暂定为前一种翻译方法。在网页中搜到拉丁语药名的阿拉伯语音译。详见表5。

表5　根据产地命名的药名翻译

中文名	阿拉伯语名	拼音转写	拉丁语药名音译
川贝母	بصل عرار[34] سيتشوان بصل حشيشة الحجل سيتشوان	تشوان بي مو	فريتيلاريا سيرهوسا
浙贝母	بصل عرار تشجيانغ بصل حشيشة الحجل تشجيانغ	تشه بي مو	فريتيلاريا سيرهوسا

五、讨论

中医药名词术语的阿拉伯语翻译和规范研究在世界范围内处于空白状态，在对药名的翻译过程中就遇到了很多问题。文中尝试用以往的术语规范经验结合阿拉伯语知识解决冠词、性、数、音标等语法问题；解决一词多义、多词一义、一个药名多语种音译等问题。对于单复数和拼音阿语转写规范是分开还是连写语法问题，不同专家存在不同意见，在通篇文章中，每一味药暂选用了其单数形式，阿拉伯语汉语拼音音译分开拼写。因此，有些可以确定规范方法，有些还有待与专家进一步探讨解决方案。

在翻译过程中感觉可使用的中阿参考文献非常不足，只有有限的三本词典：《新编阿拉伯语汉语大词典》《汉语阿拉伯语分类词典（增补本）》《汉语阿拉伯语大词典》。除了本文撰写过程中使用过的参考文献，在翻译过程中还需要参考其他文献资料，以解决相关问题。例如，汉语拼音阿拉伯语转写参考了《中华人民共和国国家标准〈外语地名汉字译写导则 阿拉伯语〉》、《阿汉对音与元代汉语语音》；药名的翻译还参考了*Arabic-English Dictionary*、*English-Arabic Dictionary*、《现代阿拉伯语词典》（المنجد في اللغة العربية المعاصرة），以及阿语药物学书籍《常用草药及常见病》（الأمراض الشائعة و قاموس الأعشاب）、《医典》第二卷（الثاني من كتاب قانون في الطب الجزء）。还大量参考了维基百科、百度百科、歌木斯、国外阿语网站等资源。根据这些资源我们做出如上总结。希望大家对我们的工作多提宝贵意见，并提供更多的资源。

参 考 文 献

[1] 伊本西那. 医典[M]. 黎巴嫩：科技出版社，2009: 342.

[2] 王培文. 新阿拉伯语汉语大词典[Z]. 北京: 商务印书馆, 2005: 1318.

[3] 王培文. 新阿拉伯语汉语大词典[Z]. 北京: 商务印书馆, 2005: 652.

[4] 王培文. 新阿拉伯语汉语大词典[Z]. 北京: 商务印书馆, 2005: 505.

[5] 歌木斯. 拉丁语音译. 2014.7.20

[6] 王培文. 新阿拉伯语汉语大词典[Z]. 北京: 商务印书馆, 2005: 7.

[7] 王培文. 新阿拉伯语汉语大词典[Z]. 北京: 商务印书馆, 2005: 176.

[8] 北京大学外国语学院阿拉伯语系. 汉语阿拉伯语常用词分类词典（新增补本）[Z]. 北京: 外文出版社, 2012: 521.

[9] 北京大学阿拉伯语言文化教研室. 汉语阿拉伯语词典[Z]. 北京: 商务印书馆, 1989: 1395.

[10] 北京大学阿拉伯语言文化教研室. 汉语阿拉伯语词典[Z]. 北京: 商务印书馆, 1989: 544.

[11] 北京大学外国语学院阿拉伯语系. 汉语阿拉伯语常用词分类词典（新增补本）[Z]. 北京: 外文出版社, 2012: 523.

[12] 北京大学阿拉伯语言文化教研室. 汉语阿拉伯语词典[Z]. 北京: 商务印书馆, 1989: 1435.

[13] 王培文. 新编阿拉伯语汉语大词典[Z]. 北京:商务印书馆, 2005: 1935.

[14] 王培文. 新编阿拉伯语汉语大词典[Z]. 北京:商务印书馆, 2005: 1096.

[15] 北京大学阿拉伯语言文化教研室. 汉语阿拉伯语词典[Z]. 北京: 商务印书馆, 1989: 1042.

[16] 北京大学外国语学院阿拉伯语系. 汉语阿拉伯语常用词分类词典（新增补本）[Z]. 北京: 外文出版社, 2012: 521.

[17] 北京大学阿拉伯语言文化教研室. 汉语阿拉伯语词典[Z]. 北京: 商务印书馆, 1989: 1398.

[18] 北京大学阿拉伯语言文化教研室. 汉语阿拉伯语词典[Z]. 北京: 商务印书馆, 1989: 444.

[19] 北京大学阿拉伯语言文化教研室. 汉语阿拉伯语词典[Z]. 北京: 商务印书馆, 1989: 1083: 523.

[20] 北京大学阿拉伯语言文化教研室. 汉语阿拉伯语词典[Z]. 北京: 商务印书馆, 1989: 206.

[21] 北京大学阿拉伯语言文化教研室. 汉语阿拉伯语词典[Z]. 北京: 商务印书馆, 1989: 131.

[22] 现代阿拉伯语词典 (المنجد في اللغة العربية المعاصرة)[Z]. 贝鲁特：东方出版社.

[23] 北京大学阿拉伯语言文化教研室. 汉语阿拉伯语词典[Z]. 北京: 商务印书馆, 1989: 2116.

[24] 北京大学阿拉伯语言文化教研室. 汉语阿拉伯语词典[Z]. 北京: 商务印书馆, 1989: 28.

[25] 中医药学名词审定委员会. 中医药学名词[Z]. 北京: 科学出版社, 2005: 147-148.

[26] 国家药典委员会. 中华人民共和国药典. 一部. 北京: 中国医药科技出版社, 2010: 110-112.

[27] 北京大学阿拉伯语言文化教研室. 汉语阿拉伯语词典[Z]. 北京: 商务印书馆, 1989: 1648.

[28] 北京大学阿拉伯语言文化教研室. 汉语阿拉伯语词典[Z]. 北京: 商务印书馆, 1989: 69.

术语文本交际语境看术语翻译的语用关联标准

薛　磊

（南京大学，江苏南京，210093）

摘　要：现有术语翻译标准探讨基本不考虑术语应用的文本交际语境，这在很大程度上与传统术语学中的语境研究缺失有关。事实上，术语应用，包括跨语应用都不可避免地涉及其文本交际语境的影响。现代术语学在这方面已经有所发展，开始重视术语文本交际语境的相关影响研究。就术语翻译而言，术语文本交际语境的不同导致不同文本的术语密度和专业度不同，因此针对属于不同交际群体中的译文读者，译者对于文本中术语的处理方法以及重点考虑的术语的基本特征也应该不尽相同。本文试图借鉴语用关联理论，结合术语文本交际语境的分析研究，尝试提出术语翻译的语用关联标准，旨在提高术语翻译标准对具体实践指导的适用性。

关键词：文本交际语境；术语翻译；标准；关联理论

一、引言

在翻译研究领域，翻译标准的探讨与厘定是非常重要的课题，它关涉翻译批评理论的建构与翻译实践水平的提升。术语翻译研究也不例外。有关术语翻译标准的研究具有理论与实践两方面的重要性。就术语学理论建设而言，术语翻译标准的研究有助于术语，尤其是自然科学术语标准化工作的理据建设。术语标准化（terminology standardization）的基本含义是：权威机构或标准化组织对术语概念进行审定，然后为其选择一特定术语形式（名称）指称该概念，并推荐使用该术语形式。这一过程主要是为概念命名，故经标准化的术语的意义（概念）是恒定的，得到一致认可的。它们是实际已经存在的术语，只是得到了标准化机构的认可和推荐，在指称概念时优先于其他术语[1]。在科学技术高度发展的今天，术语标准化具有更加明显的现实意义，统一科技术语是一个国家发展科学技术所必须具备的基础条件，术语的急剧增长和高速传播也亟须术语标准化这一工作的落实。术语标准化不仅涉及对本民族术语进行规范定名，而且也要对外来术语的翻译应用进行规范译名。在世界经济全球化和保持文化多样性的时代背景下，这两项工作已经彼此交融，相互影响。从这个意义上说，术语翻译标准的研究是术语标准化工作的重要内容之一。

现有的术语标准化工作主要是基于术语系统层面而言的，它强调整个术语系统定名的科学性和统一性。但是，由于术语类型的本质属性差异，这种科学性也需要按不同术语类别进行具体分析。以人文社会科学术语为例，相对于自然科学术语定名的高度科学性而言，其定名更具鲜明的人文互补性。人文社会科学术语的定名或译名因其概念客体属性以及交际语境的复杂多元而更需要柔性规范。另外，现有术语标准化工作对术语的具体应用实践过程关照不足。随着现代术语学理论的发展，术语的使用语境及其相关问题已经越来越受到重视。术语应用及其研究的语境参数是多元而复杂的，至少应该可以从三个层面去考虑语境的影响，即术语的上下文语境，术语的文本交际语境，术语的概念系统语境。这其中，术语文本交际语境的不同会导致不同文本的术语密度和专业度不同，因此，针对属于不同交际群体中的译文读者，译者对于文本中术语的处理方法以及重点考虑的术语基本特征也应该不尽相同。本文试图借鉴语用关联理论，结合术语文本交际语境的分析研究，尝试提出术语翻译的语用关联标准，旨在提高术语翻译标准对具体实践指导的适用性。

二、关联翻译理论概述

关联论（relevance theory）是认知语用学的基础，由 Sperber 和 Wilson 在《关联性：交际与认知》（1986/1995）的专著中提出。关联理论关注的核心问题是交际与认知。它不以规则为基础（ruled-based），也不以准则为标准（maxim-based），而是基于下面的观点[2]：

话语的内容、语境和各种暗含，使听话人对话语产生不同的理解；但听话人不一定在任何场合下对话语所表达的全部意义都得到理解；他只用一个单一的、普通的标准去理解话语；这个标准足以使听话人认定一种唯一可行的理解；这个标准就是关联性。因此，每一种明示的交际行为都应设想为这个交际行为本身具备最佳的关联性。

Sperber 和 Wilson 最初提出的关联原则是：“每一个明示的交际行为都应设想为这个交际行为本身具备最佳的关联性。”[2] 最佳的关联性来自最好的语境效果。因此，人们对话语和语境的假设、思辨、推理越成功，话语内在的关联就越清楚，就可以无须付出太多的努力就能取得较好的语境效果，从而正确地理解话语，获得交际的成功[3]。

Sperber 和 Wilson 的学生恩斯特·奥古斯特·格特（Ernst August Gutt）根据关联论对翻译进行了研究，五年后（1991 年）出版了《翻译与关联：认知与语境》（*Translation and Relevance: Cognition and Context*）。书中，格特提出了关联翻译理论：关联性的强弱取决于两个因素：处理努力（processing efforts）与语境效果（contextual effects）。在同等条件下，处理努力越小，则关联性越强；语境效果越大，则关联性越强。因此，格特认为，“关联论的主要观点是：人类交际关键在于创造一种对于最佳关联性的企望，即言者企望他试图进行的解释能以最低的加工成本产生足够的语境效果”。

因此，最佳关联性是译者力争达到的目标，也是翻译研究的原则标准。

三、术语文本交际语境的类型及其认知关联原则

术语界定的交际语境观认为只有通过分析语境才能决定语词是用做术语还是用作普通语词。换言之，术语只有被用在某种语境中才能认为是术语。术语通常可以用于以下交际语境：

（1）专家——专家间的交际，某一领域的专家之间会用高度专门化的行话谈论其学科，这些专门用语有特定意义，交际之前就得到认可，交际双方均明确其意义；

（2）专家——初学者之间的交际，初学者具备相关领域的一些知识，专家与其交际时也会使用术语，但是会做解释；

（3）相对专家——大众（外行）间的交际，为达到知识普及的目的，专家此处术语的使用只需传达出其大意即可；

（4）师生间的交际，学生虽然对某一领域没有任何预先了解，但他们需要掌握术语以达到教学目的。

不同的文本交际语境的认知关联原则是不一样的。

对于第（1）种交际语境而言，由于预设交流双方对于专业领域知识都很熟悉（专家文本就是给专家看的），因此凭借其已有的专业知识，有能力以较低的加工成本产生足够的语境效果，即使术语密度较大，纯术语较多，但是由于在交流发生之前其含义已经被专业领域里的权威机构预先设定并赋以相对固定的语言外壳，所以也不会对读者造成太大的认知负荷和交流障碍。因此，即使文本的专业性很强，也可以保证文本对读者而言具有最佳关联性。

对第（2）、第（4）种交际语境而言，由于文本的交际对象是某领域的初学者或者是零基础的学生，对于专业知识缺乏了解和认知。因此，倘若文本的术语密度很高，专业性很强，对于读者而言造成的认知负荷就会很大，译者如果不对文本进行恰如其分的处理，翻译这一交际行为就会有悖于关联原则。Sperber 和 Wilson 在 1995 年提出了修改以后的最佳关联假设[4]，指出：①明示刺激（ostensive stimulus）具有足够的关联性，值得听话人付出努力进行加工处理。②明示刺激与说话人的能力和偏爱（preferences）相一致，因而最具关联性[5]。专业性很强的文本对初学者或者零基础的学生而言，其明示刺激不具有足够的关联性，读者即使付出努力对其进行加工也难以产生足够的语境效果，只好放弃努力，从而导致交际失败。相反，倘若译者对此有足够的考虑，在翻译过程中对术语的密度、专业性等进行调整，保证读者在处理信息的过程中可以“借力”，从而降低读者处理信息所需要付出的努力，增强明示刺激的关联性，就可以保证文本具有最佳关联性。

对第（3）种交际语境而言，文本的专业度是最低的，这是由文本的交际对象和交际目的共同决定的。该文本类型针对的读者是普通大众，他们往往不具备某领域内的专业知识，可以说是外行。且此类文本以知识普及为目的，原则上此类文本中术语的使用只需传达出其大意即可。译者对于此类文本的定位要做到心中有数，要充分照顾到读者群的认知水平，注意降低读者对于文本信息处理的难度，保证读者不会因为文本太专业而被“吓跑”，失去进一步阅读的兴趣。译者要保证文本在读者付出不多的信息处理努力的情况下可以产生足够的语境效果，从而有足够的兴趣完成文本阅读，最终使文本能够满足传递信息和普及知识的交际需求。

四、基于文本交际语境的术语翻译语用关联标准探讨

这里有必要对于术语进行划分。术语按照专业性及使用范围来划分，可以分为纯术语、一般术语和准术语，其中纯术语专业性最强，如“等离子体”；一般术语次之，如“压强”；而准术语，如“塑料”，已经渗透到人们的生活中，逐渐和一般词汇相融合①。面对不同的文本，译者根据不同的交际目的和需求，可在不同文本中将术语处理为纯术语、一般术语、准术语，甚至是非术语。

术语翻译的标准是术语翻译研究最基本的问题，其重要性不言而喻。但是对于术语翻译的标准要素，专家学者们并没能达成一致。这里我们重点考虑的要素有准确性、科学性、可读性和简明性。准确性是所有的术语翻译必须要保证的，是第一要素。而术语的科学性、可读性和简明性在不同情况

① http://baike.baidu.com/view/168249.htm?fr=aladdin.

下译者要有不同的侧重考虑，依照关联度，在不同情况下的排序也会不同。

下面，在认知关联原则的关照下，我们结合术语的专业性和术语翻译的标准要素对不同的交际语境下的术语处理方法进行探讨。

对第（1）种交际语境而言，此类文本的译者应该注意纯术语在翻译过程中的跨语保留，在翻译过程中务必要考虑术语概念表征的科学性和准确性。具体来说，若在译入语中已经有对应的且较权威和广受认可和应用的纯术语（标准化译名），则应尽量采纳。若缺失，则需要借助译者或者相关领域专家的创造性翻译，在翻译过程中需偏重考虑术语的科学性。因为科学性是专业性的体现，也是专家文本的本质特点。具体而言就是要求译者必须考虑到术语的理据性和系统性这些比较具体的术语特征。只要在翻译过程中译者对于术语的科学性有充分的考虑，就可以保证译文文本的专业性，行业内专家之间的跨语学术交流就可以顺利进行。相比较而言，可读性和简明性等要素则不是专家文本的译者需要重点考虑的，鉴于专家们本身具有的专业知识和对术语概念的熟练掌握，文本在保证科学性的前提下是可以实现最佳关联性的。按照关联度，术语翻译的标准要素按照重要性从大到小的顺序可以排列如下：准确性、科学性、简明性、可读性。

对第（2）、第（4）种交际语境而言，由于文本的交际对象是某领域的初学者或者是零基础的学生，文本中术语的密度和专业性要有所降低。译者在处理此类文本时，要考虑到该交际群体中译文读者的接受度和认知能力，对于一些较难的纯术语要降低其专业度，以解释或者用一般术语替代的方式降低读者的认知负荷，减少读者对信息的处理所需的努力，使内容更易理解。因此，译者在此种文本语境下首先要保证术语在跨语传播过程中的准确性，在此前提下，需要重点考虑的是科学性和可读性的平衡。这是由此类文本的交际对象决定的。由于初学者或者零基础的学生构成了译文的读者群，因此科学性还是很有必要保留的，只有这样才能保证学习者对于该专业领域的知识有比较准确的把握。因此在介绍某些重要概念时，纯术语还是有必要使用的。但是为了照顾到该读者群的认知能力，保证文本的最佳关联性，译者还需要考虑文本的可读性，亦即可理解性。译者可以对术语进行解释，可在纯术语后面加上该术语的定义，并根据需要给出具体的例子来帮助读者正确理解和掌握该概念。此外，译者也可以通过加注的方式给出术语的相关信息，注释内容可以是定义，也可以是其他相关的百科信息等。总之，要为译文读者对于他们首次接触到的重要概念提供既准确又易理解的表征，从而保证文本的最佳关联性。此交际语境下文本中术语翻译的标准要素按重要性可排成准确性、科学性、可读性、简明性。

对第（3）种交际语境而言，准术语甚至是非术语的使用频率要明显高过前面两种交际语境下的文本，专业度也是最低的。且此类文本以知识普及为目的，因而术语的使用要求相对而言是最不严格的，只需传达出其大意即可。此时，出于对译文接受群体的认知水平的考虑，译者需要重点关注的是术语的可读性和简明性。译者在翻译过程中需要对纯术语作“弱化”处理，将其专业性进行一定程度的削减。可以将纯术语翻译成一般术语，必要的时候还可以将纯术语翻译成准术语甚至是非术语。需要提醒的是，译者需要在保证准确性的前提下做以上处理。如果某一个术语不能找到合适的语词来替代，那么可以保留，但是要用注释或者加详细解释，甚至辅以翔实的例子的方法进行“补缺”，即弥补大众专业知识的缺失。此类文中的科学性不是重点要考虑的，可读性和简明性才是重中之重，以此降低大众处理信息的努力程度，保证文本的最佳关联性。达到传达信息，普及知识的交际目的。此类文本中术语翻译标准要素可按重要程度依次排列如下：准确性、可读性、简明性、科学性。

我们可以通过对某一个术语在不同的文本交际语境中的不同处理方法的探讨增加对术语翻译语用关联标准的认识。

近来，中央电视台新闻中心播出了“我的父亲母亲”新闻公益活动，发起了为“痴呆”正名的网络投票。该活动引起了很大的社会反响，吸引了百万人投票。Alzheimer disease 的译名成了本次事件的焦点。目前，全世界都沿用阿尔茨海默病这一称呼，2006 年年底至 2011 年年初，全国科学技术名词审定委员会阿尔茨海默病名词分委会几百名专家经过几年的辛勤劳动，就老年痴呆病名定名为阿尔茨海默病之名称提出了科学的建议和专程报告，已经在全国科技名词委审查和通过之中。有意思的是，作为阿尔茨海默病医学名词审定委员会副主任的盛树力先生对此却有自己的见解，他认为，“我国老前辈们将阿尔茨海默病译为老年性痴呆，体现了对该病的临床特征的正确认知，也易于为病人家属所理解。因此，即使有了正式的学名，也没有必要排斥广为应用的病名”[6]。这个专家的见解很有意思，也很值得术语翻译的译者思考。倘若译者拿到的原文中含有 Alzheimer disease，那么在不同的交际语境中，对这个术语可以有不同的处理。

在专家文本中，译者完全可以将该术语直接译为“阿尔茨海默病”这个标准化术语，不需要添加解释或者注释。

在专家对初学者或者零基础的学生的文本中，译者除了要提供“阿尔茨海默病”这一译名外，最好在后面加上“俗称为老年痴呆症”，并且对这一病症的病因，症状及目前的治疗方案以及已经取得的研究成果进行详细介绍。这样才能保证学习者对这种病症有比较全面彻底的掌握和认识。

在大众文本中，译者可以选择保留或者不保留“阿尔茨海默病”的译名，但是必须要有“老年痴呆症”这个译名的出现，以方便大众理解词义表达，增加译名的可读性和简明性，至于需不需要对该病症进行详细介绍则需要视文本的上下文语境以及文章的具体写作目的而定。或者也可以通过具体病例完成大众对该病症的了解和认知。

五、结语

以上的例子告诉我们，对待不同的交际语境的文本，译者对其中术语的处理应该有不同的考虑。对于专业性较强的专家文本，译者应该注重文本中术语密度和专业度的保留，在翻译过程中重点考虑术语的科学性，理据性和系统性。对于专业性次之的文本，译者应该注意在译文中降低术语的密度和专业度，采用对术语进行解释或者用一般术语进行取代的方式降低读者对文本信息的处理难度，译者需要平衡考虑术语的科学性和可读性。对于专业性最弱的大众文本，译者在翻译过程中应该重点考虑的是信息的简明性和大众的认知能力，因此术语的可读性应该是译者重点考虑的属性。

不管译者对原文中的术语作怎样的处理，最终目的都应该是为了在充分考虑语言使用的实际的基础上使文本具有最佳关联性，因为只有这样才能获得交际的成功，译者的翻译才会是真正成功的交际行为。加上了语用关联标准，术语翻译标准对具体实践的指导也才更具适用性。这一点不仅对于人文社科类的文本译者有指导性，对于某些自然科学类文本的处理也是适用的。

参 考 文 献

[1] 魏向清，赵连振. 术语翻译研究导引[M]. 南京：南京大学出版社，2012.

[2] 何自然. 语用学探索（增订本）[M]. 广州：暨南大学出版社，2012: 111-113.

[3] 王建国. 关联理论与翻译研究 [M].北京：中国对外翻译出版公司，2009.

[4] 盛树立. 对“为老年痴呆正名”的说法提点想法[J].中国科技术语，2012 (6): 40.

[5] 何自然，冉永平. 关联理论——认知语用学基础[J]. 现代外语, 1998 (3): 92-107.

[6] 魏向清，裴亚军. 术语翻译研究[C]. 南京：南京大学出版社，2011.

框架语义学视角下庙宇建筑术语英译
——基于双语词典编纂模式的探讨

金科尔，沈素琴
（北京语言大学，北京，100083）

摘　要：本文以中国传统庙宇建筑术语英译的实证方法论为研究对象，以中国国家图书馆海外中国学研究中心的中国传统庙宇建筑相关的电子版以及纸质版的英语文献作为英语语料，以我国出版的古代建筑著作及工具书作为汉语语料，从框架语义学视角阐述了中国传统庙宇建筑术语英译的过程，最终确立了中国传统文化术语英译所应遵循的方法论。

关键词：双语词典编纂模式；框架语义学；中国传统庙宇建筑术语；术语英译

一、引言

中国传统庙宇建筑术语是指有关中国传统庙宇建筑概念的词汇单位。

通过阅读相关通识类书籍及中国知网上的相关文献资料，可以归纳出中国传统庙宇建筑的概念图示，如图 1 所示。

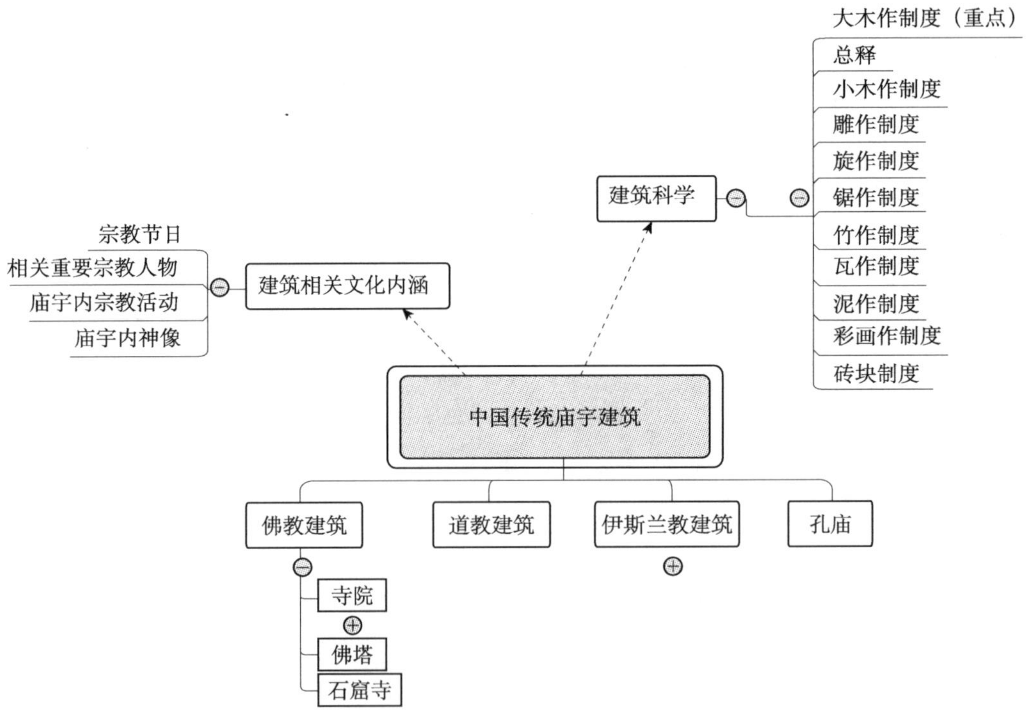

图 1　中国传统宗教庙宇建筑 XMIND 概念图示

目前，我国缺乏权威的文化术语双语语料库，国内对于中国传统庙宇建筑术语的英译实证研究是空白。本文希望从实证研究的角度回答以下五个问题：

第一，如何通过借鉴双语词典编纂模式确定相关中国传统建筑术语的汉语和英语语料来源？

第二，如何从语料中提取和确认术语以及术语的英译表达？

第三，如何利用框架语义学理论编写基于双语词典编纂模式的术语定义？

第四，如何利用框架语义学整理基于双语词典编纂模式的术语语境？

第五，如何利用框架语义学整理编排基于双语词典编纂模式的术语条目？

二、双语词典编纂模式下的术语编纂

双语词典编纂往往包含以下五个步骤：第一步是资料的收集或者语料收集，第二步是选词，第三步是实质性的编纂，第四步是核稿和定稿，第五步是校对。确认收词重心在词典编纂前的准备工作中至关重要，只有明确这一点，词典编纂中的第一步语料收集才会重点突出。《英汉大词典》（第三版）的主编朱绩崧[1]在《英汉大词典》（第三版）概念发布会上的发言中说到："对于在我国现阶段发展环境中攸关国计民生的一些学科，如法律、医学、金融，我们会视为重中之重，在选词收例方面有所侧重"。

选词收例方面有所侧重，主要是考虑到词典终端客户的需求。受此启发，术语语料收集前首先应明确英译研究的终端客户。研究的最终目的是帮助中国传统文化的外宣工作，而传播媒介中最具话语权的是中国学者和研究机构与英语世界的学者和研究机构，因此终端客户应锁定在中国学者和研究机构与英语世界的学者和研究机构上。

1. 双语词典编纂启示下的术语语料收集

文化术语英译的首要困难是英语术语语料的缺乏。为克服这一困难，保证术语双语语料相对充足，本研究通过已发行的权威英文文献提取术语和相关语料，进而查找对应汉语语料。

本研究所选取的英语语料来自英语世界研究机构近些年的学术成果，主要通过在中国国家图书馆的学术资源数据库中搜索相关关键词获得。传统庙宇建筑研究的关键词包括：Chinese Buddhist/Daoist/Islamic/Religious/Confucian Architecture/ Construction/ Building、Chinese temple/Pagod/mosque/timber structure、Tibetan Architecture/Construction/Building/temple 等。

通过搜索上述关键词获得来自海外中国学研究中心的相关英文版纸质书籍、源自 Proquest 上的英美博士论文及 SAGE 和 JSTOR 上的学术文章。

相应的中文文献依据英文文献查找获得，包括纸质书籍和来自读秀知识库、超星数字图书馆以及谷歌图书中的电子读物。

2. 双语词典编纂模式下的术语语料分析判断

双语词典的编纂方式为研编。研编在本质上是第一手劳动，但并不完全排斥二手资料的参考使用。研编要求自建语料库，收集第一手的语言素材，并在此基础上对语言素材进行分析、比较、研究和判断，然后通过翻译，最后结合词典编纂者的语言直觉、经验和专门知识，确定出词目意义[2]。研编同样应用在本次术语英译研究中。

在词典编纂中，建立第一手的资料库就是建立第一手的引语库。术语引语是包含术语的语言片段。引语在相关英语文献中的提取主要是依靠术语第一次出现时的明显标记。

在术语的引语提取时，以博士论文《FAN-SHAPED BRACKET SETS AND THEIR APPLICATION IN RELIGIOUS TIMBER ARCHITECTURE OF SHANXI PROVINCE》中出现的建筑科学类术语“diantang”为例，该术语第一次出现时带有明显标记，术语以斜体形式出现的，后面紧跟术语的汉语对等词“殿堂”以及其阐释性表达“palace type”。

In the Yingzao fashi, Chinese architecture is further divided into different building types, including *diantang* 殿堂 or “palace type”, *tingtang* 厅堂 or “mansion type”, and “small pavilions” or *xiao jian tingxie* 小尖亭榭. The main differences between the first two categories become evident in the third dimension and the sectional drawings. The key point is the sequence of erection, and to put it in a nutshell, horizontality versus verticality (or ground plan versus transverse section)[3].

被标记的术语首次出现后，可以在后面文档内查找该术语所出现的其他语段，进而为引语库建立做准备。

引语库中的二手资料是指现成已有的词典中的释义和例证，很多释义和例证可以考虑直接使用在所编纂的词典中。

图 2 中英汉建筑对照术语表中出现的英语解释可以作为术语的英语拟定义，而相关汉语拟定义则可以通过查阅相关工具书获得，但最终的定义需参考其他相关双语文献比较判断才能确认。

GLOSSARY[1]

Pinyin	**Chinese characters**	**Explanatory notes**
angshi	昂式	“acting *ang*-like”, the pattern, way, or method of a timber within a bracket set that acts like the true descending cantilever and performs structural functions
angxing	昂形	“*ang*-shaped”, the shape or look of a timber within a bracket set that visually mimics the descending cantilever; often a carving style for the tips of *ang* or *shuatou*
baosha	抱厦	small projecting portico of the core building

图 2　论文《Fan-shaped Bracket sets and Their Application in Religious Timber Architecture of Shanxi Province》附录中英汉建筑术语对照表（Glossary）部分截图

3. 双语词典词目词模式下的双语术语整理

在双语词典中，专有名词词目词和各学科术语词目词的翻译往往是完全对应的。术语和术语英译也是完全对应的，且存在普遍规律。有关建筑构件“枋”的术语及其翻译如表 1 所示。

表 1　枋类的术语及其翻译

术语	英语翻译 1	英语翻译 2	英语解释（拟定义）
撩檐枋	***liaoyanfang***	eaves beam	“eaves-raising beam”：rectangular timber located between outermost exyerior lingong(above shuotou) and eaves rafter
罗汉枋	***luohanfang***		“arhat beam”：beam running parallel to the building frame that is supported by the guaizong and (usually) mangong either inside the building or under the eaves
普拍枋（普柏枋）	***Pupaifang/pubofang***	Column-top tie-beam	Literally “common-cedar beam”：tie –beam joined between the column tops and the cap block
压槽坊	***yacaofang***	Rafter-supporting beam	Column-top beam that directly abuts the rafters

表 1 中“英语翻译 1”为全文通用的术语翻译，基本都是直接采用直接音译的方法，以斜体形式出现。而“英语翻译 2”是在术语首次在文献中出现时才会给出的意译表达，目的是为让读者大致了解其意义并在第一时间捕捉到术语信息。在最终整理术语及其翻译时，为终端客户未来的学术交流活动考虑，应同时整理罗列出这两种表达方式。

三、框架语义学视角下基于双语词典编纂模式的术语条目信息编译

1. 框架语义学理论与应用

王寅[4]在通过归纳不同学者对于框架语义学的共同理解后得出：“要理解语句的意义，就要将其放到有关框架（或概念结构、经验空间或认知域）中去理解，因此框架知识就成为语义理解的必要背景”。本研究中，框架语义学主要应用在术语概念系统建立与语篇分析中。

Pamela Faber Benitez[5]于 2005 年提出了框架术语学。该理论认为没有必要对于词和术语做出区分，研究专业知识单位的最佳方式应是研究这些单位在专业文本中的具体表现形式。该理论注重以下三点：概念组织、术语单位的多元本质以及通过使用多语语料库提取语义和句法信息。其中，框架术语学理论中所重视的概念组织，指的就是术语的定义应该置于其概念系统内，也就是其所在的框架内。他进而提出通过结合“自下而上”和“自上而下”的方法去获取专业领域的概念系统。“自下而上”的方法包括通过多语种文档的语料库获取信息，特别是与该领域紧密相关的信息。而“自上而下”的方法包括从相关专业词典和其他参考文献中获得信息，辅以相关领域专家的帮助。

框架语义学认为语篇可以激发自身的语义框架，但框架中概念有些是必备的，有些是可选的[6]。完整的语义结构可以激活完整的概念系统，唤起一个统一的框架，同时概念系统和统一的框架可以构建出完整的语篇意义，从而有助于语篇理解。

2. 术语定义编写

词典释义是辞书工作的核心问题[7]。同释义在双语词典中的地位一样，定义是术语编纂中的核心问题。本研究通过“自下而上”的方法，在一手资料研编过程中从英语及汉语文档中获得术语信息，进而通过“自上而下”的方法，在二手资料选编过程中从相关汉语工具书和相关英语文献中获得有效信息。

下面以建筑科学类术语“栱”的中文定义确认过程为例，阐明获取该领域的概念系统的方法。

关于“栱”的释义仅仅在两本中文工具书《中国文物大辞典》（下册）以及《中国古建筑名词解辞典》中可以查到，关于“栱”的释义在框架上略有不同。

其中《中国文物大辞典》（下册）[8]中给出的释义为：“栱是弓形的短木。位于坐斗口内或跳上，

栱端之上再安斗。斗拱利用两者的相互交叠及榫头搭接，向外延伸，形成变化多端的屋架。栱与斗分别起传递梁的荷载于柱身和支承屋檐重量以增加出檐深度的作用。栱的名称依其方向、位置的不同而不同，如前后挑出的叫翘，左右伸出的有瓜栱、万栱、厢拱三种。其中在柱头上从大栱左右伸的叫正心瓜供，其上再出较长的横拱叫正心万栱”。

《中国古建筑名词解辞典》[9] 给出的释义为：“古建筑中大木作斗栱分件，与建筑面阔呈横向或纵向安置，或单层或重叠，承以斗或昂。斗拱利用两者的相互交叠及榫头搭接，向外延伸，形成变化多端的屋架。根据“栱”的位置和作用，可分为华栱、泥道栱、瓜子栱、令栱以及泥道慢栱、瓜子慢栱、丁头栱、虾须栱、骑袱栱、绞袱栱等（以宋式名称定）; 以用材多少分为足材栱和单材栱；以结构方法不同分主要有列栱、鸳鸯交首栱等”。

两组表述“栱”框架内概念方面略有差别，对比情况如表 2 所示。

表 2 “栱”在工具书中的释义中的概念对比

	是否说明形状（弓形）	是否说明隶属领域（大木作）	是否说明其位置	是否说明其作用	是否给出其分类情况
《中国文物大辞典》（下册）	是	否	是	是	是
《中国古建筑名词解辞典》	否	是	是	是	是

其中在给出“栱”分类时，第一则释义中给出的“瓜栱、万栱、厢拱”都是清式建筑名称，而第二则释义中，“栱”分类名称则是以宋式建筑名称为准。一则中的“瓜栱”对应宋式的“瓜子栱”，万栱对应宋式的“慢栱”，而“厢拱”对应宋式的“令栱”。

首先“自上而下”来看，通过两本工具书的释义不能直观看出“栱”的框架是否应包含其隶属领域“大木作”以及其形状“弓形”的概念。进而“自下而上”来查阅相关学术专著，如《营造法式译解》[10] 中“栱”的解读如下：

“栱是立柱和横梁之间成弓形的承重结构，它与方形木块纵横交错叠构斗拱，逐层向外挑出形成上大下小的托盘，且兼有装饰效果”。

而后在知网上查阅与“栱”相关的论文，其中在《翼形栱探讨》[11] 的前言中写道，“斗拱是中国古代木结构建筑中的独特组成部分。它一般分为可以分为方形的斗，倾斜的昂，弓形的栱三种构件。而在形态上大异于弓形拱的翼形栱及其这种变体，作为一种装饰性很强的构件，伴随现存实例，自唐代至清代都有出现”。

结合“自上而下”和“自下而上”的方法可以推断出，“栱”因为其一般性的分类特点，应当强调其一般性形状的特点。即“弓形”，而与弓形栱有显著不同的构件翼形栱则被视为是其变体。

而对于是否应该说明其隶属领域“大木作”，通过“自上而下”的方法可以看出不同文献对其说法不一，进而“自下而上”查阅关于“大木作”作为隶属领域所出现的辞典如《中国古建筑术语词典》前言和学术专著《中国建筑史》。可以发现，大木作、小木作、石作和瓦作都是《营造法式》一书中关于营造之术的领域划分，这些划分规则已经拓展到整个中国传统建筑科学的领域划分上。由此，可以给出“栱”的定义为：“栱是古建筑中大木作斗栱中的弓形的短木，承以斗或昂。”

在英语定义的书写前需参考相关二手资料中的拟定义以及相关平行文本，平行文本可在谷歌图书与谷歌学术中通过搜索关键词“gong bracket arm”进行查找。

最终结合平行文本与原有语料中的拟定义，确定术语英语定义为：

“*Gong* is a bow-shaped bracket of the *dougong* (bracket set) in *damuzuo* (greater carpentry) cushioned with *dou* or *ang*.”

3. 术语语境整理

在双语词典中所说的“见例明义”就是强调例证在进一步诠释词义方面的重要作用[12]。语境是用于进一步解释定义的引文。语境在加拿大术语学研究[13]中定义如下，“语境是包含某个词决定其意义的一部分文本或者陈述，在术语记录中，这类文本为概念的语义特征或者术语的用法提供信息”。

本次研究中，双语语境很难完全对应，双语语境是以高度一致的平行文本来实现的。术语语境应为意义完整的独立语篇，可以直观唤起终端客户关于术语的概念框架。

下面的例子是关于英文术语“*zhuchu*”（柱础）的双语语境提取和整理过程。首先在英文相关文本中找到意义完整的语段：

“The Chinese column was originally composed of three parts, namely column-top or “chapiter” known as *zhutou* 柱头, column-shaft or *zhusheng* 柱身, and column-base or *zhuchu* 柱础” [14].

对于相应中文语境，需要给出与英文语境在内容叙述上重合度高、框架信息大致相仿的汉语语篇，与其形成参照。英语语境包含的概念信息为“柱础为柱子的一部分，并且位于其底部”。经过在读秀数据库以及各相关工具书的查找对比，选择相应汉语语篇作为其汉语语境，汉语语境选择如下：

“柱础是建筑构件的一种，是柱子的一部分。柱子有石质、木质、不锈钢等，按照上下的顺序都是由柱头、柱身、柱础三个部分组成的。柱础位于柱子的最底端，是用以支柱头的基石”[15]。

4. 术语编排

双语词典编排时往往按首字母排列词目，而术语条目则是按照其领域分类进行编排，具体来说是基于其概念框架进行排列。

中国传统建筑科学类术语同目前加拿大术语学所涉及的科学技术类术语在本质上相同，两者都具有科学技术类术语的特点，均涉到术语所属学科以及在相应学科内的定义等特征。加拿大翻译局的术语编排示例如图 3 所示。

SUBJECT FIELDS
KBL Computer Graphics
SAJ Mathematics

EN attractor*a,c
DEF* A geometrical object toward which the **trajectory of a dynamical system** represented by a **curve in the phase space**, converges in the course of time.*c

FR attracteur*b,d*MASC
DEF* Ensemble invariant vers lequel est attirée asymptotiquement la **trajectoire d'un système dynamique** représenté par une **courbe dans l'espace** des phases.*d

CODED SOURCES
a*VFRAC*1989***28; b*FRACD*1987***97;
c*LASTE*1989***145; d*S-53-31*1994***12

图 3 加拿大翻译局的术语编排示例

我国的全国科学技术名词审定委员会公布名词的整理方法与加拿大翻译局的术语编排方法相似，如图 4 所示。

罗曼式建筑

【所属学科】 建筑与园林及城市规划→建筑学→建筑学总论
【汉语推荐使用规范名词】 罗曼式建筑
【英文等价术语】 Romanesque architecture
【审定者】 建筑园林城市规划名词审定委员会
【见 载】 《建筑园林城市规划名词》，科学出版社，1997
【详 解】 点击这里进入《中国工具书网络出版总库》查询

图 4 全国科学技术名词审定委员会公布名词的术语整理方法

中国传统庙宇建筑科学术语编排结合上述两种整理模式，在中国传统建筑科学类术语的编排整理方面，作者建议呈现给终端客户的模板如下：

【所属领域】中国传统建筑科学→大木作

【汉语术语】栱

【汉语定义】栱是古建筑中斗栱中的弓形的短木，承以斗或昂。

【汉语语境】栱有五种，分别是华栱、泥道栱、瓜子栱、慢栱和令栱。

【备注】

【英文等价术语】*gong* (bracket arm)

【英语定义】*Gong* is a bow-shaped bracket of the *dougong* (bracket set) cushioned with *dou* or *ang*.

【英文语境】There are five types of gong: hua gong , nidao gong, guazi gong, linggong, man gong.

【语境来源】(宋)李诫纂，王海燕注译，《营造法式译解》，华中科技大学出版社 ,2011 年，第 17 页 Qiong Wu, *Bracket Study: Textual, Computational,* the Department of Architecture on May 16, 2003 in Partial Fulfillment of the Requirement for the Degree of Master of Science in Architecture Studies, Page 23.

四、结语

本文以中国传统庙宇建筑术语英译的实证方法论为研究对象，系统探究了中国传统文化术语英译所应遵循的方法论。我们认为，术语编译过程中，相关英语及汉语语料的确立需要从读者的需求出发并借鉴双语词典编纂的规则。术语以及术语译名的确认需要利用双语词典编纂模式独立收集整理英语语料和汉语语料。结合框架语义学的相关理论可以优化术语条目信息的编译。

参考文献

[1] 朱绩崧. 在《英汉大词典》（第三版）概念发布会上的发言[J]. 辞书研究，2014（6）：42-44.

[2] 陆谷孙，王馥芳. 大中型双语词典之编纂特性研究[M]. 上海：译文出版社，2011：48.

[3] Alexandra H. Fan-shaped Bracket sets and Their Application in Religious Timber Architecture of Shanxi Province [D].

Unpublished Ph.D dissertation of the University of Pennsylvania, 2010: 34.
[4] 王寅. 认知语言学[M]. 上海：上海外语教育出版社，2013: 210.
[5] Pamela B. The Cognitive Shift in Terminology and Specialized Translation [J]. Monografías de Traducción e Interpretación, 2009 (1): 107-134.
[6] 李福印. 认知语言学概论[M]. 北京：北京大学出版社，2011: 217.
[7] 章宜华，黄群英. 词典释义研究的沿革与发展趋向 [J]. 现代外语，2000 (4): 371-382.
[8] 中国文物学会专家委员会.中国文物大辞典（下册）[M]. 北京：中央编译出版社，2008: 976.
[9] 李剑平. 中国古建筑名词图解辞典[M]. 山西：山西科学技术出版社，2011: 16.
[10]（宋）李诫 . 营造法式译解 [M]. 王海燕（注译）. 武汉：华中科技大学出版社，2011: 17.
[11] 肖旻. 翼形拱探析[J]. 古建园林技术，1997 (1): 34-37.
[12] 陆谷孙，王馥芳. 大中型双语词典之编纂特性研究[M]. 上海：译文出版社，2011: 201.
[13] Pavel, Silvia, Diane N. Handbook of Terminology [M]. Canada: Public Works and Government Services Canada, 2001: 106.
[14] Alexandra H. Fan-shaped Bracket sets and Their Application in Religious Timber Architecture of Shanxi Province [D]. Unpublished Ph.D dissertation of the University of Pennsylvania, 2010: 50.
[15] 许佳，王坤茜. 多元·本土·国际——2011年全国高等院校工业设计教育研讨会暨国际学术论坛论文选编[M]. 北京：北京理工大学出版社，2011: 485.

文本类型与翻译策略：国际武术联合会的套路翻译*

罗永洲

（上海体育学院，上海，200433）

摘　要： 翻译功能学派主张不同的文本类型应该使用不同的翻译策略。国际武联“套路规则”中的项目名称主要具有指称功能（referential），采用的是音译（加注）；项目内容主要具有信息功能（informative），采用的是直译；各项目的技术要领主要具有指示功能（directive），采用的是音译、直译、增词等综合法。国际武术联合会的套路翻译首先表明大多数文本以一种功能为主，同时兼具其他功能；本个案研究同时表明无论是纽马克的语义翻译和交际翻译、还是诺德的工具性翻译和文献性翻译都过于绝对化。翻译实践中，为了在译文中实现既定的文本功能，译者常常要诉诸多种翻译策略，即所谓的平衡翻译。

关键词： 国际武联；套路规则；文本功能；翻译策略

一、引言

武术是中国文化的瑰宝。它与中国的其他文化形式（哲学、宗教、兵学、中医、艺术等）融合，成为具有独特民族风格的传统项目。全球化语境下，要让中国武术走向世界，在世界文明中占有一席之地，武术文本的翻译起了不可替代的作用。中国武术英译最早可以追溯到李小龙的英文版《基本中国拳法》（*Chinese Gung-Fu*, 1936）。近年，随着中国文化影响力的不断提升，中国武术的英译呈现方兴未艾的态势。世纪之交，中国外文出版社与英国柏树图书公司合作策划了史上规模最大的中国武术英译项目，共翻译出版了二十余部系列丛书。其中包括李天冀著的《中国武术指南》（*A Guide to Chinese Martial Arts*, 1999）、李德印的《太极拳》（*Taijiquan*, 2004）和蔡龙云的《武术运动基本训练》（*Wushu Basics*, 2013）。武术英译本的日益增多虽然在客观上扩大了武术在海外的影响，但也使本来就不统一的武术话语更加混乱，如“精气神”就有“vigor, morale and spirit”、“essence, energy and spirit”和“jing qi and shen”等多种译法。造成这种混乱的原因是多方面的，其中翻译标准的缺失是一个不容忽视的因素。武术翻译的理论研究可以追溯到1993年李长林刊发在《中国翻译》上的《中国武术术语汉译英浅谈》一文[1]。李长林在文中把武术作为一种格斗技术探讨了武术术语的翻译策略，如音译，意译，音、意复合译法等。2008年北京奥运会期间，《中国翻译》刊发了笔者的研究论文《武术翻译初探》，笔者在文中把武术作为一种文化形态，从武术的命名、套路和理论三个层次分别提出了音译、直译加注和平衡翻译等翻译策略。近年来，随着中国文化“走出去”的呼声日益高涨，武术与中医、京剧等中国传统文化的英译也正在成为中国高校研究生毕业论文的重要选题。学界从技击和文化两个层面对于武术翻译的探讨对于武术翻译的实践无疑具有指导作用，但若从研究方法和研究内容

* 本文是上海体育学院2013年085工程专项课题（批准号：2013zx26）研究成果。

看，尚有较大缺憾。从研究方法看，20 世纪 90 年代以来的研究具有明显的经验性、随感式和点评式等特点。数据的选择具有很大的随意性，迄今为止，尚未有人就某一个给定的范围做全面、系统的描述性研究。从研究的内容看，现有的研究大多局限于传统武术的翻译，对于现代武术抑或竞技武术的翻译鲜有涉猎。鉴于此，本文拟在翻译功能学派理论框架下，以国际武术联合会的官方网站为个案，探讨中国武术的文本功能及其相应的翻译策略。通过研究，有望促进武术术语翻译的规范化和标准化，为武术文化的国际化传播、在华外国留学生和海外孔子学院的武术教学提供理论参考。

二、文本类型与翻译策略理论

英国的纽马克（Newmark）和德国的赖斯（Reiss）等根据布勒（Bühler）和雅克布森（Jacobson）语言功能分类法对文本进行了划分，提出了基于文本类型的翻译理论。纽马克将语言功能分为表情（expressive）、信息（informative）、召唤（vocative）、美学（aesthetic）、寒暄（phatic）和元语言（metalingual）六种功能，并根据文本的功能提出了交际翻译（communicative translation）和语义翻译（semantic translation）两个翻译模式[2]。赖斯等则认为语言主要有信息（informative）、表情（expressive）和呼吁（operative）三种功能，文本也相应地划分为重内容文本、重形式文本及重感染文本[3]。另一位德国翻译理论家诺德根据布勒和雅克布森的语言功能分类法将文本功能分为指称（referential）、表情（expressive）、感染（appellative）和寒暄四种功能（phatic），并根据文本的功能提出了工具性翻译（instrumental translation）与文献性翻译（documentary translation）两个翻译模式[4]。翻译功能学派把实现文本的“功能对等”作为翻译的目的，在很大程度上克服了传统翻译理论对于“语言对等”的千篇一律的诉求；同时，纽马克指出“很少有文本是纯粹的表情、信息或呼唤功能，大多数文本以一种功能为主，同时兼具其他功能”[5]，这一点同样适用于武术文本；有必要指出，尽管翻译功能学派的文本类型分析可能无法涵盖中国武术文本的所有功能，但翻译功能学派主张不同的文本类型应该使用不同的翻译策略，这一原则同样适用于武术文本的翻译。

三、国际武术联合会官方网站

国际武术联合会（International Wushu Federation），简称国际武联（IWUF），成立于 1990 年，总部设在中国北京，2002 年被国际奥委会正式承认。国际武联主办的比赛包括世界武术锦标赛、世界杯武术散打比赛、世界太极拳健康大会等。国际武联的工作语言为中文和英文，对于国际武术的协会章程、竞赛规则和相关新闻报道的中英文表述具有最终的解释权。作为一个专业性、非营利机构，国际武联的中英文表述，为全球范围内的 143 个成员协会、赛事主办方、参赛运动员和广大武术爱好者所接受，代表了全球武术界最权威的翻译。

如表 1 所示，国际武术联合会的主页（http://cn.iwuf.org/）由“国际武联”“会员协会”“武术运动”“竞赛章程”“比赛规则”“新闻中心”“年鉴”七大板块构成（为表述方便，顺序略有调整）。每个板块又可以细分为若干个子板块。点击国际武联主页的右上方可以进入英文版主页（http://www.iwuf.org/index.asp）。七大栏目中只有“竞赛规则”中的两个子栏目“套路规则”和“散手规则”提供了比较详尽的中英文平行文本。其余栏目中只有部分内容同时具备中英文平行文本。其中国际武联的

"套路规则"全称为"国际武术套路竞赛规则"，包括"规则"和"副则"两部分，汉语版本共计 26 698 个汉字，英语版本共计 24 708 个单词。和其他栏目相比，"套路规则"对中国现代武术的阐述最为全面。对于现代竞技武术的项目分类、项目内容以及各项目的技术要领都有非常详尽的描述。通过阅读"套路规则"，就可以对中国竞技武术有一个比较全面、系统的了解。鉴于此，本文将重点探讨国际武术联合会的"套路规则"的翻译。

表 1　国际武术联合会主页框架

国际武联			会员协会			武术运动			竞赛规程	竞赛规则		新闻中心				年鉴
章程	介绍	委员会	会员介绍	协会会员	协会动态	武术运动	传统武术	竞技武术		套路规则	散手规则	图片新闻	视频新闻	综合信息	视频播放	

四、国际武联官网的套路翻译

纽马克指出，"很少有文本是纯粹的表情、信息或呼唤功能，大多数文本以一种功能为主，同时兼具其他功能"[5]。同一篇作品，有的部分必须采用语义翻译或文献性翻译，有的部分则必须采用交际翻译或工具性翻译。采用何种策略不仅与文本的功能有关，而且与译者的翻译目的有密切联系。这一点同样适用于国际武联的网站翻译。如表 1 所示，根据栏目的内容，前五大栏目旨在向读者讲述武术的发生发展、学科分类、技术要领、比赛规则、主要国际组织和著名国际赛事等，倾向于学科叙事；后两个板块旨在向读者报道世界范围内与武术相关的新闻事件，倾向于公共叙事。即便是"套路规则"这样一个仅仅只有 26 698 个汉字的文本也不例外，下文将分门别类的探讨"套路规则"不同部分的文本功能及其相应的翻译策略。

1. 项目分类与翻译

国际武联的"套路规则"第二章"竞赛通则"对于套路比赛的项目类别有明确的划分。如表 2 所示，国际武术套路比赛总共有长拳、剑术、刀术、枪术、棍术、太极拳、太极剑、南拳、南刀、南棍、对练、集体项目等十二个竞赛项目。参照诺德的文本功能理论，项目名称的主要功能是用来标明不同的项目类别，即指称功能（referential）。中国武术有一套独特的命名体系，英语中目前还不存在意义相当的对应词。翻译时如果机械地套用西方拳击话语就会造成意义缺损。如汉语中的武术和英语中的 kung fu/martial arts 在内涵和外延上并不完全吻合。前者除了指技击奇巧外，还蕴含太极说、五行说、八卦说、阴阳说、中医经络说、元气说、天人合一说以及儒家的修身思想等，而后者则主要指技击技巧。如果将太极拳翻译成 Chinese Boxing 或者 shadow boxing，就未能体现中国古人的宇宙观：太极者浑然一气，孕两仪而未分。另一方面，大多数西方读者对汉语中的长拳、太极拳、太极剑等大类拳种也已比较熟悉，解读不应该成问题。鉴于此，国际武联的项目名称翻译参照了人名、地名等专有名词的译法，遵循"名从主人"的标准，采取了音译（加注）的策略。其中，汉语拼音首字母的缩写主要用于后文再次提及该项目时使用。如表 2 所示，将"长拳"译成"Changquan (long-range boxing; CQ)"，将"剑术"译成"Jianshu (swordplay; JS)"，将"刀术"译成"Daoshu (broadswordplay; DS)"，等等。国际武联对于套路比赛各项目名称的翻译是一种国际上通行的译法。为保持其民族特色，韩国的跆拳道（taekwondo）、日本的柔道（judo）等民族传统体育项目，其英文名称的翻译均采用了音译法。

表 2 国际武术套路比赛竞赛项目与翻译

序号	项目名称	英语翻译
1	长拳	Changquan (long-range boxing; CQ)
2	剑术	Jianshu (swordplay; JS)
3	刀术	Daoshu (broadswordplay; DS)
4	枪术	Qiangshu (spearplay; QS)
5	棍术	Gunshu (cudgelplay; GS)
6	太极拳	Taijiquan (taiji boxing; TJQ)
7	太极剑	Taijijian (taiji swordplay; TJJ)
8	南拳	Nanquan (southern-style boxing; NQ)
9	南刀	Nandao (southern-style broadswordplay; ND)
10	南棍	Nangun (southern-style cudgelplay; NG)
11	对练	Duilian (dual events; DL), subdivided into duilian without weapons; duilian with weapons; and duilian with bare hands against weapons.
12	集体项目	Jiti (group events; JT)

2. 各项目的内容与翻译

国际武联的“套路规则”第四章“自选套路内容的有关规定”对长拳、剑术、刀术、枪术、棍术、太极拳、太极剑、南拳、南刀、南棍十个项目的内容有详细的规定。如表 3 所示，以长拳为例，“长拳至少包括拳、掌、勾三种手型；弓步、仆步、虚步三种主要步型；弹腿、踹腿、后扫腿三种腿法和顶肘及扣腿平衡”。参照纽马克和德国的文本功能理论，项目内容的主要功能是用来告知运动员该项目的规定动作和自选动作，即信息功能（informative）。运动员通过阅读项目内容的细则可以避免演练时遗漏相关的规定或自选动作。根据项目内容的这种信息功能，国际武联的网站基本上采用了直译。如将长拳的三种手型“拳、掌、勾”分别译成 fist、palm 和 hook；将太极拳的八种动作“揽雀尾、野马分鬃、搂膝拗步、云手、左右穿梭、掩手肱捶、倒卷肱、搬拦捶”分别译成“grasp the sparrow’s tail, part the wild horse’s mane, brush the knee, cloud hand, fair lady works at loom, cover hand and strike with arm, step back and curl arms, and deflect downward, parry and punch”。

表 3 国际武术套路比赛的项目内容与翻译

序号及项目名称	具体项目内容	英语翻译
1 长拳	长拳至少包括拳、掌、勾三种手型；弓步、仆步、虚步三种主要步型；弹腿、踹腿、后扫腿三种腿法和顶肘及扣腿平衡	Changquan shall contain at least three hand forms, namely, fist, palm and hook; three stances, namely, bow stance, crouch stance and empty stance; three leg techniques, namely, snap kick, sideward sole kick and back sweep; and elbow strike and cross-leg balance
2 剑术	剑术至少包括弓步、仆步、虚步三种主要步型；一个持久性平衡；刺剑、挂剑、撩剑、点剑、劈剑、截剑、崩剑、剪腕花等八种主要器械方法（其中必须有完整的左右挂剑接背后穿挂剑）	Jianshu shall contain at least three main stances, namely, bow stance, crouch stance and empty stance; one longtime balance; and eight main apparatus-wielding methods, namely, thrust, upward parry, uppercut, point, chop, flick up, intercept, and figure 8 (necessarily including a complete set of upward parry from right and left followed by upward parry from the back)
3 刀术	刀术至少包括弓步、仆步、虚步三种主要步型；缠头、裹脑、劈刀、斩刀、挂刀、云刀、扎刀、背花刀等八种主要器械方法（其中必须有一次性完整的缠头裹脑刀）	Daoshu shall contain at least three main stances, namely, bow stance, crouch stance and empty stance; eight main apparatus-wielding methods, namely, around-the-head twining, around-the-head wrapping, chop, thrust, hack, upward parry, cloud broadsword and back figure 8 (necessarily including a complete set of around-the-head twining and wrapping movements completed at a stretch)

续表

序号及项目名称	具体项目内容	英语翻译
4 枪术	枪术至少包括弓步、仆步、虚步三种主要步型；拦枪、拿枪、扎枪、穿枪、崩枪、点枪、舞花枪、挑把八种主要器械方法（其中必须有连续三个一次性完整的拦拿扎枪）	Qiangshu shall contain at least three main stances, namely, bow stance, crouch stance and empty stance; eight apparatus-wielding methods, namely, outward block, inward block, thrust, slide, tilt, point, figure 8 and end-tilt (necessarily including three consecutive sets of parry, catch and thrust completed at a stretch)
5 棍术	棍术至少包括弓步、仆步、虚步三种主要步型；劈棍、崩棍、绞棍、平抡棍、云棍、戳棍、舞花棍、提撩花棍八种主要器械方法（其中必须有连续三个一次性完整的双手提撩花棍）	Gunshu shall contain at least three main stances, namely, bow stance, crouch stance and empty stance; eight main apparatus-wielding methods, namely, downward strike, tilt, twist, horizontal swing, cloud cudgel, poke, figure 8, and uppercut carry (necessarily including three consecutive sets of carry, uppercut and figure 8 with both hands, to be completed at a stretch)
6 太极拳	太极拳至少包括两种腿法；弓步、仆步、虚步三种主要步型；揽雀尾、野马分鬃、搂膝拗步、云手、左右穿梭、掩手肱捶、倒卷肱、搬拦捶八种主要动作	Taijiquan shall contain at least two leg techniques; three main stances, namely, bow stance, crouch stance and empty stance; and eight main forms, namely, grasp the sparrow's tail, part the wild horse's mane, brush the knee, cloud hand, fair lady works at loom, cover hand and strike with arm , step back and curl arms, and deflect downward, parry and punch
7 太极剑	太极剑至少包括弓步、仆步、虚步三种主要步型；刺剑、挂剑、撩剑、点剑、劈剑、截剑、抹剑、绞剑等八种主要器械方法	Taijijian shall contain at least main three stances, namely, bow stance, crouch stance and empty stance; and eight main apparatus-wielding methods, namely, thrust, upward parry, uppercut, point, chop, intercept, slice and envelopment
8 南拳	南拳至少包括虎爪；挂盖拳和抛拳两种主要拳法；弓步、仆步、虚步、蝶步和骑龙步五种步型；以及麒麟步、横钉腿和滚桥	Nanquan shall contain at least tiger's claw; two main fist techniques, namely, downward strike with crossed fist and uppercut; five stances, namely, bow stance, crouch step, butterfly stance and dragon-riding stance; and unicorn stance, side nail kick, and rolling bridge
9 南刀	南刀至少包括弓步、虚步、骑龙步三种主要步型；缠头、裹脑、劈刀、抹刀、格刀、截刀、扫刀、剪腕花刀等八种主要器械方法（其中必须有一次性完整的缠头裹脑刀）	Nandao shall contain at least three main stances, namely, bow stance, empty stance and dragon-riding stance; eight main apparatus-wielding methods, namely, around-the-head twining, around-the-head wrapping, chop, slice, block, intercept, sweep, and figure 8 (necessarily including a complete set of around-the-head twining and wrapping movements completed at a stretch)
10 南棍	南棍至少包括弓步、虚步、骑龙步三种主要步型；劈棍、崩棍、绞棍、滚压棍、格棍、击棍、顶棍、抛棍八种主要器械方法	Nangun shall contain at least three main stances, namely, bow stance, empty stance and dragon-riding stance; and eight main apparatus-wielding methods, namely, downward strike, tilt, envelopment, roll together with cudgel, block, strike, top and throw

3. 各项目的技术要领与翻译

项目内容虽然告知运动员该项目必须演练的规定或自选动作，但并没有告诉运动员如何去演练这些动作。换言之，项目内容没有说明每一个动作的技术要求。“套路规则”的“副则”第三章对长拳、剑术、刀术等十个项目（对练和集体项目除外）的技术要求有详尽的规定。如表 4 所示，以长拳为例，长拳包括拳、掌、勾、弓步、仆步、虚步、弹腿、踹腿、后扫腿、顶肘、扣腿平衡十一个技术要领。对于拳这个动作的要求是“五指卷紧，拳面要平，拇指压于食指、中指第二指节上。”参照纽马克和德国的文本功能理论，各项目技术要领的主要功能是用来告诉运动员如何演练该项目的规定或自选动作，即指示功能（directive）。运动员的动作越是符合技术要领的要求，得分就会越高。根据技术要领的这种指示功能，也为了使运动员准确领会每一个动作的技术要求，国际武联的技术要领采用了音译、直译加描述的翻译策略。具体的做法如下：①动作的名称采用音译加注，如将“拳”译成“Quan (fist)”；②动作的技术要求采用直译。如将“五指卷紧，拳面要平，拇指压于食指、中指第二指节上”译成“Five fingers are tightly clenched, with the face of fist flat, thumb pressed on the second phalanges of the forefinger and the middle finger”。同时为了使译文符合英语的行文习惯，又不可避免地使用了独立主格结构“with the face of fist flat”，增加了“on”“of”等介词。这样由表及里，依实出华，如实反映了每个动作的具体要求。当然技术要领的翻译还可以采用符际翻译法，将插图、声像等手段的形象性与文字描述的抽象性相结合。这一手段在中国武术博物馆已经得到试用。

表 4 国际武术套路比赛长拳的技术要领与翻译

序号	技术要领	英语翻译
1	拳：五指卷紧，拳面要平，拇指压于食指、中指第二指节上	Quan (fist) abbrev. Q Five fingers are tightly clenched, with the face of fist flat, thumb pressed on the second phalanges of the forefinger and the middle finger
2	掌：拇指外展或屈曲，其余四指伸直并拢向后伸张	Zhang (palm) abbrev. Z Thumb is turned outward or bent, while the other fingers are held together and stretched backward
3	勾：屈腕五指撮拢	Gou (hook) abbrev. H Bend wrist (in palmar flexion) with the five fingers held together
4	弓步：弓出腿屈膝半蹲，大腿成水平；另一腿挺膝蹬直，脚跟不得离地	Gongbu (bow stance) abbrev. GB Bend the front leg at knee, with thigh held horizontal, while the rear leg is straightened , both soles flat on floor
5	仆步：全蹲腿大腿接近脚跟，另一腿接近地面仆直，两脚脚跟不得离地	(crouch stance) abbrev. PB Bend the rear leg into a full squat, with buttocks close to its heel, while the front leg is stretched out close to floor, both heels flat on it
6	虚步：屈蹲腿大腿成水平，脚跟不得离地，另一腿脚尖点地	Xubu (empty stance) abbrev. XB Bend one leg at knee, with thigh held horizontal and heel on floor, while toes of the other leg are pointed on floor
7	弹腿：支撑腿直立或微屈，另一腿绷足由屈到伸向前挺膝弹出，力达脚尖	Tantui (snap kick) abbrev: TT Keep the supporting leg straight or slightly bent, while snapping out the other leg from bend to full extension, foot bent downward (in plantar flexion), with power of the kick reaching the toes
8	踹腿：支撑腿直立或微屈，另一腿勾脚内扣由屈到伸向侧挺膝踹出，脚高过腰，力达脚底	Chuaitui (sideward sole kick) abbrev. CT Keep the supporting leg straight or slightly bent, while kicking out the other leg sideways from bend to full extension, foot hooked and above waist level and toes turned inward, with power of the kick reaching the sole
9	后扫腿：支撑腿脚跟提起全蹲旋转，扫转腿挺膝扫转一周或以上，脚掌不得离地	Housaotui (back sweep) abbrev: HST Raise the heel of the supporting leg and drop into a full squat. With a body turn, move the outstretched leg with a sweeping force in a full circle or more, sole flat on floor
10	顶肘：屈肘握拳，手心向下，肘尖前顶或侧顶，力达肘尖	Dingzhou (elbow strike) abbrev: DZ Bend arm at elbow and form a fist, palm side down. Strike with a forward or sideward thrust of the elbow, with power reaching its point
11	扣腿平衡：支撑腿屈膝半蹲，大腿接近水平，另一腿屈膝，脚尖勾起并紧扣于支撑腿的膝后	Koutui Pingheng (cross-leg balance) Bend the supporting leg and drop into a half-squat, kneel close to horizontal level. Bend the other leg at knee and tuck the hooked foot behind the knee of the supporting leg

五、结语

翻译功能学派主张不同的文本类型应该使用不同的翻译策略。并根据不同的文本类型提出了语义翻译和交际翻译、工具性翻译和文献性翻译等翻译模式。国际武术联合会的套路翻译进一步证实，大多数文本以一种功能为主，同时兼具其他功能。“套路规则”中的项目名称主要具有指称功能，采用的是音译（加注）；项目内容主要具有信息功能，采用的是直译；各项目的技术要领主要具有指示功能，采用的是音译、直译、增词等综合法。本个案研究同时表明，无论是纽马克的语义翻译和交际翻译，还是诺德的工具性翻译和文献性翻译都过于绝对化。翻译实践中，为了在译文中实现既定的文本功能，译者常常要诉诸多种翻译策略，即所谓的“平衡翻译”[6, 7]。译者在尽可能保留中国武术的民族特色的同时，又考虑到英语读者现有的解码能力和英语的行文习惯。武术翻译是一个方兴未艾的研究领域。限于篇幅，本文重点探讨了国际武联的套路翻译。国际武联网站的其他栏目翻译（如武术新闻的翻译）均可以做共时的或历时的比较研究，以供从事武术翻译的译员参考。

参 考 文 献

[1] Luo, Y Z. Chinese wushu texts: function and translation [J]. Perspectives: Studies in Translatology, 2012(2): 189-198.

[2] Peter N. A Textbook of Translation [M]. Prentice Hall International Ltd, 1988.

[3] Peter N. Approaches to Translation [M]. Oxford: Pergamon Press, 1981.

[4] Christian N. Translating As A Purposeful Activity Functional Approaches Explained [M]. UK: Saint Jerome Publishing House, 1997.

[5] Katharine R, Vermeer H V. Grundlegung einer allegemeinen Translationstheories [M]. Tubingen: Niemeyer, 1984.

[6] Katharine R. Moglichkeiten und Grenzen der Ubersetzungskritik [M]. Munich Haeber, 1971.

[7] 国际武术联合会. 国际武术联合会套路竞赛规则[EB/OL]. http://cn.iwuf.org/rule.asp [2014-02-02].

表示“酸奶制品”概念的俄语术语汉译方法刍议

张金忠
（哈尔滨师范大学，黑龙江哈尔滨，150025）

摘　要：术语翻译问题是术语学研究的重要问题之一。术语之所以称为术语，通常是针对语词所在的系统而言的。离开具体的系统，语词的术语特征则无从谈起。在同一个俄语科技文本中同时出现多个表示“酸奶制品”概念的词语（术语），它们的意义很接近。而现有的俄汉词典中，对这些词语的汉语译文没有多大差别，基本相同。诚然，在一般情况下，在翻译这类词语时不存在多大困难。但当这些词语（术语）在同一文本或同一语境中使用时，问题就会凸显出来。本文针对表示“酸奶制品”概念的一组俄语术语在同一文本中的汉译的具体问题探讨术语的翻译几种方法。

关键词：酸奶制品概念；术语；翻译方法

一、引言

随着社会的发展突飞猛进，科学技术进步的日新月异，各种新思想、新概念层出不穷，这就要求有新的语汇和术语为这些概念和思想命名。国内学界，包括翻译界，一直在及时并积极地引进、介绍、翻译新的术语和语汇，不断充实各个领域的语汇。与此同时，在译介这些新术语的过程中，也出现了一些令人担忧的现象：翻译无序与随意，滥译和乱译现象比比皆是，不少术语翻译令人琢磨不透，无所适从。甚至有学者将这种现象斥为“术语的污染现象”，并认为该现象将对我国的“学术话语体系的健康发展”带来负面影响[1]。造成错译、乱译的影响因素很多，但主要的不外乎如下几点：①误解了原文；②以含混译清楚；③以多义词译单义词；④原文若干术语有差别而译文无甚差异；⑤生硬难听[2]。此外，出现上述现象，还有译者的态度、责任心等方面的原因。所以，术语的翻译切忌仓促、轻率，切忌望文生义、不求甚解，切忌“故弄玄虚”[3]。

术语的翻译标准不一而足，很多研究者从不同的角度提出了一些颇有见地的标准。例如，姜望琪提出了四条标准：准确性、可读性、透明性、约定俗成[4]。另有学者认为，术语的翻译，一要准确，就是理解和表达科技内容、科技概念（特别是科技术语）、语言形式、逻辑关系、符号公式、图表数字等要准确无误，要忠实于原文；二要简洁，就是用词、造句、行文要简洁明了，精炼通顺；三要规范，就是语言、文字、术语、简称、符号、公式、语体、文章体例、计量单位等都要规范统一，符合国家和国际标准。这三条翻译标准是密切联系的统一体，在翻译实践中应同时兼顾，灵活运用[5]。我们认为，除了以上的翻译标准，术语应该能够与相关、相似、相近的其他术语清晰地区分开来，及一个术语与其相近的术语要有明显的区分度。

二、翻译案例分析

1. 本文的语料来源

俄罗斯、白俄罗斯、哈萨克斯坦三个国家统一关税，形成海关联盟 Customs Union（简称 CU）。该联盟制定了诸多针对在海关联盟区域流通商品的法规。海关联盟“乳及乳产品安全”技术法规（TP TC 033/2013）便为其中之一。该技术法规文本包括 16 个章节，其中第二章为“基本概念”，提供了 123 个相关概念，并对这些概念分别进行了定义。这种做法是非常合理的。根据这些定义，便可以区分出各类概念的实质内容。然而，在翻译该技术法规时，我们发现，在这 123 个概念中，有 8 个表示的是酸奶制品，并使用了 8 个术语来为这些概念称名，且提供这些概念相应的定义。为了便于阅读，我们对这些定义提供了参考译文：

（1）айран。酸奶制品，通过混合（乳酸和乙醚）发酵并使用发酵微生物（喜温乳酸链球菌、保加利亚乳酸杆菌）及酵母并加入或被加入水及食盐。

（2）ацидофилин。酸奶制品，使用同等比例的发酵微生物（嗜酸乳杆菌、干酪乳杆菌、酸奶酵母）。

（3）варенец。酸奶制品，通过渍酸乳及（或）乳制品，预先经过灭菌或在 97 ℃ ± 2 ℃下经过加热处理，使用发酵微生物（喜温乳酸链球菌）达到典型的感官特征。

（4）йогурт。酸奶制品，通过渍酸烘焙乳生产，添加或不添加乳制品，使用发酵微生物（喜温乳酸链球菌素），添加或不添加保加利亚乳酸杆菌。

（5）кефир。酸奶制品，通过混合（乳酸和乙醇）发酵并使用酸奶酵母生产；

（6）простокваша。酸奶制品，食用发酵微生物（乳酸杆菌及/或喜温乳酸链球菌素）生产。

（7）ряженка。酸奶制品，通过渍酸烘焙乳生产，添加或不添加乳制品，使用发酵微生物（喜温乳酸链球菌素），添加或不添加保加利亚乳酸杆菌。

（8）мечниковская простокваша。酸奶制品，使用发酵微生物（喜温乳酸链球菌、保加利亚乳酸杆菌）生产。

2. 对几个术语定义的分析

在考察以上 8 个表示酸奶制品名称的术语及其定义时，我们发现，文本中使用的均为典型的属加种差定义方法。其公式为：

被定义项＝种差＋邻近的属概念

其中，“属”是指被定义项邻近的属概念；“种差”是指被定义项与同一属概念下的其他种概念的本质差别。以上定义中的属均为“酸奶制品”，每个定义中余下的部分便是种差，表示的是与同一属概念下其他概念的本质差别。

首先，我们看这几种酸奶制品使用发酵微生物的情况。从定义中可见，8 种酸奶制品的生产中均使用发酵微生物的有，因此，这里使用发酵微生物已经不是这一组概念的区分性特征了。

其次，我们考察这几种酸奶制品在加工时是否经过加热处理。可以看出，варенец 酸奶在制作时可以在 97 ℃ ± 2 ℃下进行热处理，这一点可以把该种制品与其他 7 种制品区分开来。

最后，酸奶制品中是否含奶成分。从 8 种酸奶制品的术语定义的分析中可以看出，其中的 йогурт

酸奶、ряженка 酸奶中均含有奶成分。两者的区分性特征是前者为干的脱脂奶物质含量较高（使用＋＋表示）。见表 1。

表 1　酸奶制品的术语定义

名词	айр ан	ацидофилин	варенец	йогурт	кефир	мечниковская простокваша	простокваша	ряженка
是否使用微生物	+	+	+	+	+	+	+	+
是否热处理	−	−	+	−	−	−	−	−
是否含奶制品	−	−	−	++	−	−	−	+

三、术语翻译的策略和方法

1. 术语翻译的策略

术语翻译的策略归纳起来讲主要有两种：一是“异化”策略，一是“归化 ”策略 。通常情况下，术语翻译的路径是先“异化”后“归化”，而不是相反 。这与文学翻译等类别的翻译不一样，因为术语翻译考虑的是准确、单一和规范，而不大考虑目的语读者的认知、接受和便利，而这一点却是文学翻译所不得不关注的。在翻译过程中，这两种策略具体体现为“音译 ”“意译”“音意兼顾 ”“形（象）译 ” 等方法[6]。

这组术语（表 2），如果单独取出，每一个都可以译成“酸奶”。然而，当它们在同一个文本中使用时，如果简单译成“酸奶”，便会带来混淆，造成很大的麻烦。这种情况下该如何处理翻译的对应词？

表 2 “酸奶”的术语翻译

术语 译法	айран	ацидофилин	варенец	йогурт	кефир	мечниковская простокваша	простокваша	ряженка
语词词典的翻译	酸乳	酸牛乳	酸乳，煮后变酸的牛奶	酸乳酪、酸奶、酸牛奶	酸牛奶	—	酸牛奶、凝乳、酸乳、奶酪	同 варенец，熟酸乳
音译	爱兰	爱此多菲林	瓦列涅茨	么古特	开非	梅切尼科夫	普洛斯托克瓦沙	利亚任卡
半译	айран 酸奶	ацидофилин 酸奶	варенец 酸奶	йогуртт 酸奶	кефир 酸奶	мечников 酸奶	простокваша 酸奶	ряженка 酸奶
音译＋意译	爱兰酸奶	爱此多菲林酸奶	瓦列涅茨酸奶	么古特酸奶	开非酸奶	梅切尼科夫酸奶	普洛斯托克瓦沙酸奶	利亚任卡酸奶
不译	айран	ацидофилин	варенец	йогурт	кефир	мечниковская простокваша	простокваша	ряженка

2. 术语翻译的方法

方法 1：音译

音译，顾名思义，就是根据原文词语的发音，按照汉语拼音翻译出来。例如：айран—爱兰、ацидофилин—爱此多菲林、варенец—瓦列涅茨、йогурт—么古特、кефир—开非、мечниковская простокваша—梅切尼科夫、простокваша—普洛斯托克瓦沙、ряженка—利亚任卡。

音译法是“异化”最明显的标志，是译介初始阶段最常用的一种方法。音译法也是国际上比较流行的一种术语翻译方法，它有利于科学与技术的国际交流，也有利于术语译名的统一[7]。但这种方法在此处不可用。原因很多：首先，如果只用音译，离开文本，孤立的音译名称没有任何理据性；其次，译名难记；还有，这样的译名也很难得到推广。完全异化的方法并不是万金油，如果看到一个术语，就不假思索地采取例如音译的办法，最后只会使整篇文章成为“西门汀”“德律风”的堆砌，让人看了一头雾水[8]。可见，这种做法也不是完全可取的。

方法 2：部分音译

该方法也可以称为音译加意译的方法。可以取这个术语词语的音译加上它所表示的物体所属的概念类别名称，于是我们得到如下术语的翻译：айран—爱兰酸奶、ацидофилин—爱此多菲林酸奶；варенец—瓦列涅茨酸奶、йогурт—么古特酸奶、кефир—开非酸奶、мечниковская простокваша—梅切尼科夫酸奶、простокваша—普洛斯托克瓦沙酸奶、ряженка—利亚任卡酸奶。这种翻译方法能够准确区分相似概念，同时指向性也很明确，可以说，在此不失为一种可取的翻译方法。

方法 3：意译

所谓意译，就是根据原文词语的意义，在汉语里用最贴切、最自然的词语将原意再现出来。为了更好地把握和运用好“意译”，对术语构成进行分析不仅必要而且有益。由于我们所研究的 8 个术语中有多半为外来词，几乎无法拆分，不能对术语的构成进行分析，因此，纯意译的方法在此不适用。

方法 4：根据同类（酸奶产品）物体的区分性特征翻译

这里的区分性特征包括产品的产地、加工方法、原料、成分等。

从几个术语定义的表达式可见，以上术语中，варенец 酸奶和 ряженка 酸奶在制作时需要加热处理，因此两个术语可以译为“熟酸奶”。然而，问题并没有这样简单，在一般的详解词典中，对 ряженка 酸奶提供的释义却是“同 варенец”。因此，必须找到这两个概念定义的区分性特征，而后再做决断。经过考察，它们的区别是 ряженка 酸奶在加工时不加入奶油，而 варенец 酸奶必须要加入奶油。这样可以尝试着译成：варенец 酸奶—加奶油熟酸奶、ряженка 酸奶—无奶油熟酸奶。

方法 5：半译

这种翻译方法是把术语的指向翻译出来，保留术语的原形。用此种方法，可得到如下术语的翻译：айран-айран—酸奶、ацидофилин-ацидофилин—酸奶、варенец-варенец—酸奶、йогурт-йогурт—酸奶、кефир-кефир—酸奶、мечниковская простокваша-мечников—酸奶、простокваша-простокваша—酸奶、ряженка-ряженка—酸奶。

这种译法的优点是准确，能够清晰地区分相近概念。不足也很明显，可读性不强。

方法 6：不翻译

为保证准确，不翻（音译、音译加意译、甚至原文照抄）可能不失为一条出路。在翻译实践中也有译者采取这种翻译方法。当然，这样的词语不宜太多。即使少数非用不可的，也应该在第一次使用时解释清楚其意思。否则，真的准而不可读，译了等于不译，就失去了翻译的意义，就不能称其为翻译[4]。

四、结语

综上所述，我们可以得出结论：普通语词如果被应用在科技文本中，很容易获得术语的身份和名分。本文所涉及的 8 个表示“酸奶”概念的名词，在日常生活中是一般词语，但是当它们被用于技术法规中时，则成为术语，并同时从多个方面对其进行了定义。

在翻译这类词语时，普通的语词词典显得无能为力，无法完全解决翻译问题，只能在一定程度上帮助读者猜测词语的意义。在这种情况下，需要专业程度比较强的术语词典，如乳制品术语词典（俄汉对译），并需附加两种语言的定义。这样的词典无论对于口译或是笔译活动，都会有更大的帮助。

参 考 文 献

[1] 魏向清, 张柏然. 学术摹因的语际复制[J]. 中国外语, 2008(6): 85-88.

[2] 王宗炎. 关于译名的三个问题[J]. 外语教学与研究，1987(4): 38-43.

[3] 黎土旺. 术语的翻译现状及其规范化[J]. 中南大学学报, 2007(4): 491-494.

[4] 姜望琪. 论术语翻译的标准[J]. 上海翻译，2005(S1): 80-84.

[5] 马清海. 试论科技翻译的标准和科技术语的翻译原则[J]. 中国翻译，1997(1): 27.

[6] 戎林海, 戎佩珏. 术语翻译刍议[J]. 中国科技术语，2010(6): 40-41.

[7] 周光父, 高岩杰. 试论科技术语的翻译[J]. 中国科技翻译, 1989(2): 27-30.

[8] 曹丹红. 小议术语的翻译[J]. 上海翻译，2006(3): 67-70.